AF597569

Dieter Stoll

Schaltungen der Nachrichtentechnik

Aus dem Programm Elektrotechnik

Lehrbücher

Die elektromagnetischen Felder, von A. v. Weiss

Grundlagen der Elektrotechnik, von W. Ameling

Einführung in die Elektrotechnik, von R. Jötten und H. Zürneck

Wechselströme und Netzwerke, von W. Leonhard

Elektronische Bauelemente und Netzwerke, von H.-G. Unger

Laplace-Transformation, von J. G. Holbrook

Signale, von F. R. Connor

Rauschen, von F. R. Connor

Schaltungen der Nachrichtentechnik, von D. Stoll

Software

Analyse elektrischer und elektronischer Netzwerke
mit BASIC-Programmen (SHARP PC 1251 und PC 1500),
von D. Lange

Einfache Ausgleichsvorgänge der Elektrotechnik
mit BASIC- und Pascal-Programmen
von K. Hoyer und G. Schnell

Vieweg

Dieter Stoll

Schaltungen der Nachrichtentechnik

Mit 154 Bildern

Friedr. Vieweg & Sohn Braunschweig / Wiesbaden

Der Verlag Vieweg ist ein Unternehmen der Verlagsgruppe Bertelsmann.

ISBN 978-3-663-00131-7 ISBN 978-3-663-00130-0 (eBook)
DOI 10.1007/978-3-663-00130-0

Alle Rechte vorbehalten
© Friedr. Vieweg & Sohn Verlagsgesellschaft mbH, Braunschweig 1988

Das Werk und seine Teile sind urhberrechtlich geschützt. Jede Verwertung in anderen als den gesetzlich zugelassenen Fällen bedarf deshalb der vorherigen schriftlichen Einwilligung des Verlages.

Umschlaggestaltung: Hanswerner Klein, Leverkusen

Vorwort

Dieses Buch will einen Einblick in Schaltungen geben, die heute in der elektrischen Nachrichtentechnik eine Rolle spielen und will eine Hilfe bei deren Entwicklung sein. Es wendet sich vor allem an Fachhochschulstudenten der Nachrichtentechnik, Elektronik und Informatik. Auch praktisch tätige Ingenieure der Nachrichtentechnik und verwandter Gebiete sowie Naturwissenschaftler, die innerhalb von Versuchs- und Forschungsprojekten nachrichtentechnische Schaltungen entwickeln müssen, werden daraus Nutzen ziehen können.

Das didaktische Konzept fußt auf Erfahrungen, die ich an der Fachhochschule Konstanz im „Labor für Schaltungsentwicklung“ bei Praktika mit Nachrichtentechnikern des 8. Semesters sammeln konnte. In den Kapiteln mit universeller Bedeutung, nämlich Verstärker, Siebschaltungen, Oszillatoren und Gleichrichter, werden vor allem Schaltungsentwurf, Schaltungsberechnung und Schaltungsverwirklichung in den Vordergrund gestellt. Bei linearen NF-Transistorschaltungen wurde das praxisnahe Transistormodell von Steimle benutzt, das in besonders einfacher Weise eine Simulation auf dem Rechner erlaubt.

Die mehr auf spezielle Anwendungen ausgerichteten Kapitel A/D- und D/A-Wandler, Modulatoren und Demodulatoren, Digitale Schaltnetze, Digitale Schaltwerke, Mikroprozessoren, Optoelektronische Schaltungen zeigen bevorzugt Anwendungsbeispiele moderner hochintegrierter Halbleiterbausteine. In den digitalen Schaltungen wurde überwiegend die sich immer mehr durchsetzende HCMOS-Familie als Beispiel herangezogen.

Meiner Frau danke ich für die Reinschrift des Manuskripts, dem Verlag, insbesondere Herrn Ewald Schmitt, für die gute und verständnisvolle Zusammenarbeit.

Radolfzell, im Herbst 1986 — Dieter Stoll

Inhaltsverzeichnis

1 Verstärkerschaltungen

1.1 Übersicht über die Verstärkerarten

Verstärker der Nachrichtentechnik sollen Spannungen, Ströme oder Leistungen verstärken.
Man unterscheidet nach dem Gesichtspunkt

- *Frequenzbereich* zwischen Gleichstrom-, Niederfrequenz-, Hochfrequenzverstärkern;
- *Bandbreite* zwischen Schmalband- und Breitband-Verstärkern;
- *Aussteuerungshöhe* zwischen Kleinsignal- und Großsignal-Verstärkern;
- *Aussteuerungsart* zwischen A-, B-, C-, D-Verstärkern;
- *Verstärkerelement* zwischen Bipolartransistor-Verstärker, Feldeffekttransistor-Verstärker, Operationsverstärker-Schaltung, IC-Verstärker-Schaltung;
- *Anwendungsgebiet* z.B. zwischen Eingangsverstärker, Zwischenfrequenzverstärker, Endverstärker.

Die im folgenden behandelten Schaltungen sollen zunächst unter dem Gesichtspunkt des Verstärkerelements besprochen werden.
Anschließend werden als besonders wichtige Verstärkerarten die Breitbandverstärker, die selektiven Verstärker und die Eingangsverstärker herausgegriffen und deren Dimensionierungsgesichtspunkte erklärt werden.

1.2 Verstärker mit Bipolartransistoren

1.2.1 Bipolartransistoren und ihre Anwendung

Bipolartransistoren sind Halbleiter-Bauelemente mit drei Anschlüssen (vgl. Bild 1.1)

B Basis
C Kollektor
E Emitter

Legt man eine Kollektor-Emitter-Spannung u_{CE} an, fließt ein Kollektorstrom i_C, der sich durch die Basis-Emitterspannung u_{BE} steuern läßt. Dabei wird die steuernde Quelle mit einem Basisstrom i_B belastet, der um etwa zwei Größenordnungen niedriger ist als der gesteuerte Kollektorstrom i_C.

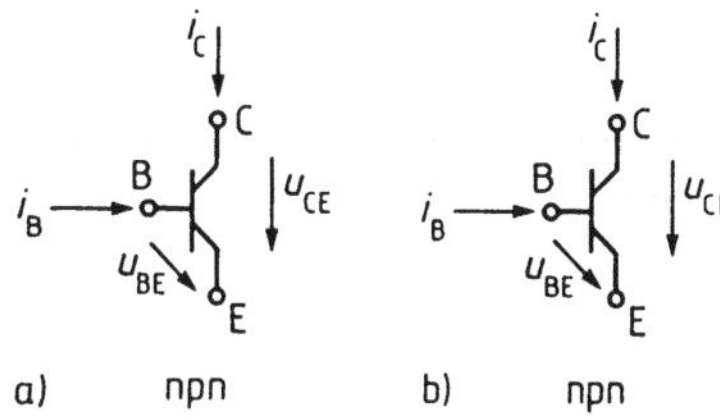

Bild 1.1
Symbole, Anschlüsse und Bezeichnungen von npn-Transistoren (a) und pnp-Transistoren (b)

Läßt man die Basis-Emitter-Spannung von einem Gleichwert U_{BE} ausgehend sinusförmig schwanken, so ändert sie sich zeitlich nach dem Gesetz

$$u_{BE} = U_{BE} + \hat{u}_{be} \cos \omega t. \tag{1.2.1/1}$$

Der Kollektorstrom wird hierdurch

$$i_C = I_C + \hat{i}_c \cos \omega t \tag{1.2.1/2}$$

und der Basisstrom

$$i_B = I_B + \hat{i}_b \cos \omega t. \tag{1.2.1/3}$$

Der Transistor ist gekennzeichnet durch die Größen

$B = \dfrac{I_C}{I_B}$ Kollektorbasis-Gleichstromverhältnis oder Gleichstromverstärkung

$\beta = \dfrac{\hat{i}_c}{\hat{i}_b}$ Wechselstromverstärkung

$S = \dfrac{\hat{i}_c}{\hat{u}_{be}}$ Steilheit

Man unterscheidet nach dem Dotierungsaufbau zwischen npn- und pnp-Transistoren. Während beim npn-Transistor die in Bild 1.2 eingezeichneten Ströme und Spannungen alle positiv sein müssen, ist es beim pnp-Transistor gerade umgekehrt; die Beziehungen (1.2.1/1) bis (1.2.1/3) gelten aber für beide Typen in gleicher Weise.

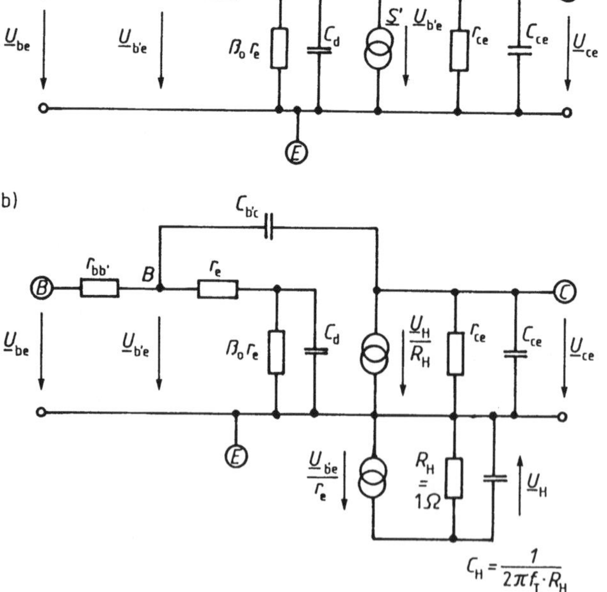

Bild 1.2

Ersatzschaltplan für NF-Transistoren nach Giacoletto und Steimle

a) Grundform

b) Erweitere Form für Netzwerkanalyseprogramme ohne frequenzabhängige Stromquellensteuerung

Bei höheren Frequenzen arbeitet der Bipolartransistor nicht mehr trägheitsfrei; Kollektor- und Basiswechselströme verschieben sich untereinander und gegen die Basis-Emitter-wechselspannung in der Phase, und die Gleichungen (1.2.1/1) bis (1.2.1/3) verlieren ihre Gültigkeit. Man muß dann die Wechselstrom-Eigenschaften des Transistors durch wesentlich kompliziertere Beziehungen oder an Hand von Ersatzschaltplänen beschreiben, wie sie etwa von Giacoletto [1] oder in verbesserter Form von Steimle [2] angegeben worden sind.

Bipolartransistoren vom npn- und pnp-Typ werden hauptsächlich für Kleinsignal- oder leistungsarme Großsignalverstärker in allen Frequenzbereichen angewandt. Man kann unter einem großen Spektrum leichterhältlicher und preiswerter Typen auswählen. Bevorzugt werden Silizium- – und bei sehr hohen Frequenzen – Gallium-Arsenid-Transistoren. Germanium-Transistoren sind Sonderfällen vorbehalten, weil sie relativ hohe Sperrströme haben.

Man benennt Transistor-Verstärkerschaltungen nach dem Anschluß, der wechselstrommäßig an Masse liegt und unterscheidet so zwischen *Emitter-*, *Basis-* und *Kollektorschaltung*. Die Emitterschaltung gilt als Normalfall. Die Basisschaltung bietet Vorteile bei niederohmigen Signalquellen und hohen Frequenzen, die Kollektorschaltung bei hochohmigen Signalquellen und hohen Anforderungen an die Belastbarkeit des Ausgangs.

1.2.2 Kleinsignal-Ersatzschaltplan für NF-Transistoren nach Steimle

Die Kleinsignal-Wechselstrom-Eigenschaften eines Bipolar-Transistors lassen sich nach Giacoletto und Steimle [1], [2] durch einen Ersatzschaltplan beschreiben, der in Bild 1.2a in der π-Form dargestellt ist.

Die Werte der Elemente hängen vom Arbeitspunkt ab, der durch den Kollektorgleichstrom I_C und die Kollektor-Emitter-Gleichspannung U_{CE} gekennzeichnet ist. Tabelle 1/1 gibt in Spalte 2 an, wie man sie aus den im Datenblatt meist angegebenen h-Parametern, der Transitfrequent f_T, der Kollektor-Basis-Kapazität bei offenem Emitter C_{CBO} errechnen kann. Stehen die h-Parameter nicht zur Verfügung, benutzt man die Näherungswerte der Spalte 3, die sich auf die Wechselstromverstärkung bei tiefen Frequenzen, den Kollektorgleichstrom I_C und die Temperaturspannung $U_T = 86{,}7\ \mu\text{V} \cdot \frac{T}{\text{K}}$ (26 mV bei $T = 300$ K) beziehen.

Üblicherweise berechnet man eine Kleinsignal-Transistor-Schaltung mit Hilfe von Netzwerkanalyseprogrammen (z.B. [3]). Sehen diese keine frequenzabhängig gesteuerten Quellen vor, muß man auf den erweiterten Ersatzschaltplan Bild 1.2b ausweichen. Er enthält zusätzlich mit der gesteuerten Stromquelle $U_{b'e}/r_e$, dem Hilfswiderstand $R_H = 1\,\Omega$ und der Hilfskapazität $C_H = 1/(2\pi f_T \cdot R_H)$ eine Rechenschaltung, die den gewünschten Frequenzgang für die komplexe innere Steilheit

$$\underline{S}' = \frac{\beta_0}{(1+\beta_0)\,r_e} \cdot \frac{1}{1 + \text{j}\,f/f_T} \approx \frac{1}{r_e}\ \frac{1}{1 + \text{j}\,f/f_T}$$

nachbildet.

1.2.3 Kleinsignal-Ersatzschaltplan für HF-Transistoren

Obwohl HF-Transistoren sich gleichfalls mit dem Ersatzschaltplan nach Giacoletto-Steimle beschreiben lassen, benutzt man bei ihnen besser die y-Parameter zur Schaltungs-

Tabelle 1/1 Elemente des Ersatzschaltplans nach Giacoletto-Steimle (Bild 1.2)

Element	Berechnung aus h-Parametern (falls im Datenblatt angegeben)	Berechnung aus I_C, $U_T = 27$ mV	Berechnung aus f_T oder C_{CBO}	Standard-Annahme (Erfahrungswert)
$r_{bb'}$	–	–	–	10 ... 100 Ω
r_e	$(h_{11e} - r_{bb'})/h_{21e}$	U_T/I_C	–	–
β_o	h_{21e}	–	–	100 ... 1000
r_{ce}	$1/h_{22e}$	$0{,}5 \cdot 10^{-6}\, U_T/(I_C \cdot \beta_o)$	–	–
$\underline{S}'$	–	–	$\frac{1}{r_e} \frac{\beta_o}{1 + \beta_o} \frac{1}{1 + \mathrm{j}\, f/f_T}$	–
R_H	–	–	–	1 Ω
C_{ce}	–	–	–	1 ... 2 pF
$C_{b'c}$	–	–	$C_{CBO} - C_{ce}$	–
C_d	–	–	$\frac{1}{2\pi f_T \cdot r_e}$	–
C_H	–	–	$\frac{1}{2\pi f_T \cdot R_H}$	–

analyse, da sie entweder direkt im Datenblatt angegeben oder aus den alternativ benutzten s-Parametern nach folgenden Gleichungen errechenbar sind:

$$y_{11e} = \frac{1}{N}\,[(1 - s_{11e})(1 + s_{22e}) + s_{12e}\,s_{21e}]$$

$$y_{12e} = \frac{1}{N}\,[-2\,s_{12e}]$$

$$y_{21e} = \frac{1}{N}\,[-2\,s_{21e}]$$

$$y_{22e} = \frac{1}{N}\,[(1 + s_{11e})(1 - s_{22e}) + s_{12e}\,s_{21e}]\,,$$

wobei

$$N = Z\,[(1 + s_{11e})(1 + s_{22e}) - s_{12e}\,s_{21e}]$$

bedeutet und Z der Bezugswellenwiderstand (in der Regel $Z = 50\Omega$) ist.

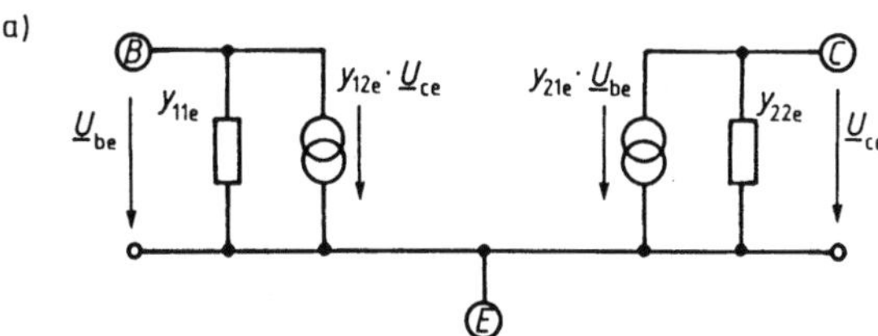

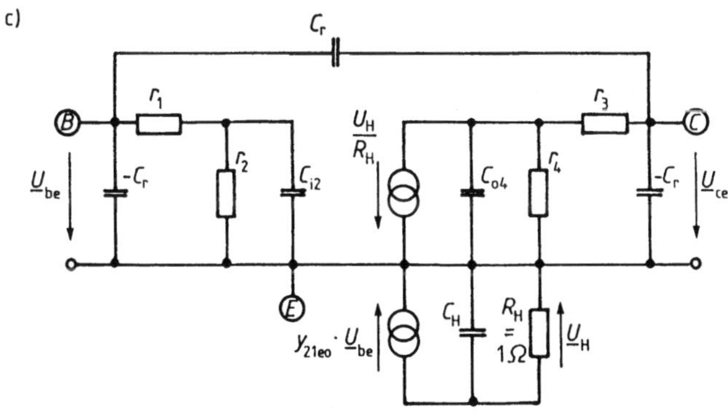

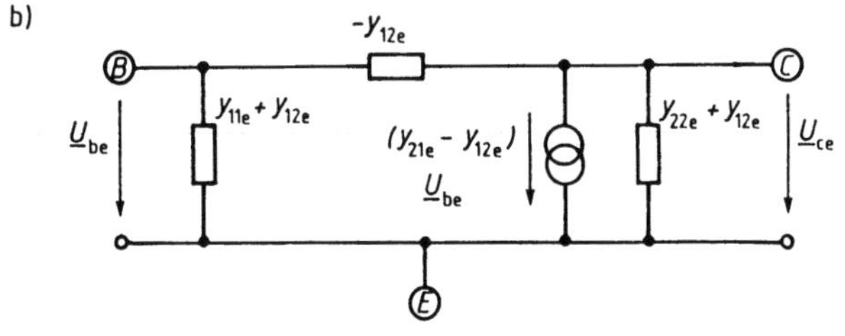

Bild 1.3
Ersatzschaltplan für HF-Transistoren
a) Grundform
b) Variante mit nur 1 gesteuerter Stromquelle
c) Erweiterte Variante für Netzwerkanalyseprogramme ohne frequenzabhängige Stromquellensteuerung

Bild 1.3a zeigt die Grundform des Ersatzschaltplans und Bild 1.3b eine äquivalente Form, die nur eine gesteuerte Quelle enthält. Aus ihr folgt der programmierbare Ersatzschaltplan Bild 1.3c, dessen Elemente sich nach Tabelle 1.2 aus den y-Parametern berechnen, die für mindestens zwei Frequenzen f_1 und f_2 im Datenblatt angegeben sein müssen.
Bei den Berechnungsformeln ist angenommen, daß f_1 die tiefere und f_2 die höhere Frequenz ist. Weiter soll f_1 so niedrig sein, daß zwischen $f = 0$ und $f = f_1$ die Werte $g_{11\,e}$ und $g_{22\,e}$ sich nicht merklich ändern.
Vielfach findet man im Datenblatt die y-Parameter für $f_1 = 450$ KHz und $f_2 = 10{,}7$ MHz, den üblichen Zwischenfrequenzen in Rundfunkempfängern, spezifiziert.

Tabelle 1/2 Elemente des Ersatzschaltplans gemäß Bild 1.3

y-Parameter

$y_{11e} = g_{11e} + jb_{11e}$
$y_{12e} = |y_{12e}| e^{j\varphi_{12e}}$
$y_{21e} = |y_{21e}| e^{j\varphi_{21e}}$
$y_{22e} = g_{22e} + jb_{22e}$

Im Datenblatt als Funktionen des Arbeitspunktes (I_C, U_{CE}) bei mindestens 2 Frequenzen f_1 und f_2 angegebene Admittanzen. f_1 sei die tiefere Frequenz, in deren Umgebung g_{11e} und g_{22e} als konstant angesehen werden können.

Schaltungselemente

Element	Aus y-Parameter für f_1	Aus y-Parameter für f_2
C_r	$\dfrac{y_{12e} \cdot \sin(-\varphi_{12e})}{2\pi f_1}$	$\dfrac{y_{12e} \cdot \sin(-\varphi_{12e})}{2\pi f_2}$
C_{i2}	$\dfrac{b_{11e}}{2\pi f_1}$	$\dfrac{b_{11e}}{2\pi f_2}$
C_{o4}	$\dfrac{b_{22e}}{2\pi f_1}$	$\dfrac{b_{22e}}{2\pi f_2}$
C_H	–	$\dfrac{\sin(-\varphi_{21e})}{2\pi \cdot f_2 \cdot 1\,\Omega}$
r_1	$\dfrac{g_{11e/f2} - g_{11e/f1}}{4\pi^2 C_2 (f_2^2 - f_1^2)}$	
r_2	$\dfrac{1}{g_{11e}} - r_1$	–
r_3	$\dfrac{g_{22e/f2} - g_{22e/f1}}{4\pi^2 C_2 (f_2^2 - f_1^2)}$	
r_4	$\dfrac{1}{g_{22e}} - r_3$	–
y_{21e0}	'y_{21e} für $f \to 0$ (Extrapolation)	

1.2.4 Emitterschaltung

Prinzip

Das Prinzip der Emitterschaltung ist in Bild 1.4 dargestellt. Die Basis-Versorgungsspannung U_{BB} und der Basisvorwiderstand R_B sorgen für einen gewünschten Basisgleichstrom I_B, der einen Kollektorgleichstrom $I_C = B \cdot I_B$ hervorruft, wobei B das für den Transistor kennzeichnende Kollektor-Basis-Gleichspannungs-Verhältnis (auch Gleichstromverstärkung genannt) ist. Es liegt in der Größenordnung $B = 100...1000$. Der Kollektor-Gleichstrom I_C fließt von der Kollektor-Versorgungsspannung U_{CC} über den Kollektorwiderstand R_4 in den Transistor T und kommt zusammen mit I_B wieder aus dessen Emitter heraus. Zwischen Basis und Emitter liegt die Gleichspannung U_{BE}, zwischen Kollektor und Emitter die Gleichspannung U_{CE}. Für den richtigen, ungesättigten Betrieb des Transistors muß die Basis-Kollektordiode gesperrt, d. h. $U_{CE} \geqslant U_{BE}$ (beim npn-Transistor) sein.

Koppelt man nun über den Kondensator C_1 eine Wechselspannung $\underline{U}_1$ auf den Basisanschluß ein, so überlagert sich $\underline{U}_1$ der Gleichspannung U_{BE} und steuert den Kollektorstrom aus. Seine Schwankungen erzeugen am Widerstand R_4 die Spannung $\underline{U}_2$, die der Kondensator C_2 zum Ausgang auskoppelt. Bei steigender Basisspannung steigen Basisstrom und Kollektorstrom. Der Spannungsabfall am R_4 erhöht sich und die Spannung am Kollektor sinkt. Eingangsspannung $\underline{U}_1$ und Ausgangsspannung $\underline{U}_2$ sind also gegenläufig, d.h. um 180° in der Phase verschoben, sofern von der Trägheit des Transistors abgesehen wird.

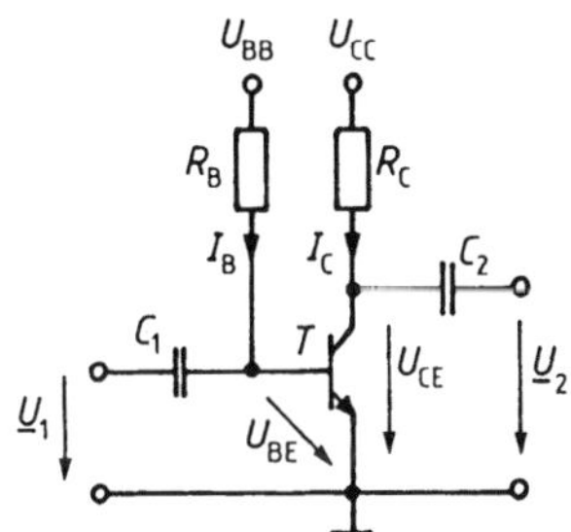

Bild 1.4
Prinzip der Ermitterschaltung

Einstellung des Arbeitspunktes

Die Prinzip-Schaltung Bild 1.4 eignet sich aus zwei Gründen wenig zur Arbeitspunkteinstellung des Transistors. Einmal ist die Kennlinie der Basis-Emitter-Diode temperaturabhängig, so daß der Basisstrom gleichfalls mit der Temperatur schwankt, sofern man nicht $U_{BB} \gg U_{BE}$ macht. Zum andern, und das ist der Hauptgesichtspunkt, streut das Kollektor-Basis-Gleichstrom-Verhältnis B sehr stark von Exemplar zu Exemplar und ändert sich zudem merklich mit der Temperatur.

Man legt deshalb in der Praxis den Arbeitspunkt eines Transistors durch eine der beiden in Bild 1.5 und Bild 1.6 dargestellten Schaltungen fest.

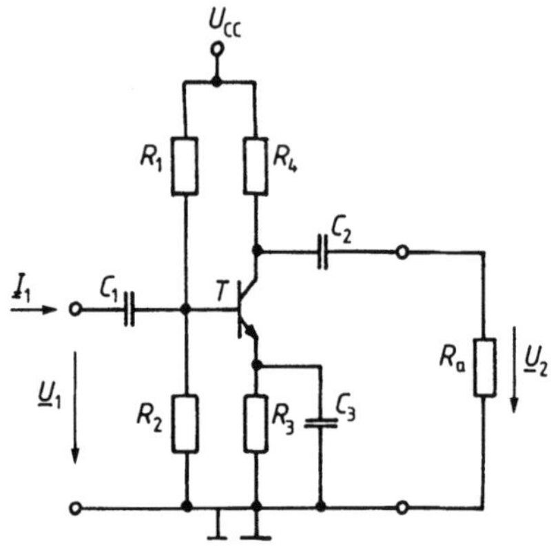

Bild 1.5
Emitterschaltung mit Gleichstromgegenkopplung

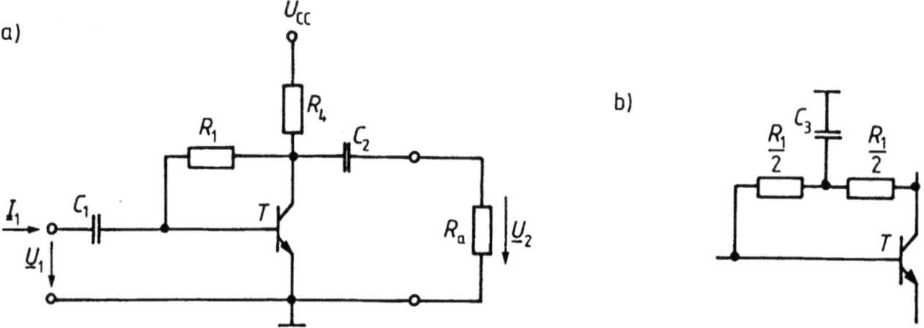

Bild 1.6 Emitterschaltung mit Gleichspannungsgegenkopplung
a) Grundschaltung
b) Wechselspannungsentkopplung durch Kondensator C_3

In der Gleichstromgegenkopplungs-Schaltung Bild 1.5 durchfließen Kollektorstrom I_C und Basis-Strom $I_B = I_C/B$ den Emitterwiderstand R_3 und lassen an ihm die Spannung

$$U_E = I_C \cdot R_3 \left(1 + \frac{1}{B}\right) \tag{1.2.4/1}$$

abfallen. Der Spannungsteiler R_1, R_2 wirkt wie eine Urspannung

$$U_{BB} = \frac{R_2}{R_1 + R_2} \cdot U_{CC}, \tag{1.2.4/2}$$

die über einen Innenwiderstand

$$R_B = \frac{R_1 \cdot R_2}{R_1 + R_2} \tag{1.2.4/3}$$

die Basis speist und dort die Spannung U_B erzeugt.

An der Basis-Emitterdiode liegt die Spannung

$$U_{BE} = U_B - U_E \,, \tag{1.2.4/4}$$

die größer wird und damit den Transistor weiter aufsteuert, wenn I_C und damit U_E fallen. Im umgekehrten Fall sinkt U_{BE} und der Transistorstrom wird gedrosselt.
Im eingeregelten Zustand ist:

$$U_{BB} - U_{BE} = R_B \cdot I_B + R_3 \, (I_C + I_B) \tag{1.2.4/5}$$

oder unter Berücksichtigung von $I_B = I_C/B$ und $\frac{1}{B} \ll 1$

$$\boxed{I_C = \frac{U_{BB} - U_{BE}}{\frac{1}{B} \cdot R_B + R_3}} \tag{1.2.4/6}$$

Die Änderung des Kollektorstroms I_C bei Änderung von U_{BE} ergibt sich aus:

$$\frac{dI_C}{dU_{BE}} = -\frac{1}{\frac{1}{B} R_B + R_3} \,, \tag{1.2.4/7}$$

während der Einfluß von Streuungen des Kollektor-Basis-Gleichstromverhältnisses B durch

$$\frac{dI_C}{dB} = \frac{U_{BB} - U_{BE}}{(\frac{1}{B} R_B + R_3)^2} \, \frac{R_B}{B^2} \tag{1.2.4/8}$$

beschrieben wird.
Für die relativen Änderungen folgt hieraus:

$$\boxed{\frac{dI_C}{I_C} = -\frac{1}{\frac{U_{BB}}{U_{BE}} - 1} \, \frac{dU_{BE}}{U_{BE}}} \tag{1.2.4/9}$$

und

$$\boxed{\frac{dI_C}{I_C} = \frac{1}{1 + B \frac{R_3}{R_B}} \, \frac{dB}{B}} \tag{1.2.4/10}$$

Eine gute Stabilisierung des Kollektorstroms I_C setzt $U_{BB} \gg U_{BE}$ und $R_3 \gg R_B/B$ voraus. Sie wird erreicht durch die Wahl von

$$U_B = 2 \text{ V} \tag{1.2.4/11}$$

und

$$R_B = 0{,}1 \cdot B \cdot R_3 \tag{1.2.4/12}$$

Mit diesen Standardannahmen wird wegen $U_{BB} \approx U_B$, $U_{BE} \approx 0{,}65$ V, $B \approx 100$

$$\frac{dI_C}{I_C} \approx -\frac{1}{2}\frac{dU_{BE}}{U_{BE}} \quad \text{und} \quad \frac{dI_C}{I_C} \approx 0{,}1\,\frac{dB}{B}.$$

Für die Widerstände R_1, R_2, R_3 ergeben sich damit die Dimensionierungsregeln

$$R_3 = \frac{U_B - U_{BE}}{I_C} = \frac{2\,V - U_{BE}}{I_C} \tag{1.2.4/13}$$

$$R_1 = R_B \cdot \frac{U_{CC}}{U_B} = 0{,}1 \cdot B \cdot R_3 \frac{U_{CC}}{2\,V} \tag{1.2.4/14}$$

$$R_2 = R_B \frac{U_{CC}}{U_{CC} - U_B} = 0{,}1 \cdot B \cdot R_3 \frac{U_{CC}}{U_{CC} - 2\,V} \tag{1.2.4/15}$$

Für U_{BE} und B (andere Bezeichnung: h_{FE}) sind die Werte einzusetzen, die das Datenblatt für den gewünschten Kollektorgleichstrom I_C spezifiziert.
Die Kondensatoren C_1, C_2 und C_3 sollen oberhalb der tiefsten zu verstärkenden Frequenz f_t Wechselstromkurzschlüsse sein. Die Dimensionierungen

$$C_1 \gg \frac{1}{2\pi f_t \cdot \beta_o \cdot r_e} \tag{1.2.4/16}$$

$$C_2 \gg \frac{1}{2\pi f_t \cdot R_4} \tag{1.2.4/17}$$

$$C_3 = \frac{1}{2\pi f_t \cdot r_e} \tag{1.2.4/18}$$

legen die untere Grenzfrequenz der Schaltung auf den Wert f_t, weil dort dann je die Spannung $\underline{U}_1/\sqrt{2}$ an der Basis-Emitter-Diode und am Emitterkondensator C_3 auftritt (R_3 ist gegen r_e zu vernachlässigen).
Die Gleichspannungsgegenkopplungsschaltung Bild 1.6a stabilisiert den Arbeitspunkt des Transistors, ohne einen großen und teueren Emitterkondensator C_3 zu benötigen.
Aus

$$U_{BE} = U_{CC} - R_4(I_C + I_B) - R_1 I_B \tag{1.2.4/19}$$

erhält man unter Berücksichtigung von $I_B = \frac{I_C}{B}$ und $\frac{1}{B} \ll 1$

$$I_C = \frac{U_{CC} - U_{BE}}{\frac{R_1}{B} + R_4} \tag{1.2.4/20}$$

Die Änderung des Kollektorstroms I_C bei Änderung von U_{BE} ergibt sich aus

$$\frac{dI_C}{dU_{BE}} = -\frac{1}{\frac{R_1}{B} + R_4}, \qquad (1.2.4/21)$$

während der Einfluß von Streuungen des Kollektor-Basis-Gleichstromverhältnisses B durch

$$\frac{dI_C}{dB} = \frac{U_{CC} - U_{BE}}{\left(\frac{R_1}{B} + R_4\right)^2} \cdot \frac{R_1}{B^2} \qquad (1.2.4/22)$$

beschrieben wird.
Für die relativen Änderungen folgt hieraus

$$\boxed{\frac{dI_C}{I_C} = -\frac{1}{\frac{U_{CC}}{U_{BE}} - 1} \cdot \frac{dU_{BE}}{U_{BE}}} \qquad (1.2.4/23)$$

und

$$\boxed{\frac{dI_C}{I_C} = \frac{1}{1 + B\frac{R_4}{R_1}} \cdot \frac{dB}{B}} \qquad (1.2.4/24)$$

Eine gute Stabilisierung von I_C setzt also

$$\boxed{R_1 \ll B \cdot R_4} \qquad (1.2.4/25)$$

voraus.
Um eine Rückwirkung der Kollektorwechselspannung auf den Eingang zu verhindern, kann der Widerstand R_1 z. B. in der Mitte geteilt und über einen Kondensator C_3 wechselstrommäßig entkoppelt werden, wie es Bild 1.6b zeigt.

Aussteuerungsgrenze

Soll die Emitterschaltung an einen äußeren Widerstand R_a eine Spannung bis zum Spitzenwert $\hat{u}_{2\,max} = \sqrt{2} \cdot U_{2\,max}$ abgeben können, ohne daß der Transistor stromlos wird oder in die Sättigung kommt, dann darf nach [4] der Kollektorgleichstrom I_C nicht unter dem Wert

$$\boxed{I_{C\,min} = \frac{1}{R_a} \frac{(U_{CC} - U_B - \hat{u}_{2\,max})\hat{u}_{2\,max}}{U_{CC} - U_B - 2\hat{u}_{2\,max}}} \qquad (1.2.4/26)$$

liegen und der Widerstand R_4 im Kollektorkreis ist optimal dimensioniert für

$$\boxed{R_{4\,opt} = R_a\left[\frac{U_{CC} - U_B}{2I_C \cdot R_a} + \sqrt{\left(\frac{U_{CC} - U_B}{2I_C \cdot R_a}\right)^2 + 1} - 1\right]} \qquad (1.2.4/27)$$

Bei gegebenen Werten R_a und R_4 bleibt der Transistor ungesättigt für

$$\hat{u}_2 < U_{CC} - U_B - I_C \cdot R_4 \tag{1.2.4/28}$$

und stets stromführend für

$$\hat{u}_2 < \frac{I_C}{\frac{1}{R_a} + \frac{1}{R_4}}. \tag{1.2.4/29}$$

Die Aussteuerungsgrenze $\hat{u}_{2\,max}$ ist der kleinere der beiden Werte aus Gl. (1.2.3/28) und Gl. (1.2.4/29).

Verstärkung

Ersetzt man in Bild 1.5 den Transistor durch seinen Ersatzschaltplan Bild 1.2 und berücksichtigt, daß die Versorgungsspannung U_{CC} gegen Masse keine Wechselspannung führt, also mit ihr wechselspannungsmäßig verbunden ist, so läßt sich mit einem Netzwerkanalyse-Programm anhand des Wechselstromersatzschaltplans Bild 1.7 der Spannungsverstärkung

$$\underline{v}_u = \frac{\underline{U}_2}{\underline{U}_1} \tag{1.2.4/30}$$

als Funktion der Frequenz genau berechnen.

Bei mittleren Frequenzen sind die Kondensatoren C_1, C_2, C_3 Wechselstromkurzschlüsse und die Kondensatoren $C_{b'c}$, C_d, C_{ce} isolierende Leerläufe. Es gibt dann näherungsweise

$$\boxed{\underline{v}_u = \frac{-1}{\left(\frac{1}{r_{ce}} + \frac{1}{R_4} + \frac{1}{R_a}\right)\left(\frac{r_{bb'}}{1+\beta_o} + r_e\right)}} \tag{1.2.4/31}$$

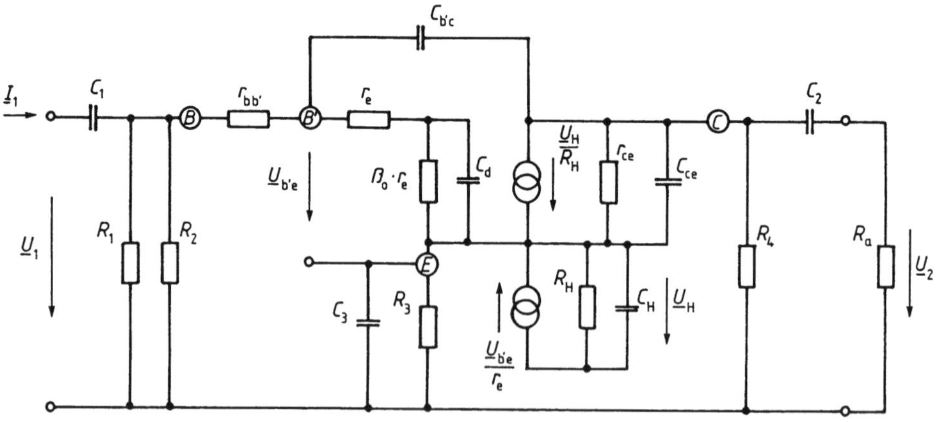

Bild 1.7 Wechselstromersatzschaltplan der Emitterschaltung mit Gleichstromgegenkopplung

Bei HF-Transistoren liefert der Ersatzschaltplan Bild 1.3a die Beziehung

$$\underline{v}_u = -\frac{y_{21e}}{y_{22e} + \frac{1}{R_4} + \frac{1}{R_a}} \tag{1.2.4/32}$$

Eingangsimpedanz

Die Eingangsimpedanz $\underline{Z}_{ein}$ und die Eingangsadmittanz $\underline{Y}_{ein} = \frac{1}{\underline{Z}_{ein}}$ sind nach Bild 1.5

$$\underline{Z}_{ein} = \frac{1}{\underline{Y}_{ein}} = \frac{\underline{U}_1}{\underline{I}_1} \tag{1.2.4/33}$$

Sie lassen sich gleichfalls mit einem Netzwerkanalyse-Programm berechnen.
Für mittlere Frequenzen ist überschlägig

$$\underline{Y}_{ein} = \frac{1}{\underline{Z}_{ein}} = \frac{1}{r_{b'b} + (1 + \beta_o)r_e} + \frac{1}{R_1} + \frac{1}{R_2} \tag{1.2.4/34}$$

Bei HF-Transistoren liefert der Ersatzschaltplan Bild 1.2a die Beziehung:

$$\underline{Y}_{ein} = \frac{1}{\underline{Z}_{ein}} = y_{11e} - \frac{y_{12e}y_{21e}}{y_{22e} + \frac{1}{R_4} + \frac{1}{R_a}} + \frac{1}{R_1} + \frac{1}{R_2} \tag{1.2.4/35}$$

Verzerrungen

Der Kollektorstrom i_C eines bipolaren Transistors hängt von der Basis-Emitter-Spannung u_{BE} gemäß

$$i_C = I_s \cdot e^{u_{BE}/U_T} \tag{1.2.4/36}$$

ab, wobei I_s der Sättigungssperrstrom und $U_T = 27\text{ mV}$ die Temperaturspannung ist.
Steuert man den Transistor um seinen durch $u_{BE} = U_{BE}$ und $i_C = I_C$ gekennzeichneten Arbeitspunkt herum mit der Wechselspannung

$$u_{be} = \hat{u}_{be} \cdot \cos \omega t \tag{1.2.4/37}$$

aus, so wird der Kollektorstrom

$$\begin{aligned}
i_C &= I_s \cdot e^{\left(\frac{U_{BE} + \hat{u}_{be} \cdot \cos \omega t}{U_T}\right)} \\
&= I_s \cdot e^{\left(\frac{U_{BE}}{U_T}\right)} e^{\left(\frac{\hat{u}_{be} \cos \omega t}{U_T}\right)} \\
&= I_C \left(1 + \frac{\hat{u}_{be}}{U_T} \cos \omega t + \frac{1}{2}\left(\frac{\hat{u}_{be}}{U_T}\right)^2 \cos^2 \omega t + \frac{1}{6}\left(\frac{\hat{u}_{be}}{U_T}\right)^3 \cos^3 \omega t + \ldots\right) \\
&= I_C \left(1 + \frac{\hat{u}_{be}}{U_T} \cos \omega t + \frac{1}{4}\left(\frac{\hat{u}_{be}}{U_T}\right)^2 (1 + \cos 2\omega t) + \frac{1}{24}\left(\frac{\hat{u}_{be}}{U_T}\right)^3 (3 \cos \omega t + \cos 3\omega t) + \ldots\right)
\end{aligned} \tag{1.2.4/38}$$

Die Klirrfaktoren 2. und 3. Ordnung ergeben sich jeweils aus dem Verhältnis der 2. und 3. Oberschwingung zur Grundschwingung zu

$$k_2 = \frac{1}{4}\left(\frac{\hat{u}_{be}}{U_T}\right) = \frac{1}{2\sqrt{2}}\,\frac{U_1}{U_T} \tag{1.2.4/39}$$

$$k_3 = \frac{1}{24}\left(\frac{\hat{u}_{be}}{U_T}\right)^2 = \frac{1}{12}\left(\frac{U_1}{U_T}\right)^2 \tag{1.2.4/40}$$

► **Beispiel**

Mit dem Transistor BC 547 A soll eine Emitterstufe nach Bild 1.5 für 15 V Versorgungsspannung mit der unteren Grenzfrequenz $f_t = 10$ Hz entworfen werden. Der Ausgang soll mit $R_a = 3\ \text{k}\Omega$ belastbar sein, die Aussteuerungsgrenze bei $U_2 = 2{,}5$ V liegen.
Im Datenblatt des Transistors finden wir für $I_C = 2$ mA, $U_{CE} = 5$ V die Angaben:

$B = 180, \quad U_{BE} = 0{,}64\ \text{V}, \quad f_T = 300\ \text{MHz}, \quad C_{CBO} = 3\ \text{pF}$

$h_{11e} = 2{,}7\ \text{k}\Omega, \quad h_{12e} = 1{,}5 \cdot 10^{-4}, \quad h_{21e} = 220, \quad h_{22e} = 18\ \mu\text{S}$

Nach Gl. (1.2.4/26) ist der Mindestkollektorstrom für $U_B = 2$ V (Standardwert)

$$I_{Cmin} = \frac{1}{3\ \text{k}\Omega}\,\frac{(15\ \text{V} - 2\ \text{V} - 2{,}5\ \text{V}\cdot\sqrt{2})\,2{,}5\ \text{V}\cdot\sqrt{2}}{15\ \text{V} - 2\ \text{V} - 2\cdot 2{,}5\ \text{V}\cdot\sqrt{2}} = 1{,}88\ \text{mA}.$$

Wir wählen

$\underline{I_C = 2\ \text{mA}}$

und erhalten gemäß Gl. (1.2.4/27) als optimalen Kollektorwiderstand

$$R_{4opt} = 3\ \text{k}\Omega \cdot \left[\frac{15\ \text{V} - 2\ \text{V}}{2\cdot 2\ \text{mA}\cdot 3\ \text{k}\Omega} + \sqrt{\left(\frac{15\ \text{V} - 2\ \text{V}}{2\cdot 2\ \text{mA}\cdot 3\ \text{k}\Omega}\right)^2 + 1} - 1\right] = 4{,}67\ \text{k}\Omega.$$

Wir wählen nach der E24-Reihe

$\underline{R_4 = 4{,}7\ \text{k}\Omega}$

Aus dem Datenblatt entnimmt man für $I_C = 2$ mA die Basis-Emitter-Spannung $U_{BE} = 0{,}64$ V und die Gleichstromverstärkung $B = 180$.
Die den Arbeitspunkt einstellenden Widerstände werden damit gemäß Gl. (1.2.4/13)

$$\underline{R_3} = \frac{2\ \text{V} - 0{,}64\ \text{V}}{2\ \text{mA}} = \underline{680\ \Omega};$$

gemäß Gl. (1.2.4/14)

$$R_1 = 0{,}1 \cdot 180 \cdot 680\ \Omega \cdot \frac{15\ \text{V}}{2\ \text{V}} = 91{,}8\ \text{k}\Omega;$$

gewählt nach der E24-Reihe

$\underline{R_1 = 91\ \text{k}\Omega},$

gemäß Gl. (1.2.4/15)

$$R_2 = 0{,}1 \cdot 180 \cdot 680\ \Omega\ \frac{15\ \text{V}}{15\ \text{V} - 2\ \text{V}} = 14{,}1\ \text{k}\Omega,$$

gewählt nach der E24-Reihe

$\underline{R_2 = 15\ \text{k}\Omega.}$

Für die Kondensatoren folgt aus den Gleichungen (1.2.4/16) bis (1.2.4/18) mit den Werten

$\beta_0 = h_{21e} = 220, \quad r_e = (h_{11e} - r_{b'b})/h_{21e} = (2{,}7\ \text{k}\Omega - 50\ \Omega)/220 = 12\ \Omega$

$$C_1 \gg \frac{1}{2\pi \cdot 10\ \text{Hz} \cdot 220 \cdot 12\ \Omega} = 6\ \mu\text{F}, \quad \text{gewählt } \underline{C_1 = 22\ \mu\text{F}}$$

$$C_2 \gg \frac{1}{2\pi \cdot 10\ \text{Hz} \cdot 4{,}7\ \text{k}\Omega} = 3{,}4\ \mu\text{F}, \quad \text{gewählt } \underline{C_2 = 22\ \mu\text{F}}$$

$$C_3 = \frac{1}{2\pi \cdot 10\ \text{Hz} \cdot 12\ \Omega} = 1326\ \mu\text{F}, \quad \text{gewählt } \underline{C_3 = 2200\ \mu\text{F}}$$

Für mittlere Frequenzen ist die Spannungsverstärkung nach Gl. (1.2.4/31) mit $r_{ce} = 1/h_{22e} = 1/18\ \mu\text{S} = 55{,}6\ \text{k}\Omega$

$$\underline{v}_u = \frac{-1}{\left(18\ \mu\text{S} + \frac{1}{4{,}7\ \text{k}\Omega} + \frac{1}{3\ \text{k}\Omega}\right)\left(\frac{50\ \Omega}{221} + 12\ \Omega\right)} = \underline{-145}$$

Eingangsadmittanz $\underline{Y}_{ein}$ und Eingangsimpedanz $\underline{Z}_{ein}$ sind nach (1.2.4/34)

$$\underline{Y}_{ein} = \frac{1}{50\ \Omega + 221 \cdot 12\ \Omega} + \frac{1}{91\ \text{k}\Omega} + \frac{1}{15\ \text{k}\Omega} = \underline{0{,}447\ \text{mS}},$$

$\underline{Z}_{ein} = 2{,}23\ \text{k}\Omega$

Für die Eingangsspannung $U_1 = 10$ mV werden die Klirrfaktoren gemäß Gl. (1.2.4/39) und Gl. (1.2.4/40):

$$\underline{k_2} = \frac{1}{2\sqrt{2}}\left(\frac{10\ \text{mV}}{27\ \text{mV}}\right) = 0{,}13 = \underline{1{,}3\%}, \quad \underline{k_3} = \frac{1}{12}\left(\frac{10\ \text{mV}}{27\ \text{mV}}\right)^2 = 0{,}011 = \underline{1{,}1\%}$$

Wollen wir die Frequenzgänge der Spannungsverstärkung $\underline{v}_u = |\underline{v}_u| e^{j\varphi n}$ und der Eingangsimpedanz $\underline{Z}_{ein} = |\underline{Z}_{ein}| e^{j\varphi ein}$ mit einem Netzwerkanalyseprogramm berechnen, benötigen wir noch die Elemente der Transistorersatzschaltung nach Giacoletto-Steimle. Sie sind nach den Beziehungen von Tabelle 1/1

$r_{bb'} = 50\ \Omega$ (Standardwert)

$r_e = (h_{11e} - r_{bb'})/h_{21e} = 12\ \Omega$

$\beta_0 = h_{21e} = 220$

$r_{ce} = 1/h_{22e} = 55{,}6\ \text{k}\Omega$

$C_{ce} = 1{,}5\ \text{pF}$ (Standardwert)

$C_{b'e} = C_{CBO} - C_{ce} = 3\ \text{pF} - 1{,}5\ \text{pF} = 1{,}5\ \text{pF}$

$C_d = 1/(2\pi f_T \cdot r_e) = 1/(2\pi \cdot 300\ \text{MHz} \cdot 12\ \Omega) = 44{,}2\ \text{pF}$

$C_H = 1/(2\pi f_T \cdot R_H) = 1/(2\pi \cdot 300\ \text{MHz} \cdot 1\ \Omega) = 530{,}5\ \text{pF}$

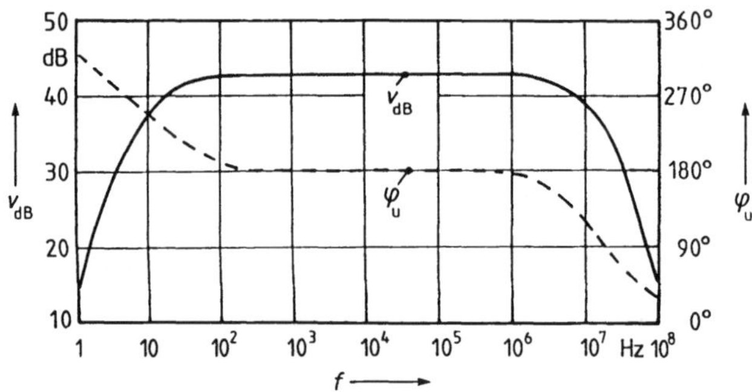

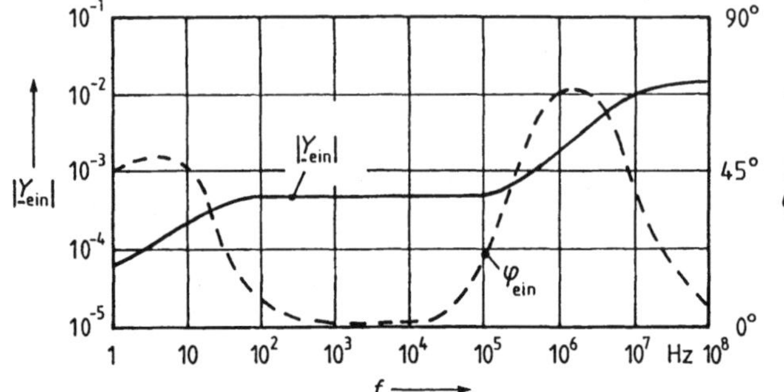

Bild 1.8
Frequenzgänge der Spannungsverstärkung $v_u = |v_u| e^{j\varphi_u}$ (dargestellt: $v_{dB} = 20 \lg |v_u|$ und φ_u) sowie der Eingangsadmittanz Y_{ein} (dargestellt durch $|Y_{ein}|$ und ϕ_{ein}) zum Beispiel Abschnitt 1.2.4

Aus dem Ersatzschaltplan Bild 1.7 werden die gewünschten Frequenzgänge der Spannungsverstärkung $\underline{v}_u$ und der Eingangsadmittanz $\underline{Y}_{ein}$ mit dem Netzwerkanalyseprogramm NV von Lange nach Betrag und Phase errechnet. Bild 1.8 zeigt die Ergebnisse. ◄

1.2.5 Stromgegengekoppelte Emitterschaltung

Der Emitterwiderstand r_E der Basis-Emitterdiode läßt sich durch Reihenschaltung eines Widerstandes R_E auf den Wert $r_E + R_E$ erhöhen und dabei linearisieren. Man kommt so zur stromgegengekoppelten Emitterschaltung Bild 1.9, in der nur ein Teil des Emitterwiderstandes R_3 kapazitiv überbrückt ist.
Die Vorteile dieser Stromgegenkopplung sind:

1. Die elektrischen Eigenschaften sind gegen Streuungen und Schwankungen der Transistor-Parameter unempfindlicher.
2. Die Eingangsimpedanz steigt.
3. Die Klirrfaktoren sinken.

Der Arbeitspunkt wird wie bei der Emitterschaltung eingestellt. Der Kondensator C_3 wird entsprechend Gl. (1.2.4/18) dimensioniert, wobei an die Stelle von r_e der Wert $r_e + R_E$ tritt.
Die Wechselstromeigenschaften der Schaltung lassen sich mit Hilfe des Transistorersatzschaltplans Bild 1.2 berechnen.

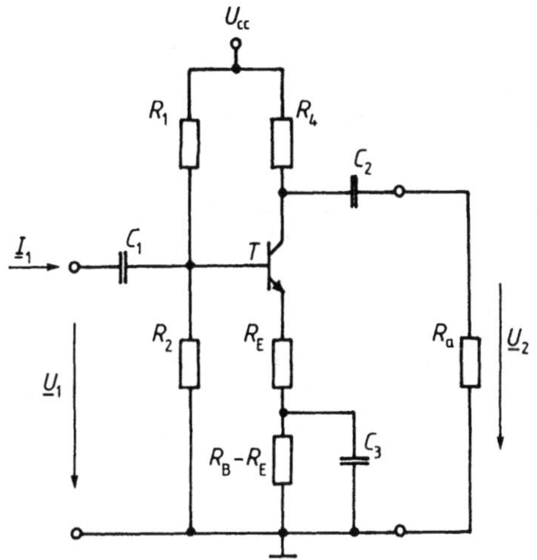

Bild 1.9
Stromgegengekoppelte Emitterschaltung

Im Bereich mittlerer Frequenzen gelten die Gleichungen (1.2.4/31) und (1.2.4/34), wenn man r_e durch $r_e + R_E$ ersetzt.
Sind die y-Parameter des Transistors $y_{11e}, y_{12e}, y_{21e}, y_{22e}$ bekannt, so liefert die Vierpolrechnung für die y-Parameter des durch R_E ergänzten Transistors:

$$y_{11er} = \frac{1}{N}(y_{11e} + R_E \Delta y_e) \quad (1.2.5/1)$$

$$y_{12er} = \frac{1}{N}(y_{12e} - R_E \Delta y_e) \quad (1.2.5/2)$$

$$y_{21er} = \frac{1}{N}(y_{21e} - R_E \Delta y_e) \quad (1.2.5/3)$$

$$y_{22er} = \frac{1}{N}(y_{22e} + R_E \Delta y_e) \quad (1.2.5/4)$$

mit

$$N = 1 + R_E(y_{11e} + y_{12e} + y_{21e} + y_{22e}) \quad (1.2.5/5)$$

$$\Delta y_e = y_{11e} \cdot y_{22e} - y_{12e} \cdot y_{21e} \quad (1.2.5/6)$$

Die Verstärkung $\underline{v}_u$ und die Eingangsimpedanz $\underline{Y}_{ein}$ folgen aus den Gleichungen (1.2.4/32) und (1.2.4/35), wenn man dort die Parameter $y_{11e}, y_{12e}, y_{21e}, y_{22e}$ durch $y_{11er}, y_{12er}, y_{21er}, y_{22er}$ ersetzt.

1.2.6 Basis-Schaltung

Im Gegensatz zur Emitter-Schaltung wird bei der Basis-Schaltung (vgl. Bild 1.10) die Wechselspannung am Emitteranschluß eingespeist, während die Basis auf Masse liegt. Dies hat zwei Konsequenzen:

1. Die zu verstärkende Spannung liegt umgekehrt an der Basis-Emitter-Strecke. Die verstärkte Spannung hat bei reellem Kollektorwiderstand gleiche Phasenlage wie die Eingangsspannung.
2. Die Eingangsimpedanz ist gleich dem dynamischen Widerstand der Basis-Emitterdiode und damit um den Faktor β niedriger als bei der Emitterschaltung.

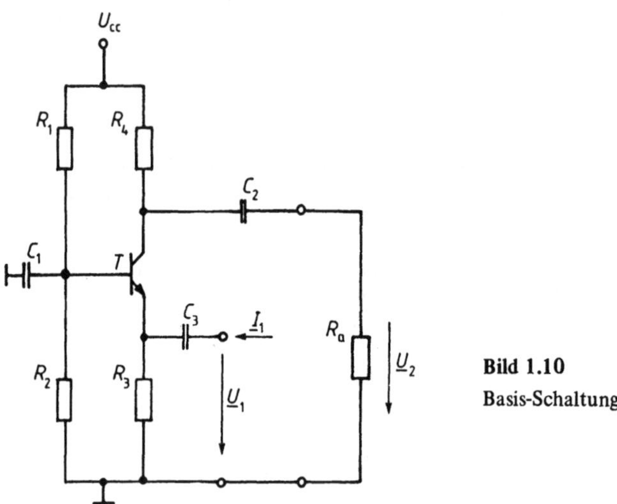

Bild 1.10
Basis-Schaltung

Der Arbeitspunkt wird wie bei der Emitterschaltung eingestellt.
Die Wechselstromeigenschaften der Schaltung lassen sich mit Hilfe des Transistor-Ersatzschaltplans Bild 1.2 errechnen.
Im Bereich mittlerer Frequenzen findet man für die *Spannungsverstärkung*

$$\underline{v}_u = \frac{\underline{U}_2}{\underline{U}_1} = \frac{1}{\left(\frac{1}{r_{ce}} + \frac{1}{R_a} + \frac{1}{R_4}\right)\left(\frac{r_{bb'}}{(1+\beta_o)} + r_e\right)} \qquad (1.2.6/1)$$

und für die *Eingangsadmittanz*

$$\underline{Y}_{ein} = \frac{1}{\underline{Z}_{ein}} = \frac{1}{r_e + r_{bb'}/(1+\beta_o)} + \frac{1}{R_3} \qquad (1.2.6/2)$$

Mit den y-Parametern schreiben sich Spannungsverstärkung und Eingangsadmittanz

$$\underline{v}_u = \frac{\underline{U}_2}{\underline{U}_1} = \frac{y_{21e} + y_{22e}}{y_{22e} + \frac{1}{R_4} + \frac{1}{R_a}} \tag{1.2.6/3}$$

$$\underline{Y}_{ein} = y_{11e} + y_{12e} + y_{21e} + y_{22e} - \frac{(y_{12e} + y_{22e})(y_{21e} + y_{22e})}{y_{22e} + \frac{1}{R_4} + \frac{1}{R_a}} + \frac{1}{R_3} \tag{1.2.6/4}$$

1.2.7 Kollektor-Schaltung

Bei der Kollektor-Schaltung Bild 1.11 liegt der Kollektor direkt an der Versorgungsspannung U_{CC} und damit wechselspannungsmäßig auf Masse. Die Basis bildet den Eingang, der Emitter den Ausgang.
Sinn der Schaltung ist es nicht, eine kleine Eingangsspannung U_1 auf eine größere U_2 zu verstärken, sondern bei einer hohen Impedanz am Ausgang niederohmig belastbar zu sein. Die Kollektor-Schaltung puffert zwischen einer hochohmigen Quelle und einer niederohmigen Last.
Der Transistor-Ersatzschaltplan Bild 1.2 erlaubt auch hier die Berechnung aller Wechselstromeigenschaften.
Im Bereich mittlerer Frequenzen ist die Spannungsverstärkung

$$\underline{v}_u = \frac{\underline{U}_2}{\underline{U}_1} = \frac{1}{1 + \left(r_e + \frac{r_{bb'}}{(1+\beta_0)}\right)\left(\frac{1}{r_{ce}} + \frac{1}{R_3} + \frac{1}{R_a}\right)} \tag{1.2.7/1}$$

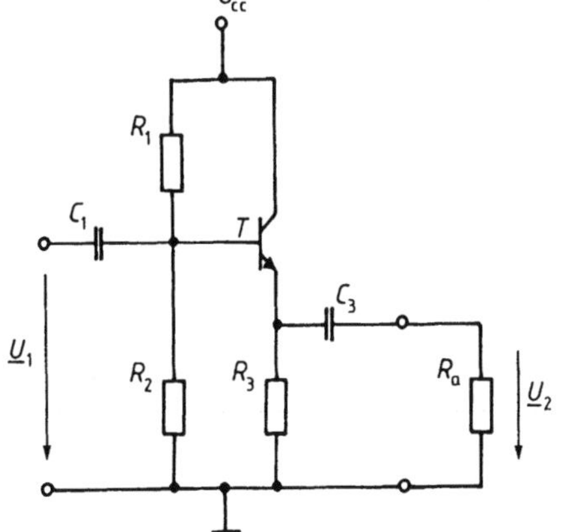

Bild 1.11
Kollektorschaltung

Sie ist immer kleiner 1 und wird für $\beta_o \to \infty$ näherungsweise

$$\underline{v}_u \approx \frac{1}{1 + r_e\left(\frac{1}{r_{ce}} + \frac{1}{R_3} + \frac{1}{R_a}\right)} \tag{1.2.7/2}$$

Die Eingangsadmittanz ist im mittleren Frequenzbereich

$$\underline{Y}_{ein} = \frac{1}{\underline{Z}_{ein}} = \frac{1 - \underline{v}_u}{r_{bb'} + (1 + \beta_o) r_e} + \frac{1}{R_1} + \frac{1}{R_2} \tag{1.2.7/3}$$

und wird für $\beta_o \to \infty$ im wesentlichen nur durch den Basis-Spannungsteiler R_1, R_2 bestimmt.

Von besonderem Interesse ist bei der Kollektor-Schaltung die Ausgangsadmittanz

$$\underline{Y}_{aus} = \frac{1}{\underline{Z}_{aus}} = \frac{\underline{I}_2}{\Delta \underline{U}_2}$$

die angibt, um welchen Wert $\Delta \underline{U}_2$ die Ausgangsspannung $\underline{U}_2$ gegenüber dem Leerlauffall absinkt, wenn der Ausgangsstrom $\underline{I}_2$ durch Ausschaltung eines Lastwiderstandes R_a entnommen und der Eingang über den Innenwiderstand R_i gespeist wird. Aus dem Ersatzschaltplan von Giacoletto-Steimle ergibt sich im mittleren Frequenzbereich

$$\underline{Y}_{aus} = \frac{1}{\underline{Z}_{aus}} = \frac{1}{r_e + \frac{r_{bb'} + R_i}{1 + \beta_o}} + \frac{1}{r_{ce}} + \frac{1}{R_3} \tag{1.2.7/4}$$

Mit den y-Parametern kann man schreiben

$$\underline{v}_u = \frac{\underline{U}_2}{\underline{U}_1} = \frac{y_{11e} + y_{21e}}{y_{11e} + y_{12e} + y_{21e} + y_{22e} + \frac{1}{R_3} + \frac{1}{R_a}} \tag{1.2.7/5}$$

$$\underline{Y}_{ein} = \frac{1}{\underline{Z}_{ein}} = y_{11e} - \frac{(y_{11e} + y_{12e})(y_{11e} + y_{21e})}{y_{11e} + y_{12e} + y_{21e} + y_{22e} + \frac{1}{R_3} + \frac{1}{R_a}} \tag{1.2.7/6}$$

$$\underline{Y}_{aus} = \frac{1}{\underline{Z}_{aus}} = \frac{y_{11e} y_{22e} - y_{12e} y_{21e} + \frac{1}{R_i}(y_{11e} + y_{12e} + y_{21e} + y_{22e})}{y_{11e} + \frac{1}{R_i}} \tag{1.2.7/7}$$

1.2.8 Differenzverstärker

Differenzverstärker sollen nur die Differenz $\underline{U}_{1D} = \underline{U}_{1A} - \underline{U}_{1B}$ zweier Spannungen $\underline{U}_{1A}$ und $\underline{U}_{1B}$ verstärken, unabhängig von deren absoluter Größe selbst.
Eine Standardschaltung mit Bipolartransistoren, die diese Forderung mit guter Näherung erfüllt, zeigt Bild 1.12. Es handelt sich um zwei Emitterschaltungen, die einen gemeinsamen Emitterwiderstand R_E benutzen, der groß gegen die Wechselstromwiderstände r_e der Basis-Emitter-Dioden ist.

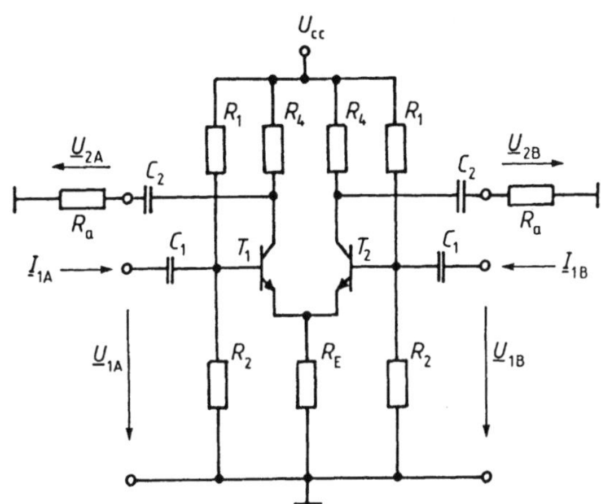

Bild 1.2
Differenzverstärker

Die zu verstärkende Differenzspannung $\underline{U}_{1D} = \underline{U}_{1A} - \underline{U}_{1B}$ teilt sich aus Symmetrie-Gründen gleichmäßig auf die Basis-Emitter-Dioden-Strecken der Transistoren T_1 und T_2 auf. Zwischen Basis und Emitter liegt bei T_1 die Spannung $\underline{U}_D/2$, bei T_2 die Spannung $-\underline{U}_D/2$. Die Kollektorströme werden so gleich stark, aber gegensinnig gesteuert und erzeugen an den Widerständen R_4, R_a gegenphasige Ausgangsspannungen $\underline{U}_{2A}$ und $\underline{U}_{2B}$.
Bei reiner symmetrischer Gegentaktansteuerung ist $\underline{U}_{1B} = -\underline{U}_{1A}$. Die verbundenen Emitteranschlüsse liegen dann wechselspannungsmäßig auf Bezugspotential und es fließt kein Wechselstrom durch R_E. In diesem Fall kann man die Anordnung wie zwei getrennte Emitterverstärker berechnen, von denen der eine (T_1) mit $\underline{U}_D/2$, der andere (T_2) mit $-\underline{U}_D/2$ angesteuert wird.
Bei reiner Gleichtaktansteuerung ist $\underline{U}_{1B} = \underline{U}_{1A}$. Jetzt arbeiten beide Hälften völlig gleich. Man kann so tun, als ob man zwei gleiche je mit dem Widerstand $2 \cdot R_E$ stromgegengekoppelte Emitterstufen hätte. Zwar sind diese mit ihren Emittern verbunden; man kann sich diese Verbindung aber gelöst denken, weil die gleichartige Ansteuerung der Transistoren T_1 und T_2 dafür sorgt, daß die Potentiale der beiden Emitter auch nach deren Trennung übereinstimmen.

Im mittleren Frequenzbereich sind die Ausgangsspannungen

$$\underline{U}_{2A} = \underline{v}_D(\underline{U}_{1A} - \underline{U}_{1B}) + \underline{v}_G \frac{1}{2}(\underline{U}_{1A} + \underline{U}_{1B}) \qquad (1.2.8/1)$$

$$\underline{U}_{2B} = -\underline{v}_D(\underline{U}_{1A} - \underline{U}_{1B}) + \underline{v}_G \frac{1}{2}(\underline{U}_{1A} + \underline{U}_{1B}) \qquad (1.2.8/2)$$

$$\underline{U}_{2D} = \underline{U}_{2A} - \underline{U}_{2B} = 2\underline{v}_D(\underline{U}_{1A} - \underline{U}_{1B}) \qquad (1.2.8/3)$$

Dabei ist näherungsweise die *Differenzverstärkung*

$$\underline{v}_D = -\frac{1}{2}\,\frac{1}{\left(\frac{1}{r_{ce}} + \frac{1}{R_4} + \frac{1}{R_a}\right)\left(\frac{r_{bb'}}{(1+\beta_o)} + r_e\right)} \qquad (1.2.8/4)$$

und die *Gleichtaktverstärkung*

$$\underline{v}_G = -\frac{1}{\left(\frac{1}{r_{ce}} + \frac{1}{R_4} + \frac{1}{R_a}\right)\left(\frac{r_{bb'}}{(1+\beta_o)} + r_e + 2\cdot R_E\right)} \qquad (1.2.8/5)$$

Die Eingangsströme ergeben sich im mittleren Frequenzbereich zu

$$\underline{I}_{1A} = \underline{Y}_{einD}(\underline{U}_{1A} - \underline{U}_{1B}) + \underline{Y}_{einG}\frac{1}{2}(\underline{U}_{1A} + \underline{U}_{1B}) \qquad (1.2.8/6)$$

$$\underline{I}_{1B} = \underline{Y}_{einD}(\underline{U}_{1B} - \underline{U}_{1A}) + \underline{Y}_{einG}\frac{1}{2}(\underline{U}_{1A} + \underline{U}_{1B}) \qquad (1.2.8/7)$$

Dabei ist näherungsweise die *Differenzeingangsadmittanz*

$$\underline{Y}_{einD} = \frac{1}{\underline{Z}_{einD}} = \frac{1}{2}\left[\frac{1}{r_{bb'} + (1+\beta_o)r_e} + \frac{1}{R_1} + \frac{1}{R_2}\right] \qquad (1.2.8/8)$$

und die *Gleichtakteingangsadmittanz*

$$\underline{Y}_{einG} = \frac{1}{\underline{Z}_{einG}} = \frac{1}{r_{bb'} + (1+\beta_o)(r_e + 2R_E)} + \frac{1}{R_1} + \frac{1}{R_2} \qquad (1.2.8/9)$$

Die Frequenzabhängigkeiten von Verstärkung und Eingangsadmittanz lassen sich auch hier genauer analysieren, wenn man die Transistoren T_1 und T_2 durch ihre Ersatzschaltpläne (entsprechend Bild 1.2) ersetzt.

Mit y-Parametern schreibt sich

die *Differenzverstärkung*

$$\underline{v}_D = -\frac{1}{2}\,\frac{y_{21e}}{y_{22e} + \frac{1}{R_4} + \frac{1}{R_a}} \tag{1.2.8/10}$$

die *Gleichtaktverstärkung*

$$\underline{v}_G = -\frac{y_{21eG}}{y_{22eG} + \frac{1}{R_4} + \frac{1}{R_a}} \tag{1.2.8/11}$$

die *Differenzeingangsadmittanz*

$$\underline{Y}_{einD} = \frac{1}{2}\left(y_{11e} - \frac{y_{12e}y_{21e}}{y_{22e} + \frac{1}{R_4} + \frac{1}{R_a}} + \frac{1}{R_1} + \frac{1}{R_2}\right) \tag{1.2.8/12}$$

und die *Gleichtakteingangsadmittanz*

$$\underline{Y}_{einG} = y_{11eG} - \frac{y_{12eG} \cdot y_{21eG}}{y_{22eG} + \frac{1}{R_4} + \frac{1}{R_a}} + \frac{1}{R_1} + \frac{1}{R_2} \tag{1.2.8/13}$$

Hierin bedeuten $y_{11eG}, y_{12eG}, y_{21eG}, y_{22eG}$ die y-Parameter einer stromgegengekoppelten Emitterschaltung, deren Emitterwiderstand den Wert $2R_E$ hat.
Aus Gl. (1.2.5/1) bis (1.2.5/6) folgt

$$y_{11eG} = \frac{1}{N}(y_{11e} + 2R_E\Delta y_e) \tag{1.2.8/14}$$

$$y_{12eG} = \frac{1}{N}(y_{12e} - 2R_E\Delta y_e) \tag{1.2.8/15}$$

$$y_{21eG} = \frac{1}{N}(y_{21e} - 2R_E\Delta y_e) \tag{1.2.8/16}$$

$$y_{22eG} = \frac{1}{N}(y_{22e} + 2R_E\Delta y_e) \tag{1.2.8/17}$$

mit

$$N = 1 + 2R_E(y_{11e} + y_{12e} + y_{21e} + y_{22e}) \tag{1.2.8/18}$$

$$\Delta y_e = y_{11e}y_{22e} - y_{12e}y_{21e} \tag{1.2.8/19}$$

1.3 Verstärker mit Feldeffekt-Transistoren

1.3.1 Feldeffekt-Transistoren und ihre Anwendungen

Feldeffekt-Transistoren haben die 3 Anschlüsse

G	Gate	≙	Basis beim Bipolartransistor
D	Drain	≙	Kollektor beim Bipolartransistor
S	Source	≙	Emitter beim Bipolartransistor

Zwischen Drain und Source kann ein leitfähiger Halbleiterkanal gebildet werden, der in einem n- oder p-dotierten Raum verläuft. Sein elektrischer Widerstand wird durch elektrische Felder der zwischen Gate und Source liegenden Spannung gesteuert. Gate und Kanal sind isoliert. Besteht diese Isolation aus einem gesperrten n-p- oder p-n-Übergang, spricht man von einem *Sperrschicht-(Junction)FET,* besteht sie aus einer nichtleitenden Schicht, von einem *IG-(Isolated Gate-)FET.* Ein Sonderfall des IG-FET's ist der *MOS-(Metal-Oxide-Semiconductor-)FET,* der zur Isolation die Oxid-Schicht einer metallischen Gate-Elektrode benutzt.
Bei modernen Leistungs-MOS-FET's ist das Gate V-förmig in den Kanal eingelassen, wodurch sich besonders günstige elektrische Eigenschaften erzielen lassen. Man nennt solche Bauelemente *VMOS-FET*'s.
Die Feldeffekttransistoren teilt man nach der Dotierung ihres Kanals in *n-Kanal-FET*'s (vergleichbar mit npn-Transistoren) und *p-Kanal-FET*'s (vergleichbar mit pnp-Transistoren) ein.
Führt ein FET bei der Gate-Source-Spannung $U_{GS} = 0$ einen Drain-Strom $I_D \neq 0$, so ist es ein Verarmungstyp (*depletion*), andernfalls ein Anreicherungstyp (*enhancement*).
Bild 1.13 gibt einen Überblick über die verschiedenen Feldeffekttransistor-Arten und ihre Schaltsymbole.
JFET's werden für NF- und HF-Anwendungen angeboten, MOSFET's eignen sich für Hochfrequenzanwendungen, sind aber im Niederfrequenz-Gebiet wegen ihres hohen Rauschens nur eingeschränkt verwendbar.

1.3.2 Kleinsignal-Ersatzschaltplan

Der y-Ersatzschaltplan Bild 1.3 kann auch für Feldeffekttransistoren verwendet werden, wobei an die Stelle der Emitterschaltungs-Parameter diejenigen der Sourceschaltung treten:

Bipolartransistor	Feldeffekttransistor
y_{11e}	$y_{is} = g_{is} + jb_{is}$
y_{12e}	$y_{rs} = g_{rs} + jb_{rs}$
y_{21e}	$y_{fs} = g_{fs} + jb_{fs}$
y_{22e}	$y_{os} = g_{os} + jb_{os}$

Die Parameter sind in den Datenblättern als Funktionen der Frequenz und des Arbeitspunkts angegeben.

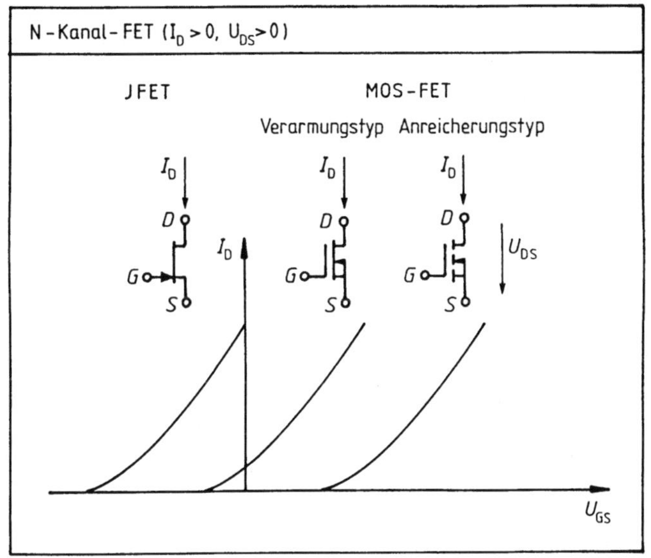

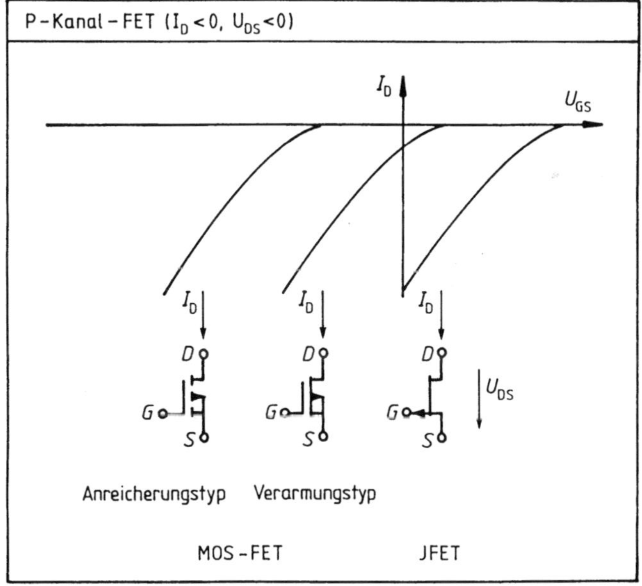

Bild 1.13 Übersicht über Feldeffekttransistoren

1.3.3 Einstellung des Arbeitspunkts

Der Arbeitspunkt eines Feldeffekt-Transistors kann wie beim bipolaren Transistor über eine Gleichstrom- oder Gleichspannungsgegenkopplung eingestellt werden.
Im Falle der Gleichstromgegenkopplung gilt mit den in Abschn. 1.3.1 angegebenen Entsprechungen Bild 1.5.

In Analogie zu Gl. (1.2.4/7) ändert sich der Drainstrom I_D bei Änderung der Gate-Source-Spannung U_{GS} gemäß

$$\frac{dI_D}{dU_{GS}} = -\frac{1}{R_3} \tag{1.3.3/1}$$

Bei Feldeffekttransistoren schwankt U_{GS} für einen vorgegebenen Drainstrom I_D von Exemplar zu Exemplar um einen dem Datenblatt entnehmbaren Wert ΔU_{GS}. Soll dies zu einer Drainstromschwankung von höchstens ΔI_D führen, muß

$$R_3 \geqslant \left| \frac{\Delta U_{GS}}{\Delta I_D} \right| \tag{1.3.3/2}$$

gewählt werden.
Gehört zum Drainstrom I_D ein typischer Wert U_{GS} der Gate-Source-Spannung, so muß die Gatespannung

$$U_G = U_{GS} + R_3 \cdot I_D \tag{1.3.3/3}$$

und das Spannungsteilerverhältnis

$$\frac{R_2}{R_1 + R_2} = \frac{U_{GS}}{U_{DD}} \tag{1.3.3/4}$$

sein.
Weil praktisch kein Gate-Strom fließt, kann an sich $R_1 + R_2$ beliebig hoch sein. Man muß aber trotzdem niederohmig gegen aufbaubedingte Isolierwiderstände bleiben und wählt höchstens

$$R_1 + R_2 \leqslant 1\ \mathrm{M\Omega} \tag{1.3.3/5}$$

1.4 Operationsverstärker

1.4.1 Gleichstromverhalten

Operationsverstärker sind Verstärker, mit denen früher in Analogrechnern arithmetische Operationen durchgeführt wurden. Heute ist von dieser Anwendung nur noch der Name geblieben. Man benutzt Operationsverstärker in integrierter Form in vielen Gebieten der Nachrichtentechnik als preiswertes Verstärkerbauelement.
Wie in Bild 1.14 dargestellt, besitzt es in der einfachsten Form einen invertierenden Eingang N (−), einen nicht invertierenden Eingang P (+), einen Ausgang A sowie zwei Stromversorgungsanschlüsse U_+ und U_-.

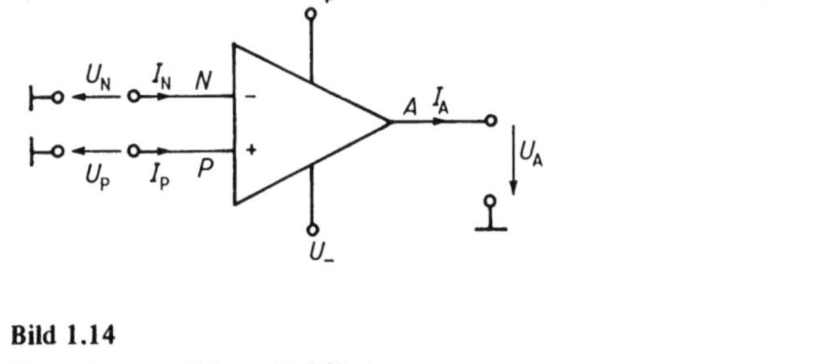

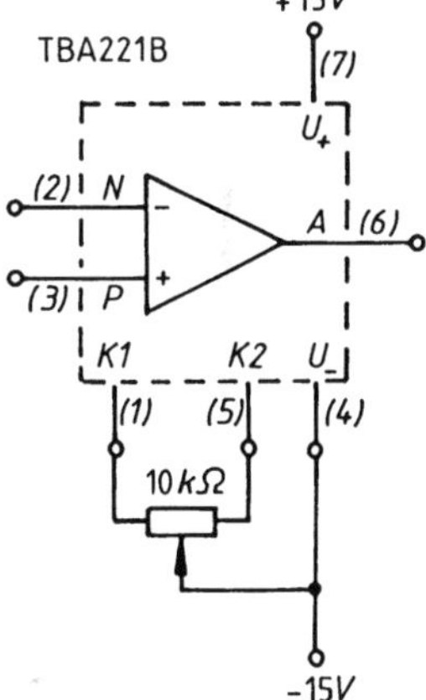

Bild 1.14
Operationsverstärker mit Offsetspannungsabgleich (Beispiel TBA 221 B)

Der Zusammenhang zwischen den Eingangsspannungen U_P, U_N und der Ausgangsspannung U_A wird beschrieben durch

$$U_A = A_D \cdot (U_P - U_N - U_o) + A_G \frac{1}{2}(U_P + U_N) \qquad (1.4.1/1)$$

Hierin bedeuten

- A_D Differenzverstärkung
- A_G Gleichtaktverstärkung
- U_o Offsetspannung.

Erwünscht sind eine hohe Differenzverstärkung A_D bei geringer Gleichtaktverstärkung A_G und geringer Offsetspannung U_o, damit die Ausgangsspannung nur von der Differenz der beiden Eingangsspannungen U_P und U_N abhängt.

Ein Qualitätsmaß für den Verstärker ist die Gleichtaktunterdrückung

$$G_{dB} = 20 \lg \frac{A_D}{A_G} \quad (1.4.1/2)$$

Sie wird in Datenblättern auch als CMRR (*Common Mode Rejection Ratio*) bezeichnet. Bei einigen Operationsverstärkern läßt sich die unerwünschte Offsetspannung U_o über zwei besondere Anschlüsse durch eine Potentiometerschaltung auf 0 abgleichen. Ein Beispiel zeigt Bild 1.14/1b.

Sind die Eingangsspannungen U_N und U_P beide Null, dann fließen in die Eingänge die Ströme $I_N = I_{N0}$ und $I_P = I_{P0}$. Man bezeichnet als Eingangsruhestrom

$$I_B = \frac{1}{2}(I_{N0} + I_{P0}) \quad (1.4.1/3)$$

und als Eingangsoffsetstrom

$$I_0 = I_{P0} - I_{N0} \quad (1.4.1/4)$$

Der Ausgangsstrom I_A muß unterhalb des im Datenblatt spezifizierten Wertes bleiben. Der Ausgangsspannungsbereich wird durch die Versorgungsspannungen U_+ und U_- begrenzt.

Extrem niedrige Eingangsströme haben Operationsverstärker mit Feldeffekteingangstransistoren. Eine besonders gebräuchliche Ausführungsart ist der BIFET-Operationsverstärker mit JFET-Eingang und bipolaren Nachfolgestufen. Der Vorteil niedrigen Eingangsstroms wird allerdings erkauft durch den Nachteil größerer Offsetspannung, geringerer Gleichtaktunterdrückung und größeren Rauschens.

1.4.2 Wechselstromverhalten

Legt man an einen Operationsverstärker die Eingangswechselspannungen $\underline{U}_p$ und $\underline{U}_n$ an, so erscheint am Ausgang die Spannung

$$\underline{U}_a = \underline{v}_D(\underline{U}_p - \underline{U}_n) + \underline{v}_G \frac{1}{2}(\underline{U}_p + \underline{U}_n) \quad (1.4.2)$$

Hierin sind $\underline{v}_D$ die komplexe Differenzverstärkung und $\underline{v}_G$ die komplexe Gleichtaktverstärkung, deren grundsätzliche Frequenzgänge in Bild 1.15 dargestellt sind.

Bei der Frequenz 0 stimmen $\underline{v}_D$ mit A_D, und $\underline{v}_G$ mit A_G überein. Eine besondere Bedeutung bei der komplexen Differenzverstärkung haben die beiden Polfrequenzen, bei denen der Phasenwinkel $-45°$ (f_1) und $-135°$ (f_2) ist.

Der Betrag der komplexen Gleichtaktverstärkung sinkt mit wachsender Frequenz und liegt bei $f = f_G$ 3 dB unterhalb seines Wertes bei der Frequenz Null.

Bei einigen Operationsverstärkern kann der Frequenzgang der komplexen Differenzverstärkung durch äußere Beschaltung besonderer dafür vorgesehener Kompensationsanschlüsse variiert werden, wodurch sich die Frequenzen f_1, f_2 und f_G verschieben.

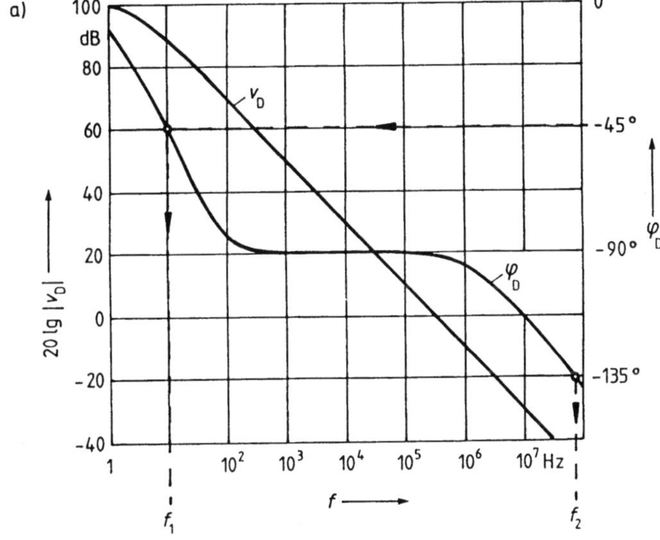

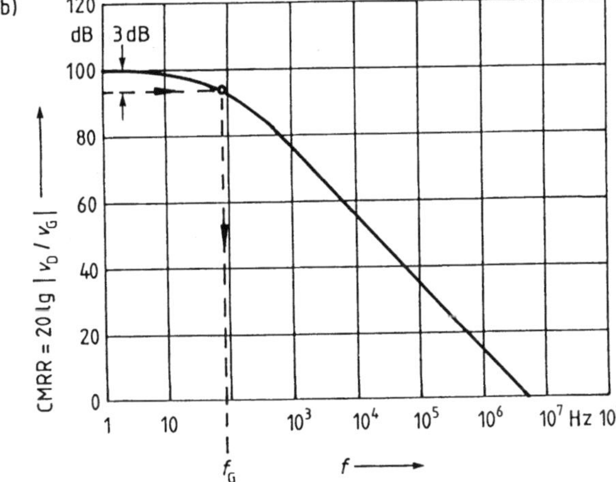

Bild 1.15
Kennkurven von Operationsverstärkern
a) Leerlaufverstärkung (open loop gain)
b) Gleichtaktunterdrückung (common mode rejection ratio)

Der Frequenzgang der Differenz- und Gleichtaktverstärkung wird durch den Wechselstromersatzschaltplan Bild 1.16a des Operationsverstärkers nachgebildet, der auch die Eingangs- und Ausgangsimpedanzen berücksichtigt. In Tabelle 1/3 ist angegeben, wie man die Elemente des Ersatzschaltplans aus dem Datenblatt oder in sonstiger Weise, wenigstens angenähert, ermitteln kann. In den meisten Fällen genügt der vereinfachte Ersatzschaltplan Bild 1.16b), der den Einfluß der Gleichtaktverstärkung und die Ausgangsinduktivität vernachlässigt.

Sehr breitbandige Operationsverstärker lassen sich noch genauer durch drei anstatt zwei Polfrequenzen beschreiben [5]. Der Ersatzschaltplan erweitert sich dann um einen R-C-Hilfskreis.

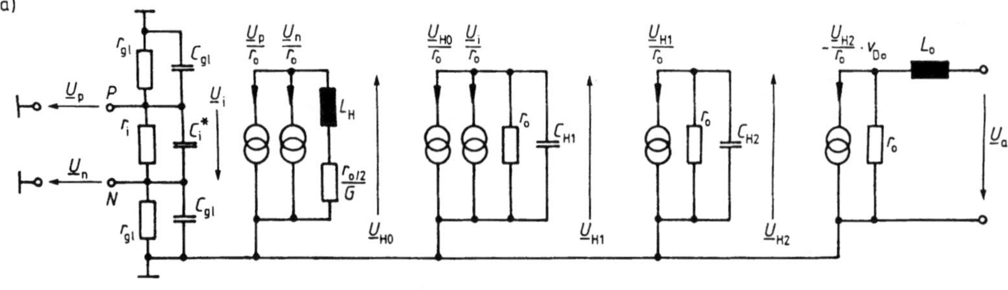

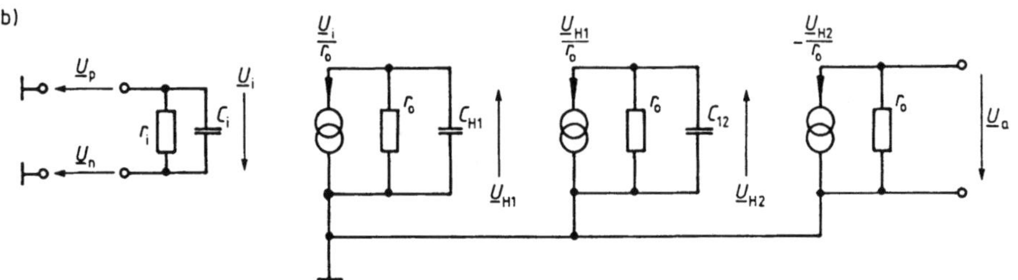

Bild 1.16 Wechselstromersatzschaltpläne des Operationsverstärkers
a) Vollständig b) Vereinfacht

1.4.3 Nichtlineare Eigenschaften

Maximale Ausgangsspannung

Der Operationsverstärker kann keine Ausgangsspannungen abgeben, die außerhalb des Bereichs zwischen den Versorgungsspannungen liegen. Er begrenzt auf die Werte U_+ und U_-.

Maximale Änderungsgeschwindigkeit der Ausgangsspannung

Durch nichtlineare Effekte wird die Änderungsgeschwindigkeit der Ausgangsspannung auf einen Wert beschränkt, der im Datenblatt als Maximale Anstiegsgeschwindigkeit (engl.: slew rate) bezeichnet wird.
Man muß bei linearer Berechnung einer Operationsverstärkerschaltung stets überprüfen, ob auch im ungünstigsten Betriebsfall die Ausgangsspannungsänderung unterhalb der slew rate bleibt.

Maximaler Ausgangsstrom

Der dem Operationsverstärker maximal entnehmbare Ausgangsstrom wird als Ausgangskurzschlußstrom im Datenblatt angegeben.

Tabelle 1/3 Elemente des Ersatzschaltplans (Bild 1.16)

Element	Ermittlung	
v_{Do}	Leerlaufspannungsverstärkung (Open loop voltage gain) bei $f = 0$. Im Datenblatt angegeben	
r_i	Im Datenblatt als Eingangswiderstand angegeben	
r_{ge}	$r_{ge} > r$; Erfahrungswert: $r_{ge} \approx 100 \cdot r$.	
r_o	Im Datenblatt als Ausgangswiderstand angegeben	
G	$G = 10^{k_{CMR}/20}$, wobei im Datenblatt k_{CMR} als Gleichtaktunterdrückung angegeben ist	
L_o	Erfahrungswert $L_o \approx 0{,}1 \ldots 1 \cdot r_o/2\pi f_T$, wobei f_T die Durchtritts- oder Einsfrequenz der offenen Spannungsverstärkung ist (vgl. Bild 1.15)	
L_H	$L_H = \dfrac{r_o}{2\pi G f_{CMR}}$, wobei f_{CMR} die Frequenz ist, bei welcher die Gleichtaktunterdrückung k_{CMR} um 3 dB gegenüber dem Wert bei $f = 0$ gefallen ist (vgl. Bild 1.15b)	
C_i	Im Datenblatt als Eingangskapazität angegeben	
C_{ge}	$C_{ge} < C_i$; Erfahrungswert: $C_{ge} \approx 0{,}2 \ldots 1 \cdot C_i$	
C_i^*	$C_i^* = C_i - C_{ge}/2$	
C_{H1}	$C_{H1} = \dfrac{1}{2\pi r_o \cdot f_1}$	f_1 und f_2 sind diejenigen Frequenzen, bei denen der Phasenwinkel der Leerlaufverstärkung $-45°$ und $-135°$ beträgt (vgl. Bild 1.15)
C_{H2}	$C_{H2} = \dfrac{1}{2\pi r_o \cdot f_2}$	

Verzerrungen

Auch wenn die Randbedingungen maximaler Ausgangsspannung, maximaler Änderungsgeschwindigkeit der Ausgangsspannung und maximalen Ausgangsstroms eingehalten sind, ist der Zusammenhang zwischen Ausgangs- und Eingangsspannung leicht nichtlinear. Die Verzerrungen steigen mit wachsendem Ausgangsstrom. Trotzdem spielt dieser Effekt in der Praxis kaum eine Rolle, da Operationsverstärker fast immer so stark gegengekoppelt werden, daß die nichtlinearen Verzerrungen vernachlässigbar klein werden.

1.5 Breitbandverstärker

1.5.1 Prinzip

Alle Verstärker arbeiten zwischen einer unteren Frequenz f_t und einer oberen Frequenz f_h, die jeweils durch einen Verstärkungsabfall von 3 dB gekennzeichnet sind. Ist nun $f_h \gg f_t$, so spricht man von einem Breitbandverstärker. Sie werden vor allem als Audio-Verstärker ($f_t \approx 10$ Hz, $f_h \approx 20$ kHz), als Video-Verstärker ($f_t = 0$ Hz, $f_h \approx 5$ MHz), als Antennen-Verstärker ($f_t \approx 150$ kHz, $f_h \approx 600$ MHz) und auf Weitverkehrsübertragungsstrecken benötigt.
Breitbandverstärker arbeiten alle nach dem Prinzip der Gegenkopplung, vgl. Bild 1.17: Ein aktiver Vierpol V, dessen Verstärkung von der Frequenz abhängen darf, wird über einen frequenzunabhängigen passiven Vierpol R so rückgekoppelt, daß das Eingangssignal geschwächt wird und die Verstärkung sinkt.
Man kann mit diesem Grundprinzip eine Schaltung so auslegen, daß ihre Eigenschaften im wesentlichen durch den Rückkopplungsvierpol R bestimmt wird und der Frequenzgang des aktiven Vierpols V nur geringen Einfluß gewinnt. Je stärker die Gegenkopplung ist, desto größer wird die Bandbreite B, desto geringer aber auch die Gesamtverstärkung V. Auch die nichtlinearen Verzerrungen werden gesenkt.
Die am Ausgang ausgekoppelte und die am Eingang eingekoppelte Größe kann entweder eine Spannung oder ein Strom sein. Es ergeben sich so vier verschiedene Prinzipien der Gegenkopplung, die sich auf den resultierenden Eingangs- und Ausgangswiderstand unterschiedlich auswirken.

Spannungs-Spannungs-Gegenkopplung

Sowohl Einkoppel- als auch Auskoppelgröße sind Spannungen. Der Eingangswiderstand steigt und der Ausgangswiderstand sinkt.

Spannungs-Strom-Gegenkopplung

Die Einkoppelgröße ist eine Spannung, die Auskoppelgröße ein Strom.
Eingangs- und Ausgangswiderstand steigen.

Strom-Spannungs-Gegenkopplung

Die Einkoppelgröße ist ein Strom, die Auskoppelgröße eine Spannung.
Eingangs- und Ausgangswiderstand sinken.

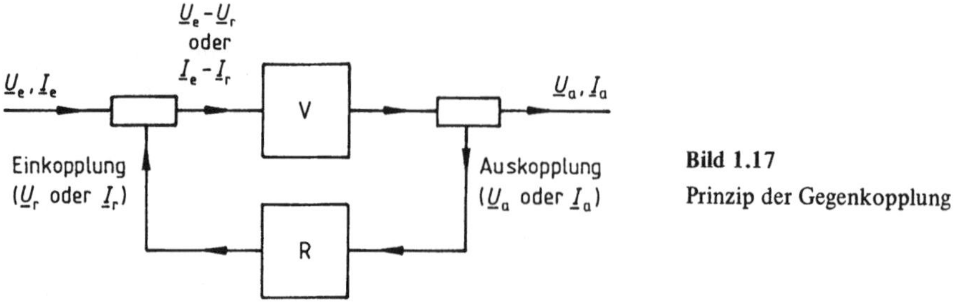

Bild 1.17
Prinzip der Gegenkopplung

Strom-Strom-Gegenkopplung

Sowohl Einkoppel- als auch Auskoppelwiderstand sind Ströme. Der Eingangswiderstand sinkt und der Ausgangswiderstand steigt.
Die Bezeichnungen sind nicht einheitlich. Oft wird an Stelle des Wortes „Spannung" das Wort „Reihen" und an Stelle des Wortes „Strom" „Parallel" gesagt, um damit auszudrücken, daß Spannungen parallel zum Vierpolanschluß, Ströme aber in Reihe zu ihm ein- bzw. ausgekoppelt werden.

1.5.2 Kleinsignal-Audio-Verstärker

Im Niederfrequenzbereich lassen sich Kleinsignal-Audio-Verstärker am billigsten mit Operationsverstärkern verwirklichen. Zwei Grundschaltungen sind gebräuchlich.

Invertierende Verstärker (Bild 1.18a)

Wegen der hohen Differenzverstärkung des Operationsverstärkers können dessen Eingangsspannungen bei der Berechnung der resultierenden Verstärkung gegenüber der anderen Spannungen vernachlässigt werden. Man sagt, die Eingänge lägen virtuell auf Masse. Der Eingangswechselstrom ergibt sich bei dieser Vereinfachung zu

$$\underline{I}_1 = \underline{U}_1 \cdot \frac{1}{R_1} \qquad (1.5.2/1)$$

Er fließt wegen des hohen Eingangswiderstandes des Operationsverstärkers näherungsweise vollständig in den Widerstand R_2 weiter und erzeugt dort den Spannungsabfall $R_2 \cdot \underline{I}_1$, so daß die Ausgangsspannung

$$\underline{U}_2 = -\frac{R_2}{R_1} \cdot \underline{U}_1 \qquad (1.5.2/2)$$

wird und die Spannungsverstärkung zu

$$\boxed{\underline{v} = -\frac{R_2}{R_1}} \; , \qquad (1.5.2/3)$$

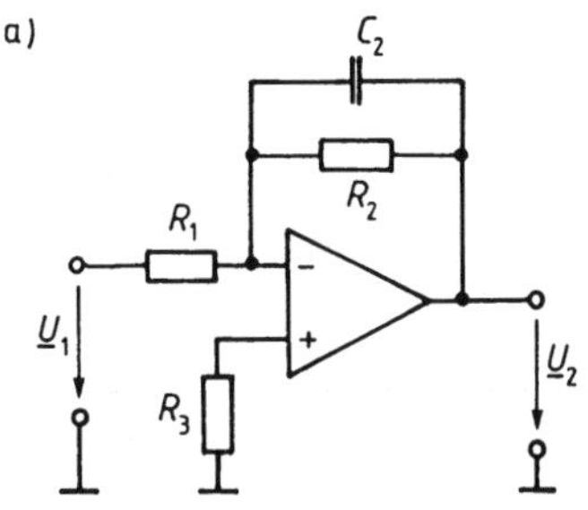

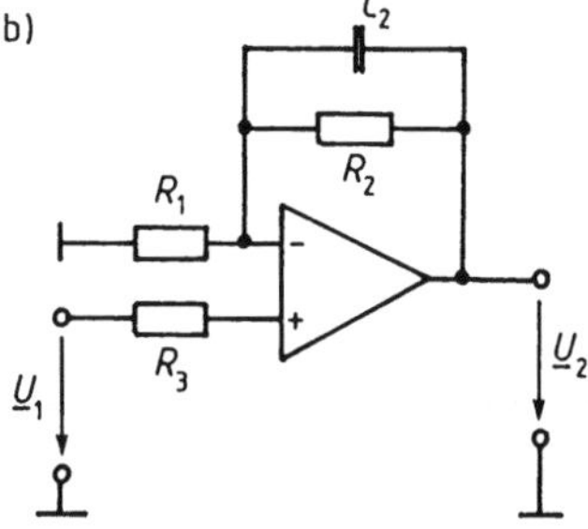

Bild 1.18 Audio-Kleinsignalverstärker
a) Invertierende Schaltung, b) Nichtinvertierende Schaltung

der Eingangswiderstand zu

$$R_{ein} = R_1 \tag{1.5.2/4}$$

angegeben werden kann.
Die Stabilität des Verstärkers erhöht sich ohne nennenswerte Änderung in der Verstärkung, wenn man parallel zum rückkoppelnden Widerstand R_2 eine kleine Kapazität

$$C_2 = C_i \frac{R_1}{R_2} \tag{1.5.2/5}$$

schaltet, die für eine rein reelle Rückkopplung sorgt.
Der Widerstand R_3 am nichtinvertierenden Eingang des Operationsverstärkers hat mit der Wechselstromverstärkung nichts zu tun. Er soll vielmehr den Einfluß der Eingangsruheströme kompensieren. Fließen nämlich in beide Eingänge des Operationsverstärkers gleichgroße Ruheströme und dimensioniert man

$$R_3 = \frac{R_1 \cdot R_2}{R_1 + R_2} \quad , \tag{1.5.2/6}$$

so erzeugen die beiden Ruheströme auch gleichgroße Spannungsabfälle, weil vor jedem Eingang der gleiche Widerstand wirksam ist.

Nichtinvertierender Verstärker (Bild 1.18b)

Der Unterschied zum invertierenden Verstärker besteht darin, daß die zu verstärkende Spannung über den Widerstand R_3 dem nicht invertierenden Eingang zugeführt wird. Die Verstärkung ist

$$\underline{v} = \frac{R_2}{R_1} + 1 \quad , \tag{1.5.2/7}$$

der Eingangswiderstand sehr hoch.
Nachteilig gegenüber der Schaltung Bild 1.18a ist, daß an beiden Eingängen höhere Wechselspannungen liegen, von denen aber nur die Differenz verstärkt werden darf. Es sind hier also höhere Anforderungen an die Gleichtaktunterdrückung des Operationsverstärkers zu stellen.
Die Wechselstromeigenschaften beider Schaltungen des Bildes 1.18 lassen sich genauer berechnen, wenn man die Ersatzschaltpläne Bild 1.16 heranzieht und mit einem Netzwerkanalyseprogramm arbeitet.

1.5.3 Video-Verstärker

Video-Verstärker sollen in der Regel Bild- und andere Signale verstärken, bei denen es nicht nur auf eine bestimmte Bandbreite, sondern auch auf möglichst geringe Verzerrung der Kurvenform ankommt. Kennzeichnender Parameter ist hier die Einschwingzeit

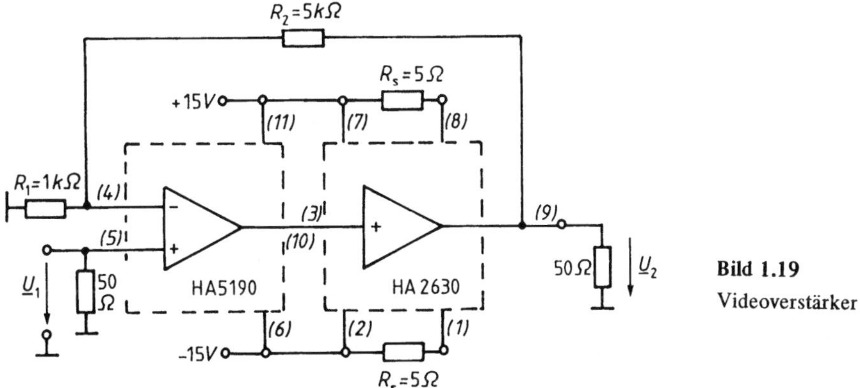

Bild 1.19
Videoverstärker

(settling time), die angibt, innerhalb welchen Zeitintervalls nach dem Anlegen eines Spannungssprungs die Ausgangsspannung ein spezifiziertes Toleranzband nicht mehr verläßt.

Handelsübliche Video-Verstärker haben bei Vollaussteuerung Bandbreiten von ca. 8 MHz und Einschwingzeiten von ca. 100 ns für 0,1% Ausgangsspannungstoleranz.

Durch Nachschalten besonderer Stromverstärker (Current booster) läßt sich die Belastbarkeit von Video-Verstärkern erhöhen. Bild 1.19 zeigt als Beispiel eine von der Firma Harris empfohlene Schaltung. Vor- und Endstufe werden über die Widerstände R_1 und R_2 gegengekoppelt. Die Widerstände R_s dienen der Strombegrenzung. Mit der angegebenen Dimensionierung wird bei einer Belastung des Ausgangs mit 50 Ω die Spannungsverstärkung $v = 5$, die Aussteuerungsgrenze $\hat{u}_2 = 5$ V und die Bandbreite $f_p = 6{,}4$ MHz erreicht.

1.6 Selektive Verstärker

1.6.1 Einkreis-Verstärker

Ersetzt man in Bild 1.5 den reellen Widerstand R_4 durch einen Parallelschwingkreis mit der Induktivität L, der Kapazität C und der Güte Q, so erhält man einen selektiven Verstärker, der bei der Frequenz

$$f_o = \frac{1}{2\pi\sqrt{L(C + C_{oe})}} \tag{1.6.1/1}$$

ein Verstärkungsmaximum hat, weil die Blindleitwerte von L, der zugeschalteten Kapazität C und der Transistorausgangskapazität C_{oe} sich gegenseitig aufheben und als Lastadmittanz nur die Parallelschaltung von $\frac{1}{R_a}$, $\sqrt{\frac{(C + C_o)}{L}} \cdot \frac{1}{Q}$ und g_{oe} übrigbleiben.

Die Verstärkung nimmt in diesem Fall den Betrag

$$|\underline{v}_{uo}| = \frac{|y_{21e}|}{g_{oe} + \frac{1}{R_e} + \frac{1}{R_a} + \sqrt{\frac{C + C_o}{L}} \cdot \frac{1}{Q}} \tag{1.6.1/2}$$

an.

Bei den Frequenzen

$$f_{t,h} = f_o \left\{ 1 \mp \frac{1}{2} \left[\sqrt{\frac{L}{C + C_{oe}}} \left(g_{oe} + \frac{1}{R_4} + \frac{1}{R_a} \right) + \frac{1}{Q} \right] \right\} \tag{1.6.1/3}$$

ist der Verstärkungsbetrag auf $|\underline{v}_{uo}|/\sqrt{2}$ gesunken.

Die Bandbreite der Schaltung ist

$$B = f_h - f_t = f_o \left\{ \sqrt{\frac{L}{C + C_{oe}}} \left(g_{oe} + \frac{1}{R_4} + \frac{1}{R_a} \right) + \frac{1}{Q} \right\} \tag{1.6.1/4}$$

Das Produkt aus Verstärkung und Bandbreite ist nach (1.6.1/2) und (1.6.1/4)

$$|\underline{v}_{uo}| \cdot B = |y_{21e}| \sqrt{\frac{L}{C + C_{oe}}} \cdot f_o \tag{1.6.1/5}$$

Ein hohes Verstärkungs-Bandbreite-Produkt erfordert also ein hohes L/C-Verhältnis des Schwingkreises.

1.6.2 Mehrkreisverstärker

Im Durchlaßbereich eines selektiven Verstärkers soll die Verstärkung möglichst konstant sein und erst im Sperrbereich scharf abfallen. Einkreisverstärker genügen dieser Forderung nur näherungsweise. Mehrkreisige sogenannte bandfiltergekoppelte Verstärker bieten bessere Möglichkeiten, den wünschenswerten Frequenzgang einzustellen. Das Verfahren ist alt und geht auf eine Theorie von R. Feldtkeller [6] zurück. An die Stelle der früher

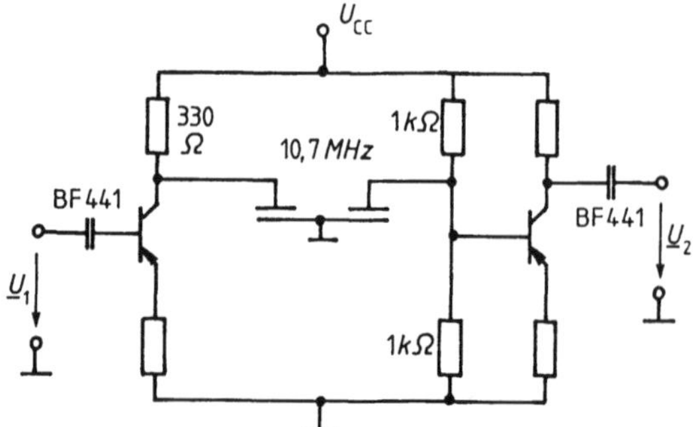

Bild 1.20
Anschaltung eines keramischen Filters an eine Transistorstufe

üblichen teuren Spulenschaltungen treten heute jedoch in steigendem Maße billige Keramikfilter, die aus piezoelektrischem Material hergestellt sind.
Bild 1.20 zeigt die Anschaltung eines keramischen Filters an eine Transistorstufe. Wichtig ist, daß der Einspeisewiderstand (hier 330 Ω) und der belastende Widerstand (hier 500 Ω) mit denjenigen Werten übereinstimmen, für die der Frequenzgang des Filters spezifiziert ist.

1.7 Eingangsverstärker

1.7.1 Rauschen

Hauptaufgabe von Eingangsverstärkern ist es, Signale am Ausgang eines Sensors oder am Ende einer Übertragungsstrecke soweit zu verstärken, daß ihre Pegel ausreichend weit oberhalb der allgemeinen Rausch- und Störpegel nachfolgender Signalverarbeitungsschaltungen liegen.
Jedes Eingangssignal enthält außer dem Nutzanteil auch einen unerwünschten Rausch- und Störsignalanteil. Bezeichnet man mit P_s die Leistung des Nutzsignals und mit P_n diejenige der Störsignale, so ist das *Signal-Rauschverhältnis*

$$n_{SR} = \frac{P_s}{P_n} \qquad (1.7.1/1)$$

Jeder Verstärker erhöht grundsätzlich den Rauschanteil am verstärkten Signal und verschlechtert somit das Signal-Rauschverhältnis. Eingangsverstärker sind so auszulegen, daß dieser Effekt möglichst gering bleibt. Ein Qualitätsmaß ist die

Rauschzahl

$$F = \frac{n_{SRe}}{n_{SRa}} \qquad (1.7.1/2)$$

und das *Rauschmaß*

$$F_{dB} = 10 \lg F \qquad (1.7.1/3)$$

wobei n_{SRa} und n_{SRe} die Signal-Rauschverhältnisse am Ausgang bzw. Eingang sind.
Gebräuchlich ist auch der Begriff *Rauschtemperatur* T_R, der mit der Rauschzahl durch die Gleichung

$$T_R = (F - 1) \cdot T \qquad (1.7.1/4)$$

verbunden ist, wobei T die absolute Temperatur ist, auf der sich der Verstärker befindet.

Rauschende Zweipole

Ein rauschender Zweipol läßt sich durch den Rauschersatzschaltplan Bild 1.21 entweder als Serienschaltung einer Rauschspannungsquelle

$$U_R = \sqrt{4\,kTBR} \qquad (1.7.1/5)$$

mit der nichtrauschend gedachten Impedanz $\underline{Z}$ oder durch Parallelschaltung einer Rauschstromquelle

$$I_R = \sqrt{4\,kTBG} \qquad (1.7.1/6)$$

mit der nichtrauschend gedachten Admittanz $\underline{Y}$ darstellen.
In (1.7.1/5) und (1.7.1/6) bedeuten

- U_R Effektivwert der Rauschspannung
- I_R Effektivwert des Rauschstromes
- $k = 1{,}38\ 10^{-23}$ J/K Boltzmann-Konstante
- T absolute Temperatur
- B Bandbreite
- R Realteil der Impedanz $\underline{Z}$
- G Realteil der Admittanz $\underline{Y}$

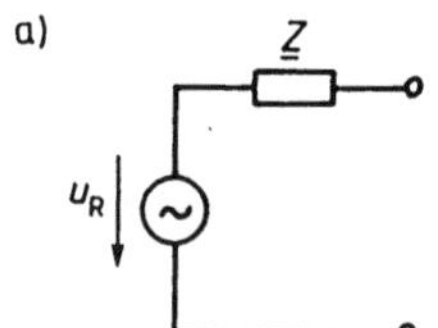

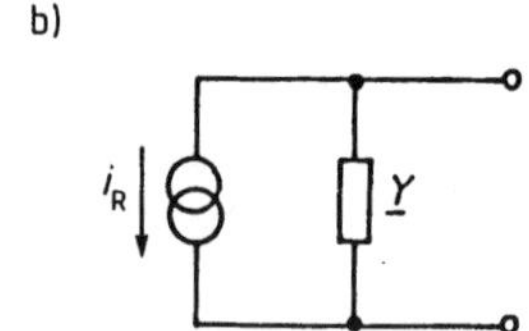

Bild 1.21
Rauschende Zweipole
a) Darstellung mit Rauschspannung
b) Darstellung mit Rauschstrom

Rauschende Verstärker

Ein rauschender Verstärker wird durch den Ersatzschaltplan Bild 1.22 beschrieben, der einen nichtrauschend gedachten Verstärker V, eine Ersatzrauschstromquelle i_R und eine Ersatzrauschspannungsquelle u_R enthält.
Während bei Zweipolen entsprechend (1.7.1/5) und (1.7.1/6) die Rauscheffektivwerte der Wurzel aus der Bandbreite $\sqrt{B}$ proportional sind, ist dies bei Verstärkern in der Regel nicht so. Man muß die Effektivwerte durch Integration der Rauschspannungsquadratdichte $u_R^{2'}$ und $i_R^{2'}$ finden, die z. B. bei Operationsverstärkern als Funktionen der Frequenz im Datenblatt angegeben sind.

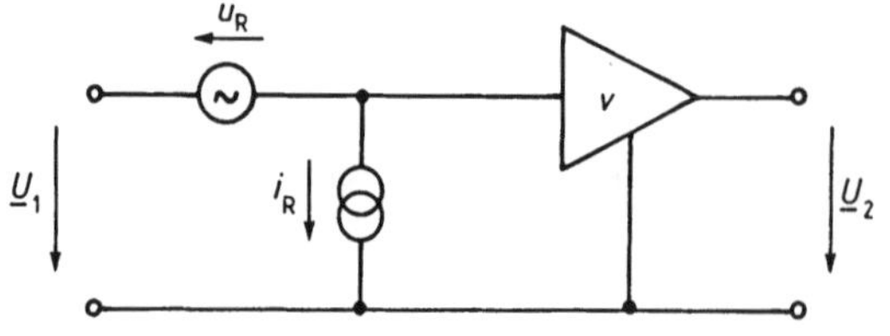

Bild 1.22
Ersatzschaltplan des rauschenden Verstärkers

$$U_R = \sqrt{\int_{f_1}^{f_2} u_R^{2'} \mathrm{d}f} \tag{1.7.1/7}$$

$$I_R = \sqrt{\int_{f_1}^{f_2} i_R^{2'} \mathrm{d}f} \tag{1.7.1/8}$$

Rauschanpassung

In Bild 1.23 ist ein Eingangsverstärker dargestellt, der aus einer Signalquelle mit der Urspannung $\underline{U}_s$ und dem Innenwiderstand R_i gespeist wird. Das Quellenrauschen ist $U_{Ri} = \sqrt{4\,kTBR_i}$, das Rauschen des Verstärkers wird durch die Spannungsquelle U_R und die Stromquelle I_R beschrieben.

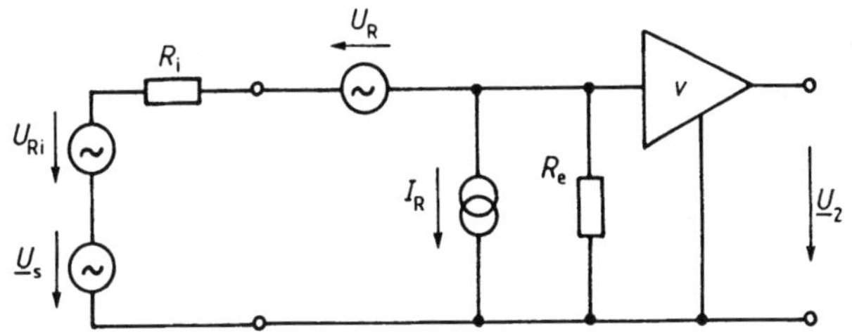

Bild 1.23
Rauschende Verstärkerschaltung
(R_i und R_e sollen rauschfrei sein)

Die Signaleingangsleistung ist

$$P_s = \frac{R_e}{(R_i + R_e)^2} U_s^2, \tag{1.7.1/9}$$

die Rauscheingangsleistung

$$P_r = \frac{R_e}{(R_i + R_e)^2} (U_{Ri}^2 + U_R^2) + \frac{R_e \cdot R_i^2}{(R_i + R_e)^2} \cdot I_R^2 \tag{1.7.1/10}$$

und das Signal-Rauschverhältnis damit

$$n_{SR} = \frac{P_s}{P_r} = \frac{1}{1 + \frac{U_R^2}{U_{Ri}^2} + \frac{R_i^2 \cdot I_R^2}{U_{Ri}^2}} \frac{U_s^2}{U_{Ri}^2}. \tag{1.7.1/11}$$

Während bei rauschfreiem Verstärker ($U_R^2 = 0$, $I_R^2 = 0$) das Signal-Rauschverhältnis $n_{SR} = U_S^2/U_{Ri}^2$ wäre, verschlechtert es sich bei rauschendem Verstärker also um die Rauschzahl

$$F = 1 + \frac{U_R^2}{U_{Ri}^2} + R_i^2 \cdot \frac{I_R^2}{U_{Ri}^2} \qquad (1.7.1/12)$$

Sie nimmt unter Berücksichtigung von $U_{Ri}^2 = 4\,\mathrm{k}TBR$ für

$$R_i = R_{i\,opt} = \frac{U_R}{I_R} \qquad (1.7.1/13)$$

einen minimalen Wert

$$F_{opt} = 1 + \frac{U_R \cdot I_R}{2\,\mathrm{k}TB} \qquad (1.7.1/14)$$

an.

In besonders rauscharmen Eingangsverstärkern transformiert man daher den gegebenen Innenwiderstand der Signalquelle auf den durch (1.7.1/13) geforderten optimalen Wert. Diese Maßnahme nennt man Rauschanpassung.

1.7.2 Eingangsverstärker im Niederfrequenzbereich

Im Niederfrequenzgebiet bieten sich Operationsverstärker als Eingangsverstärker an. Ein niedriges Rauschmaß wird durch Rauschanpassung und Auswahl eines rauscharmen Typs erreicht, bei dem das Produkt $U_R \cdot I_R/B$ einen besonders kleinen Betrag hat.

Bild 1.24 dient der Berechnung des Rauschens an einem beschalteten Operationsverstärker. Er wird von zwei Signalquellen $\underline{U}_{no}$ und $\underline{U}_{po}$ gespeist, deren Innenwiderstände in die Widerstände R_1 und R_3 eingeschlossen sind. U_R und I_R sind die Rauschquellen des Operationsverstärkers, U_{R1}, U_{R2} und U_{R3} diejenigen der äußeren Widerstände.

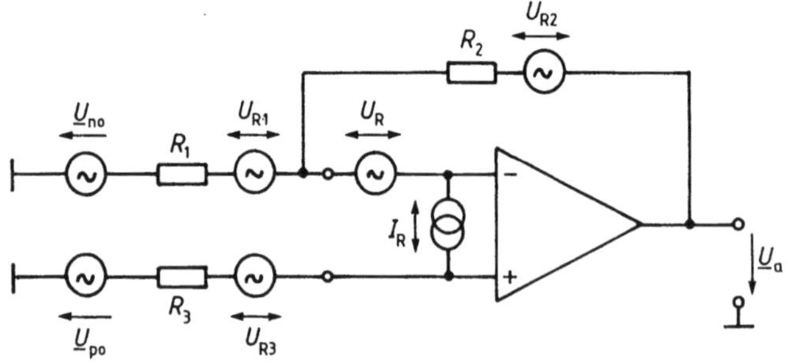

Bild 1.24 Rauschberechnung beim Operationsverstärker

Die Signalspannungen $\underline{U}_{no}$ und $\underline{U}_{po}$ erzeugen (für $v_D \to \infty$) den Signalanteil der Ausgangsspannung $\underline{U}_a$

$$\underline{U}_{as} = \left(1 + \frac{R_2}{R_1}\right)\underline{U}_{po} - \frac{R_2}{R_1}\underline{U}_{no} \tag{1.7.2/1}$$

Die Ausgangsrauschspannung errechnet sich unter der vereinfachenden Annahme unkorrelierter Rauschquellen zu

$$\underline{U}_{ar} = \left(1 + \frac{R_2}{R_1}\right)\sqrt{U_R^2 + R_g^2 I_R^2 + 4\,\mathrm{k}TBR_g}\quad , \tag{1.7.2/2}$$

wobei

$$R_g = R_3 + \frac{R_1 \cdot R_2}{R_1 + R_2} \tag{1.7.2/3}$$

bedeutet.

Die Bandbreite ergibt sich aus der unteren Bandgrenze f_t und der oberen Bandgrenze f_h zu

$$B = f_h - f_t \tag{1.7.2/4}$$

Die Rauschspannungs- und Stromquadrate finden wir durch Integration der in den Datenblättern angegebenen Rauschdichten zu

$$U_R^2 = \int_{f_t}^{f_h} u_r'^2 \mathrm{d}f \tag{1.7.2/5}$$

und

$$I_R^2 = \int_{f_t}^{f_h} i_r'^2 \mathrm{d}f \tag{1.7.2/6}$$

Das Signal-Rauschverhältnis wird

$$n_{SR} = \left(\frac{U_{as}}{U_{ar}}\right)^2 \tag{1.7.2/6}$$

Aus (1.7.2/1) und (1.7.2/2) folgt, daß der nichtinvertierende Verstärker ein besseres Signal/Rauschverhältnis hat als der invertierende, weil seine Signalverstärkung bei gleichem Ausgangsrauschen höher ist.

▸ Beispiel

Der Operationsverstärker μA741 hat nach dem Datenblatt der Firma Signetics folgende Rauschdichten:

f/Hz	$u_r'^2/\frac{\mathrm{V}^2}{\mathrm{Hz}}$	$i_r'^2/\frac{A^2}{\mathrm{Hz}}$
10	$5 \cdot 10^{-15}$	$5 \cdot 10^{-23}$
100	$1 \cdot 10^{-15}$	$6 \cdot 10^{-24}$
1000	$4 \cdot 10^{-16}$	$1 \cdot 10^{-24}$
10000	$3{,}8 \cdot 10^{-16}$	$3{,}7 \cdot 10^{-25}$
100000	$3{,}8 \cdot 10^{-16}$	$3{,}7 \cdot 10^{-25}$

Die numerische Integration im Audiobereich von $f = 10$ Hz bis $f = 30000$ Hz liefert

$$U_R = \sqrt{\int_{10\,\mathrm{Hz}}^{30\,\mathrm{kHz}} u'^2 \mathrm{d}f} = 3{,}6\ \mu\mathrm{V}$$

$$I_R = \sqrt{\int_{10\,\mathrm{Hz}}^{30\,\mathrm{kHz}} i'^2 \mathrm{d}f} = 109\ \mathrm{pA}$$

Eine nichtinvertierende Schaltung mit $R_1 = 10$ kΩ, $R_2 = 90$ kΩ, $R_3 = 9$ kΩ (Innenwiderstand der Quelle) $|\underline{U}_{po}| = 100\ \mu$V, $|\underline{U}_{no}| = 0$ verstärkt die Signalspannung gemäß (1.7.2/1) auf

$$\underline{U}_{as} = \left(1 + \frac{90\ \mathrm{k\Omega}}{10\ \mathrm{k\Omega}}\right) 0{,}1\ \mathrm{mV} = 1\ \mathrm{mV}.$$

Das Ausgangsrauschen ist mit $R_9 = 18$ kΩ, $B = 29950$ Hz

$$U_{ar} = \left(1 + \frac{90\ \mathrm{k\Omega}}{10\ \mathrm{k\Omega}}\right) \sqrt{(3{,}6\ \mu\mathrm{V})^2 + (18\ \mathrm{k\Omega} \cdot 0{,}1\ \mathrm{nA})^2 + 4 \cdot 1{,}38 \cdot 10^{-23} (\mathrm{J/K}) \cdot 295\ \mathrm{K} \cdot 18\ \mathrm{k\Omega} \cdot 30\ \mathrm{kHz}}$$

$$= 50\ \mu\mathrm{V}$$

Das Signalrauschverhältnis ist demnach

$$n_{SR} = \left(\frac{1\ \mathrm{mV}}{50\ \mu\mathrm{V}}\right)^2 = 400 \mathrel{\hat{=}} 26{,}0\ \mathrm{dB}.$$

Bei rauschfreiem Eingangsverstärker hätten wir nur das Rauschen des Innenwiderstandes R_3 mit

$$U_{r3} = \sqrt{4 \cdot 1{,}38 \cdot 10^{-23} (\mathrm{J/K}) \cdot 295\ \mathrm{K} \cdot 9\ \mathrm{k\Omega} \cdot 30\ \mathrm{kHz}}$$

$$= 2{,}1\ \mu\mathrm{V}$$

bei einer Signalspannung von

$$U_{po} = 100\ \mu\mathrm{V}$$

zu berücksichtigen gehabt. Dies entspricht dem Signal-Rausch-Verhältnis

$$n_{\mathrm{SRo}} = \left(\frac{100\,\mu\mathrm{V}}{2{,}1\,\mu\mathrm{V}}\right)^2 = 2270 \mathrel{\hat{=}} 33{,}5\ \mathrm{dB}$$

Das Rauschmaß der Schaltung ist somit

$$F_{\mathrm{dB}} = 33{,}5\ \mathrm{dB} - 26{,}0\ \mathrm{dB} = \underline{7{,}5\ \mathrm{dB}}$$ ◀

1.7.3 Eingangsverstärker im Hochfrequenzbereich

Rauschen

Das Rauschen von HF-Eingangsverstärkern läßt sich im Prinzip nach dem gleichen Verfahren berechnen wie bei Operationsverstärkern. Man geht von dem Rauschersatzschaltplan des Transistors (Bild 1.25) oder des integrierten Verstärkers aus.
Bei Transistoren wird grundsätzlich das für einen bestimmten Innenwiderstand $R_{\mathrm{i\,opt}}$ der ansteuernden Quelle optimal erreichbare Rauschmaß $F_{\mathrm{dB\,opt}}$ angegeben; die zugehörige Rauschzahl ist nach (1.7.1/3)

$$F_{\mathrm{opt}} = 10^{F_{\mathrm{dB\,opt}}/10} \tag{1.7.3/1}$$

Aus ihr findet man mit (1.7.1/13) und (1.7.1/14) die Rauscheffektivwerte

$$U_{\mathrm{R}} = \sqrt{(F_{\mathrm{opt}} - 1) \cdot 2\,\mathrm{k}TBR_{\mathrm{i\,opt}}} \tag{1.7.3/2}$$

$$I_{\mathrm{R}} = U_{\mathrm{R}}/R_{\mathrm{i\,opt}} \tag{1.7.3/3}$$

Hierin ist für B die Bandbreite der Eingangsstufe einzusetzen.
Grundsätzlich steigt das optimale Rauschmaß $F_{\mathrm{dB\,opt}}$ mit dem Kollektorstrom, während $R_{\mathrm{i\,opt}}$ dabei sinkt. Wünscht man niedriges Rauschen, muß man mit möglichst kleinen Kollcktorströmen arbeiten. Die Grenze nach unten ist durch die erforderliche Transitfrequenz f_{T} (die bei kleinen Strömen sich verringert).

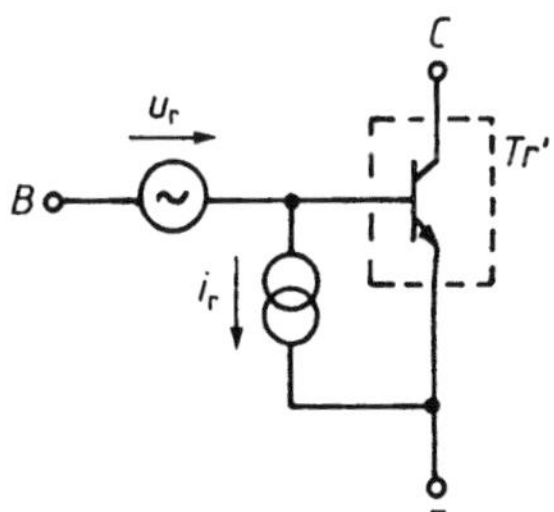

Bild 1.25
Ersatzschaltplan des rauschen Transistors

Kreuzmodulation und Intermodulation

Durch nichtlineare Verzerrungen entstehen in breitbandigen Eingangsverstärkern für modulierte HF-Signale unerwünschte Effekte, die man Kreuzmodulation und Intermodulation nennt. Durch Kreuzmodulation erhält ein schwach modulierter Träger die Seitenbänder eines fremden Senders, bei Intermodulation bilden die Mischprodukte verschiedener Sender neue Signale an unerwünschten Frequenzstellen des Empfangsbandes.

Kreuz- und Intermodulation hängen vom Klirrfaktor 3. Ordnung ab. Er ist bei Feldeffekttransistoren besonders klein, die sich deshalb besonders gut für Eingangsstufen eignen. Bipolartransistoren lassen sich durch Stromgegenkopplung, d. h. durch Reihenschaltung eines ohmschen Widerstandes zur Emitterdiode, linearisieren und ermöglichen dann gleichfalls den Bau kreuz- und intermodulationsarmer Eingangsverstärker.

1.8 Leistungsverstärker

1.8.1 A-Verstärker

Leistungsverstärker, die zwischen Sättigung und Stromlosigkeit ausgesteuert werden, ohne daß diese Grenzen jedoch je erreicht würden, heißen A-Verstärker. Es sind Emitter-, Basis- und Kollektorstufen (bei FET's Source-, Gate-, Drain-Stufen) möglich. Wichtig sind vor allem große Aussteuerbarkeit und geringes Klirren. Die größte praktische Bedeutung haben Kollektor- bzw. Drain-Schaltungen, weil sie besonders verzerrungsarm arbeiten. Bild 1.26 zeigt das Prinzip. Der Arbeitspunkt wird so eingestellt, daß im Ruhezustand die Ausgangsgleichspannung Null wird:

$$I_C = \frac{U_{CC}}{R_3} \tag{1.8.1/1}$$

Sättigung und Stromlosigkeit des Transistors werden vermieden, wenn die Aussteuerung unter

$$\hat{u}_{a\,max} = I_C \cdot \frac{1}{\frac{1}{R_3} + \frac{1}{R_a}} = U_{CC} \cdot \frac{\frac{1}{R_3}}{\frac{1}{R_3} + \frac{1}{R_a}} \tag{1.8.1/2}$$

bleibt.

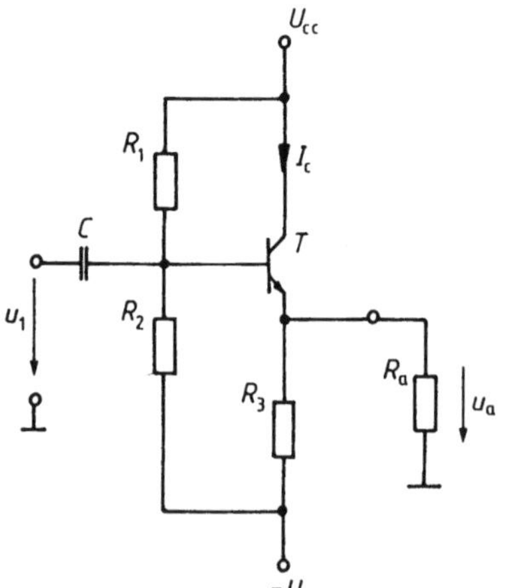

Bild 1.26 A-Verstärker

Die Ausgangsleistung

$$P_a = \frac{1}{2} \frac{\hat{u}_{a\,max}}{R_a}$$

hat für

$$\boxed{R_a = R_3}$$

das Maximum

$$P_{a\,max} = \frac{1}{8} \frac{U_{CC}^2}{R_a}$$

Bezogen auf die Verlustleistung

$$P_{aV} = 2 \cdot U_{CC} \cdot I_C = \frac{2 \cdot U_{CC}^2}{R_3} = \frac{2 \cdot U_{CC}^2}{R_a}$$

wird dann der maximal erreichbare Wirkungsgrad

$$\boxed{\eta_{max} = \frac{P_{a\,max}}{P_{aV}} = \frac{1}{16} = 6{,}25\%} \qquad (1.8.1/4)$$

1.8.2 B-Verstärker

In B-Verstärkern vgl. Bild 1.27 werden zwei komplementäre Transistoren verwendet, von denen der eine nur die positiven Spannungen, der andere nur die negativen Spannungen verstärkt. Es arbeitet immer nur 1 Transistor, während der andere ruht. Ohne Aussteuerung sind beide Transistoren stromlos. Die Ruheleistung ist Null, der Stromversorgungsquelle wird nur bei Aussteuerung Leistung entnommen.

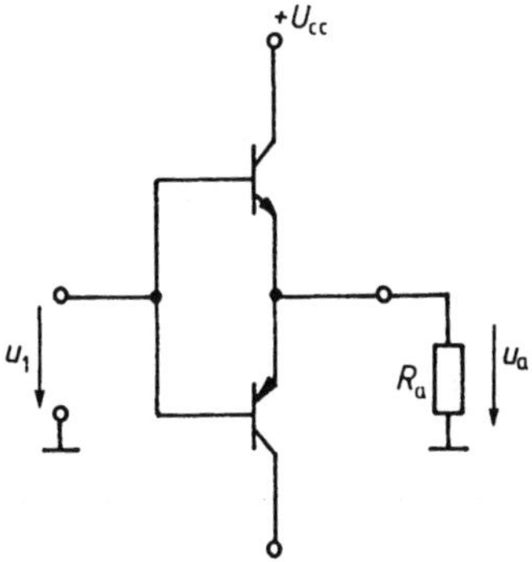

Bild 1.27 B-Verstärker

Gegenüber den A-Verstärkern kann der Wirkungsgrad bis auf 78,5% gesteigert werden. Dafür sind die Verzerrungen größer, weil die Transistorumschaltung beim Nulldurchgang der Spannungen nicht ganz kontinuierlich ist. Eine Verbesserung erreicht man durch den A/B-Betrieb, bei dem im Bereich niedriger Spannungen beide Transistoren leiten und dort je zur Hälfte den notwendigen Ausgangsstrom liefern. Zu diesem Zweck spannt man dann beide Transistorbasen entsprechend vor.

1.8.3 C-Verstärker

C-Verstärker verstärken nur den Spitzenbereich der ansteuernden Spannung. Sie werden in Hochfrequenzschaltungen verwendet, wo aus dem impulsförmigen Ausgangssignal die Grundschwingung herausgefiltert werden kann. Gegenüber den A- und B-Verstärkern kann der Wirkungsgrad bis nahe 100% werden.

1.8.4 D-Verstärker

In D-Verstärkern (Bild 1.28) wandelt ein Taktpuls in regelmäßigen Abständen den Augenblickswert des zu verstärkenden Signals u_1 in Impulse konstanter Höhe, aber variabler Breite um. Dabei steht die Impulsbreite in einem linearen Zusammenhang mit der Augenblicksspannung. Es entsteht ein pulsmoduliertes Signal, das zwei als Schalter arbeitende Transistoren T_1 und T_2 umsteuert. Während der Impulsdauer leitet T_2 und sperrt T_1, während einer Impulslücke ist es gerade umgekehrt.

Ein Tiefpaß TP bildet den Mittelwert der zeitlich variablen Spannungsimpulse und gibt ihn an den Lastwiderstand R_a weiter.

Damit das Ausgangssignal u_2 dem zu verstärkenden Eingangssignal u_1 entspricht, muß die Taktfrequenz um ein Vielfaches höher sein als die in u_1 enthaltene höchste Frequenz. In der Praxis arbeitet man mit dem Faktor 5.

Die Ausgangstransistoren T_1 und T_2 müssen wegen der hohen Taktfrequenz schnell sein. Besonders günstig sind VMOS-FET's.

Der Vorteil des D-Verstärkers liegt in den geringen Verlustleistungen, die in T_1 und T_2 umgesetzt werden. Deshalb sind hohe Ausgangsleistungen von mehreren hundert Watt möglich.

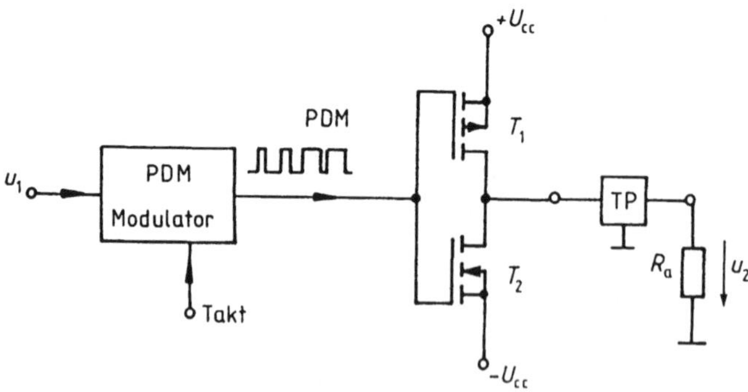

Bild 1.28 Prinzip des D-Verstärkers

2 Siebschaltungen

2.1 Grundlagen

Die Siebschaltungstheorie beschäftigt sich damit, Vierpole zu konstruieren, die zwischen einer Quelle mit der Urspannung $\underline{U}_o$ und dem Innenwiderstand R_1 sowie einem Lastwiderstand R_2 einen vorgeschriebenen Verlauf der Betriebsübertragungsfunktion

$$H_B(s) = \frac{\underline{U}_2(s)}{\underline{U}_o/2} \sqrt{\frac{R_1}{R_2}} \tag{2.1/1}$$

bzw. ihren Kehrwert der Betriebsdämpfungsfunktion

$$D_B(s) = \frac{\underline{U}_o/2}{\underline{U}_2(s)} \sqrt{\frac{R_2}{R_1}} \tag{2.1/2}$$

finden.
Das gesuchte Übertragungsverhalten drückt man meistens durch die Betriebsdämpfung

$$a_B = 20 \lg |D_B| = -20 \lg |H_B| \quad \text{dB} \tag{2.1/2}$$

und den Betriebsdämpfungswinkel

$$b_B = \text{arc } D_B = \varphi_B = -\text{arc } H_B \tag{2.1/3}$$

aus.
Es ist üblich und zweckmäßig, alle komplexen Frequenzen $s = \sigma + j\omega$, die in (2.1/1) bis (2.1/3) vorkommen, auf eine bestimmte Bezugsfrequenz $\omega_B = 2\pi f_B$ (in der Regel eine Grenzfrequenz) zu beziehen und die neuen Größen normierte Frequenzen zu nennen:

$$S = \frac{s}{\omega_B} = \frac{s}{2\pi f_B} = \frac{\sigma}{2\pi f_B} + j\,\frac{f}{f_B} \tag{2.1/4}$$

Betriebsdämpfungs- und Übertragungsfunktionen sind im allgemeinen Fall von der Form

$$D_B(S) = \frac{1}{H_B(S)} = \frac{a_o + a_1 S + a_2 S^2 + \ldots a_n S^n}{b_o + b_1 S + b_2 S^2 + \ldots b_m S^m} \tag{2.1/5}$$

oder

$$D_B(S) = \frac{1}{H_B(S)} = k\,\frac{(S - S_{P1})(S - S_{P2}) \ldots (S - S_{Pn})}{(S - S_{N1})(S - S_{N2}) \ldots (S - S_{Nm})} \tag{2.1/6}$$

Hierin sind $a_o \dots a_n$ und $b_o \dots b_m$ reelle Koeffizienten, $S_{P1} \dots S_{Pn}$ komplexe Pole und $S_{N1} \dots S_{Nm}$ komplexe Nullstellen der Betriebsübertragungsfunktion.

2.2 Katalogtiefpässe

Filterkataloge, z. B. [7], geben darüber Auskunft, wie man Tiefpässe aus Induktivitäten und Kapazitäten zusammensetzen muß, um Betriebsdämpfungen mit bestimmten standardisierten Frequenzgängen zu erhalten, die eine vorgeschriebene Dämpfungscharakteristik approximieren. Meist wird gefordert, daß die Betriebsdämpfung im Durchlaßbereich einen bestimmten Höchstwert a_D nicht überschreitet und im Sperrbereich einen bestimmten Mindestwert a_S nicht unterschreitet. Das von dem deutschen Mathematiker W. Cauer erfundene und nach ihm benannte Filter erfüllt eine derartige Forderung mit dem geringstmöglichen Bauelementeaufwand. In der englischsprachigen Literatur wird es auch als *elliptic filter* bezeichnet. Den grundsätzlichen Frequenzgang zeigt Bild 2.1. Auf der Abszisse ist die normierte Frequenz $\Omega = \frac{f}{f_B}$, auf der Ordinate die Betriebsdämpfung aufgezeichnet. Das Toleranzband des Durchlaßbereiches mit der Höchstdämpfung a_D endet bei der normierten Frequenz $\Omega = 1$, der Sperrbereich mit der Mindestdämpfung a_S beginnt bei $\Omega = \Omega_S$. Bei einigen ausgezeichneten Frequenzen ($\Omega_{o\nu}$) wird die Betriebsdämpfung 0, bei anderen ($\Omega_{\infty 2\nu}$) wird sie ∞.

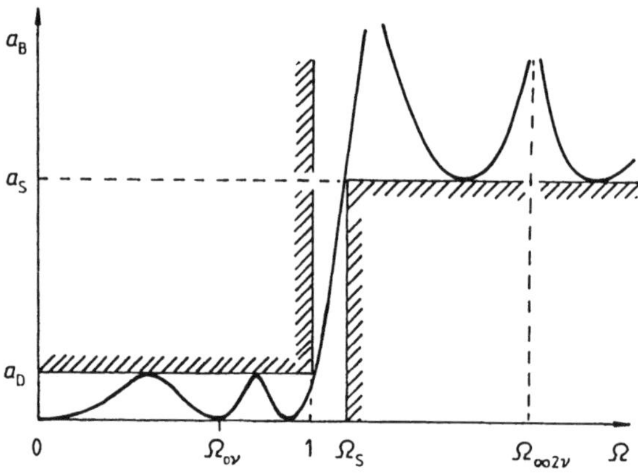

Bild 2.1 Frequenzgang der Betriebsdämpfung eines Cauer-Tiefpaß-Filters

Bei vorgegebener Durchlaßdämpfung a_D und Sperrdämpfung a_S wird der Filteraufwand um so höher, je dichter der Beginn des Sperrbereichs ($\Omega = \Omega_S$) dem Ende des Durchlaßbereichs ($\Omega = 1$) folgen soll.

In Filterkatalogen wird durchweg mit normierten Größen gearbeitet. Alle Frequenzen sind auf das Ende des Durchlaßbereichs f_B bezogen, alle Impedanzen auf den Speise- oder Abschlußwiderstand R_B. Normierte und nicht normierte Größen sind durch die folgenden Gleichungen verbunden:

$$\Omega = \frac{f}{f_B} \qquad (2.2/1)$$

$$S = \Sigma + j\Omega = \frac{\sigma}{2\pi f_B} + j\frac{\omega}{2\pi f_B} \qquad (2.2/2)$$

$$l = \frac{2\pi f_B L}{R_B} \qquad (2.2/3)$$

$$c = 2\pi f_B C \cdot R_B \qquad (2.2/4)$$

Zu jedem Filter sind im Katalog auch die normierten Pole $S_{p\nu}$, die normierten Nullstellen $S_{N\nu}$ und die Konstante k angegeben, aus denen sich nach (2.1/6) der genaue Frequenzgang der Betriebsdämpfung errechnen läßt.

Bild 2.2 zeigt den grundsätzlichen Aufbau eines Cauerfilters für gleiche Speise- und Abschlußwiderstände in den möglichen zueinander dualen Varianten A und B, die sich nicht in der Betriebsdämpfung aber in der Eingangs- und Ausgangsimpedanz unterscheiden.

Für $f \to \infty$ geht die Eingangsimpedanz der Schaltung A gegen 0, diejenige der Schaltung B gegen ∞. Die Dämpfungspole (Übertragungsfunktions-Nullstellen) werden durch die Eigenresonanzen der Schwingkreise $l_{2\nu}, c_{2\nu}$ erzeugt.

Die Summe der Quer- und Längsglieder ergibt den Grad n der Schaltung. Ist n ungerade, endet die Schaltung A mit einem Querglied, die Schaltung B mit einem Längsglied, bei geradem n ist es umgekehrt.

Tabelle 1/4 enthält die Filterkatalog-Daten von Cauer-Tiefpässen mit $a_D = 0{,}28$ dB und $a_S = 60$ dB vom Grad $n = 3$ bis $n = 8$.

▶ Berechnungsbeispiel

Gesucht sei ein über 600 Ω gespeister und mit dem gleichen Widerstandswert abgeschlossener Tiefpaß, der bis $f_1 = 3{,}44$ Hz eine Durchlaßdämpfung unter 0,3 dB und für $f_2 > 12$ kHz eine Sperrdämpfung über 56 dB aufweist.

Aus Tabelle 2/1 entnehmen wir, daß ein Tiefpaß vom Grade $n = 4$ notwendig ist, weil unsere Aufgabe $\Omega_S < \frac{12\ \text{kHz}}{3{,}4\ \text{kHz}} = 3{,}53$ fordert. Wir entscheiden uns für Schaltung A, weil sie weniger Spulen enthält.

Als Bezugsfrequenz wählen wir nicht genau $f_1 = 3{,}4$ kHz, sondern den etwas größeren Wert $f_B = 3{,}5$ kHz, und legen damit den schmaleren Durchlaß-Sperrbereichs-Übergang des Katalogfilters etwa in die Mitte des geforderten Übergangsbereichs. Der Durchlaßbereich des Filters endet so 100 Hz oberhalb des geforderten Mindestwertes von 3,4 kHz, der Sperrbereich beginnt mit $f_S = \Omega_S \cdot f_B = 3{,}341 \cdot 3{,}5\ \text{kHz} = 11{,}69$ kHz etwa 300 Hz unterhalb des geforderten Höchstwertes von 12 kHz.

Aus den normierten Werten

$c_1 = 1{,}095$ $\qquad l_2 = 1{,}4302$
$c_2 = 0{,}0522$ $\qquad l_4 = 1{,}1455$
$c_3 = 1{,}4807$

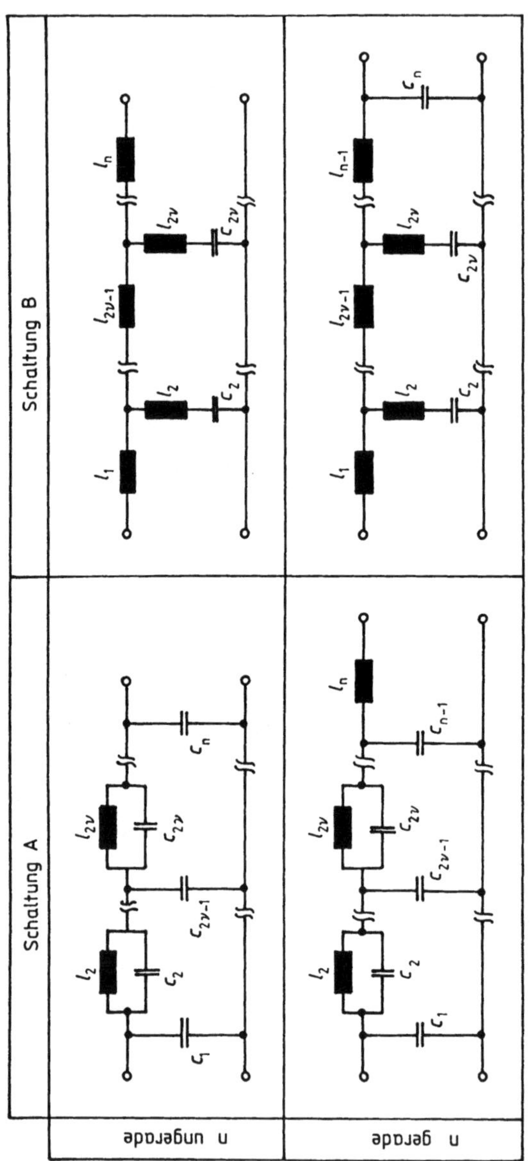

Bild 2.2 Schaltungsprinzipien des Cauer-Filters

Tabelle 2/1 Cauer-Filter mit a_D = 0,28 dB und a_S = 60 dB

n	Ω_S	k	s_P	s_N		A: $c_{2\nu-1}$ B: $l_{2\nu-1}$	A: $l_{2\nu}$ B: $c_{2\nu}$	A: $c_{2\nu}$ B: $l_{2\nu}$
3	6,274	53,51	− 0,7508	± j 7,2331	1	1,3319	1,1245	0,0170
			− 0,3661 ± j 1,0808		2	1,3319		
4	3,341	19,26	− 0,6446 ± j 0,4165	± j 3,6586	1	1,0951	1,4302	0,0522
			− 0,2283 ± j 1,0621		2	1,4807	1,1455	
5	1,869	116,43	− 0,4683	± j 3,0147	1	1,3813	1,2234	0,0899
			− 0,3385 ± j 0,6891	± j 1,9502	2	2,0451	1,0739	0,2448
			− 0,1086 ± j 1,0314		3	1,2482		
6	1,527	49,17	− 0,4690 ± j 0,2883	± j 2,0998	1	1,1051	1,3121	0,1729
			− 0,2506 ± j 0,7954	± j 1,5710	2	1,5262	1,3373	0,2942
			− 0,0726 ± j 1,0222		3	1,3213	1,2626	
7	1,250	144,92	− 0,3895	± j 2,3842	1	1,3660	1,2058	0,1459
			− 0,2933 ± j 0,5739	± j 1,2686	2	1,7818	0,8529	0,7285
			− 0,1396 ± j 0,8943	± j 1,4675	3	1,5749	0,9119	0,5092
			− 0,0377 ± j 1,0120		4	1,0933		
8	1,164	65,94	− 0,4132 ± j 0,2524	± j 1,7962	1	1,0822	1,2303	0,2518
			− 0,2306 ± j 0,7031	± j 1,1759	2	1,3129	0,9213	0,7850
			− 0,0980 ± j 0,9292	± j 1,2980	3	1,0495	1,1867	0,5002
			− 0,9899 ± j 0,0255		4	1,1972	1,3034	

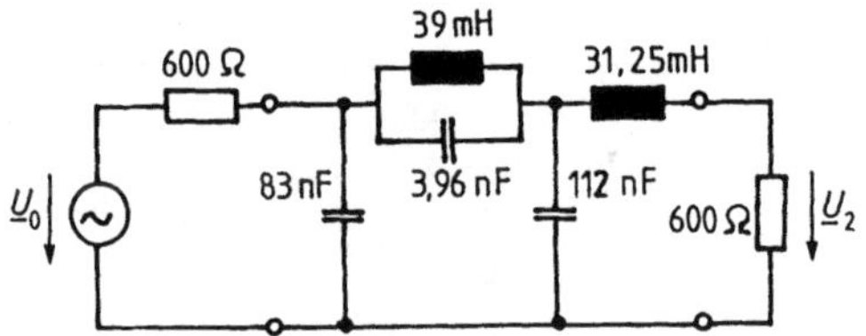

Bild 2.3
Beispiel eines Cauer-Tiefpasses (a_D = 0,28 dB, a_S = 60 dB, Ω_S = 3,341, f_B = 3,5 kHz)

errechnen sich mit f_B = 3,5 kHz und R_B = 600 Ω gemäß (2.2/3) und (2.2/4) die Kapazitäten und Induktivitäten zu

$$C_1 = c_1 \frac{1}{2\pi f_B R_B} = 1{,}0951 \cdot 75{,}788 \text{ nF} = 83 \text{ nF}$$

$$C_2 = 0{,}0522 \cdot 75{,}788 \text{ nF} = 3{,}96 \text{ nF}$$

$$C_3 = 1{,}4807 \cdot 75{,}788 \text{ nF} = 112 \text{ nF}$$

$$L_2 = l_2 \frac{R_B}{2\pi f_B} = 1{,}4302 \cdot 27{,}284 \text{ mH} = 39 \text{ mH}$$

$$L_4 = 1{,}1455 \cdot 27{,}284 \text{ mH} = 31{,}25 \text{ mH}$$

Bild 2.3 zeigt die vollständige Schaltung. ◀

2.3 Frequenztransformationen

Auch Hochpässe können mit Filterkatalogen konstruiert werden. Man benutzt dazu das Mittel der Frequenztransformation. In der Betriebsdämpfungsfunktion werden alle normierten Frequenzen durch ihren Kehrwert, in der Schaltung alle Kapazitäten durch Induktivitäten und alle Induktivitäten durch Kapazitäten ersetzt. Auf diese Weise werden alle Betriebsdämpfungen, die zu normierten komplexen Frequenzen S gehörten, nun auf Frequenzen $S_H = \frac{1}{S}$ gelegt und umgekehrt, d. h. Durchlaßbereich und Sperrbereich werden gegenseitig in ihrer Frequenzlage vertauscht.

Die Transformation der rein imaginären Frequenz $j\Omega$ führt auf $j\Omega_H = \frac{1}{j\Omega}$, d. h. $\Omega_H = -\frac{1}{\Omega}$.

Die Impedanzen einer zum Katalogtiefpaß gehörenden Induktivität $L = l \cdot \frac{R_B}{2\pi f_B}$ und einer Kapazität $C = \frac{c}{2\pi f_B R_B}$ sind

$$\underline{Z}_L = j\Omega \cdot l \cdot R_B \tag{2.3/1}$$

und

$$\underline{Z}_C = \frac{R_B}{j\Omega c} \tag{2.3/2}$$

Durch die Transformation $j\Omega_H = \frac{1}{j\Omega}$ wird hieraus

$$\underline{Z}_L^* = \frac{l \cdot R_B}{j\Omega} \tag{2.3/3}$$

und

$$\underline{Z}_C^* = j\Omega \cdot \frac{1}{c} \cdot R_B. \tag{2.3/4}$$

Aus der normierten Induktivität l ist also die normierte Kapazität $c_H = \frac{1}{l}$ und aus der normierten Kapazität c die normierte Induktivität $l_H = \frac{1}{c}$ geworden.

Bandpässe und Bandsperren lassen sich durch entsprechende Frequenztransformationen in ähnlicher Weise gewinnen.
Tabelle 2/2 gibt an, wie man aus den Katalogdaten Ω, l, c des Tiefpasses die Bauelemente eines gesuchten Hochpasses, Bandpasses oder der Bandsperre erhält. Jede Induktivität L des Tiefpasses geht beim Hochpaß in eine Kapazität, beim Bandpaß in einen Serienschwingkreis, bei der Bandsperre in einen Parallelschwingkreis über. Jede Kapazität C des Tiefpasses geht beim Hochpaß in eine Induktivität, beim Bandpaß in einen Parallelschwingkreis und bei der Bandsperre in einen Serienschwingkreis über. Die Resonanzfrequenzen der Schwingkreise entsprechen der Bandmitte $f_o = \sqrt{f_h f_t}$, wobei f_h die obere und f_t die untere Bandgrenze ist.
In Filterkatalogen wird nur der Betrag (Ω) der normierten Frequenz angegeben, weil zu positiven und negativen Werten Ω das gleiche Betriebsdämpfungsmaß gehört.

▶ **Beispiel**

Gesucht sei ein über 150 Ω gespeister und abgeschlossener Bandpaß, der zwischen $f_t = 2$ kHz und $f_h = 8$ kHz die Durchlaßdämpfung 0,3 dB nicht überschreitet. Er soll für $f < f_{St} = 300$ Hz und $f > f_{Sh} = 45$ kHz die Sperrdämpfung von $a_S = 60$ dB nicht unterschreiten.

Lösung:

Anhand von Tabelle 2/2 berechnen wir

$$f_o = \sqrt{f_h \cdot f_t} = \sqrt{8\ \text{kHz} \cdot 2\ \text{kHz}} = 4\ \text{kHz}$$

$$b = \frac{f_h - f_t}{f_o} = \frac{8\ \text{kHz} - 2\ \text{kHz}}{4\ \text{kHz}} = \frac{3}{2} = 1{,}5$$

Der Sperrbereich des entsprechenden Katalogtiefpasses muß beim kleineren der beiden Werte

$$\Omega_{St} = \frac{1}{b}\left|\left(\frac{f_{St}}{f_o} - \frac{f_o}{f_{St}}\right)\right| = 8{,}83$$

und

$$\Omega_{Sh} = \frac{1}{b}\left|\left(\frac{f_{Sh}}{f_o} - \frac{f_o}{f_{Sh}}\right)\right| = 7{,}44$$

also bei $\Omega_S = 7{,}44$ beginnen.

Tabelle 2/2 Transformationstafel für Reaktanz-Tiefpässe, Hochpässe, Bandpässe und Bandsperren [4]

	Grenz- und Bezugs-frequenz	Bezogene Frequenz f_{rel}	Entsprechende normierte Frequenz des Tiefpasses	Zusammenhang zwischen f_{rel} und Ω	Bauelemente	
Angaben im Tiefpaß-Katalog	–	$\vert\Omega\vert$	$\vert\Omega\vert$	–	l	c
Tiefpaß	f_B	$f_{rel} = \frac{f}{f_B}$	$\Omega = \frac{f}{f_B}$	$f_{rel} = \Omega$	L $L = \frac{R_B \cdot l}{2\pi f_B}$	C $C = \frac{c}{2\pi f_B \cdot R_B}$
Hochpaß	f_B	$f_{rel} = \frac{f}{f_B}$	$\Omega = -\frac{f_B}{f}$	$f_{rel} = -\frac{1}{\Omega}$	C $C = \frac{1}{2\pi f_B \cdot R_B \cdot l}$	L $L = \frac{R_B}{2\pi f_B \cdot c}$
Bandpaß	f_t, f_h $f_o = \sqrt{f_h \cdot f_t}$ $b = \frac{f_h - f_t}{f_o}$	$f_{rel} = \frac{f}{f_o}$	$\Omega = \frac{1}{b}\left(\frac{f}{f_o} - \frac{f_o}{f}\right)$	$f_{rel} = \sqrt{1 + \left(\frac{\Omega b}{2}\right)^2}$ $\pm \frac{\Omega b}{2}$	L C $L = \frac{R_B \cdot l}{2\pi f_o \cdot b}$ $C = \frac{b}{2\pi f_o \cdot R_B \cdot l}$	L C $L = \frac{R_B \cdot b}{2\pi f_o \cdot c}$ $C = \frac{c}{2\pi f_o \cdot R_B \cdot b}$
Bandsperre	f_t, f_h $f_o = \sqrt{f_h \cdot f_t}$ $b = \frac{f_h - f_t}{f_o}$	$f_{rel} = \frac{f}{f_o}$	$\Omega = \frac{-b}{\left(\frac{f}{f_o} - \frac{f_o}{f}\right)}$	$f_{rel} = \sqrt{1 + \left(\frac{b}{2\Omega}\right)^2}$ $\pm \frac{b}{2\Omega}$	L C $L = \frac{R_B b l}{2\pi f_o}$ $C = \frac{1}{2\pi f_o \cdot R_B \cdot b \cdot l}$	L C $L = \frac{R_B}{2\pi f_o \cdot b \cdot c}$ $C = \frac{bc}{2\pi f_o \cdot R_B}$

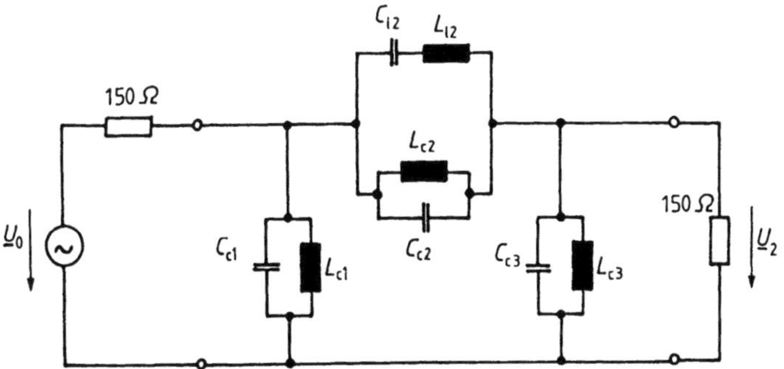

Bild 2.4 Beispiel eines Cauer-Bandpasses
(a_D = 0,28 dB, a_S = 60 dB, Ω_S = 6,274, f_0 = 4 kHz, f_t = 2 kHz, f_h = 8 kHZ). Zahlenwerte der Bauelemente siehe Text.

Nach Tabelle 2/1 erfüllt ein Filter mit $n = 3$, $\Omega_S = 6{,}274$ diese Bedingung. Die zugehörigen normierten Tiefpaß-Elemente der Schaltung A sind

$c_1 = 1{,}3319$ $\qquad l_2 = 1{,}1245$
$c_2 = 0{,}0170$
$c_3 = 1{,}3319$

Die transformierte Bandpaßschaltung ist in Bild 2.4 dargestellt.
Die Bauelemente errechnen sich zu

$$L_{c1} = \frac{R_B b}{2\pi f_0 c_1} = 6{,}72 \text{ mH} \qquad L_{l2} = \frac{R_B l_2}{2\pi f_0 b} = 4{,}47 \text{ mH}$$

$$C_{c1} = \frac{c_1}{2\pi f_0 R_B b} = 236 \text{ nF} \qquad C_{l2} = \frac{b}{2\pi f_0 R_B l_2} = 354 \text{ nF}$$

$$L_{c2} = \frac{R_B b}{2\pi f_0 c_2} = 527 \text{ mH}$$

$$C_{c2} = \frac{c_2}{2\pi f_0 R_B b} = 3 \text{ nF}$$

$$L_{c3} = \frac{R_B b}{2\pi f_0 c_3} = 6{,}72 \text{ mH}$$

$$C_{c3} = \frac{c_3}{2\pi f_0 R_B b} = 236 \text{ nF}$$

◀

2.4 Impedanztransformationen

Die Übertragungsfunktion eines aus Zweipolen zusammengesetzten Vierpols ändert sich nicht, wenn man alle Zweipolimpedanzen mit dem gleichen Faktor multipliziert. Dieser Umstand läßt sich beim Filterentwurf ausnutzen, um aus einer Schaltung mit Spulen eine spulenlose Schaltung zu machen. Man multipliziert dazu alle Impedanzen (auch den Innenwiderstand der speisenden Quelle und den Lastwiderstand) mit dem Faktor

$$\frac{1}{j\omega\tau}$$

wobei τ eine an sich frei wählbare zeitliche Konstante ist.

Die vorhandenen Bauelemente werden durch diese Transformation wie folgt umgewandelt:

Induktivität $L \rightarrow$ Widerstand $R = \frac{1}{\tau} \cdot L$

Widerstand $R \rightarrow$ Kapazität $C = \tau \cdot \frac{1}{R}$

Kapazität $C \rightarrow$ Überkapazität $D = \tau \cdot C$

Die Transformationskonstante τ wird man in der Praxis so wählen, daß die neuen Bauelemente in einen günstigen Wertebereich fallen.
Überkapazitäten erzeugt man mit der Impedanzwandlerschaltung nach Antoniou (Bild 2.5). Die Zweipolimpedanz ist allgemein

$$\underline{Z} = \frac{\underline{U}}{\underline{I}} = \frac{\underline{Z}_1(\underline{Z}_2 + \underline{Z}_3)(\underline{Z}_4 + \underline{Z}_5)(1 + \underline{v}) + \underline{Z}_1\underline{Z}_3\underline{Z}_5\underline{v}^2}{(\underline{Z}_2 + \underline{Z}_3)(\underline{Z}_4 + \underline{Z}_5)(1 + \underline{v}) + \underline{Z}_2\underline{Z}_4\underline{v}^2}$$

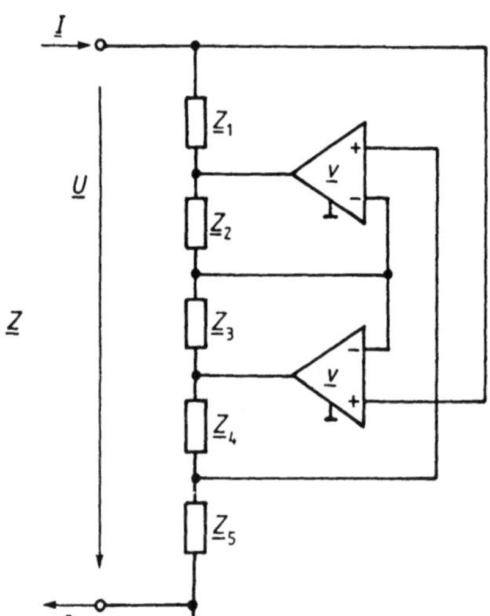

Bild 2.5
Impedanzwandlerschaltung nach Antoniou

Für $\underline{v} \rightarrow \infty$, $\underline{Z}_1 = \frac{1}{j\omega C_1}$, $\underline{Z}_2 = \underline{Z}_3 = \underline{Z}_4 = R_2$, $\underline{Z}_5 = \frac{1}{j\omega C_5}$ (Z_1 und Z_5 sind Kondensatoren) ergibt sich speziell die Impedanz einer Überkapazität

$$\underline{Z} = \frac{1}{(j\omega)^2 D} = \frac{1}{(j\omega)^2 C_1 C_5 R_2}$$

Die Überkapazität selbst ist also

$$D = C_1 C_5 R_2 .$$

Filter, die Überkapazitäten enthalten, heißen nach ihrem Erfinder *Bruton-Filter.*

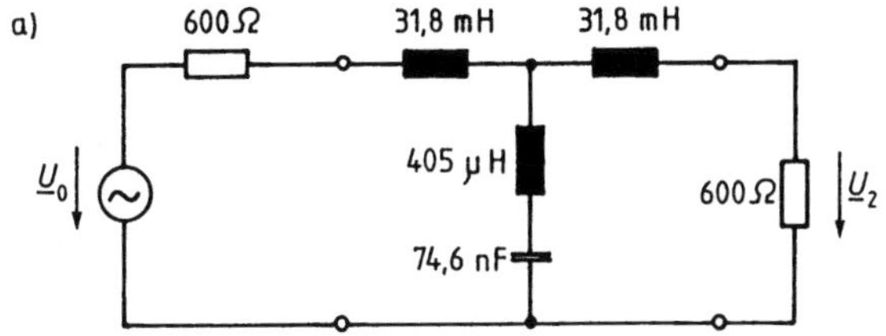

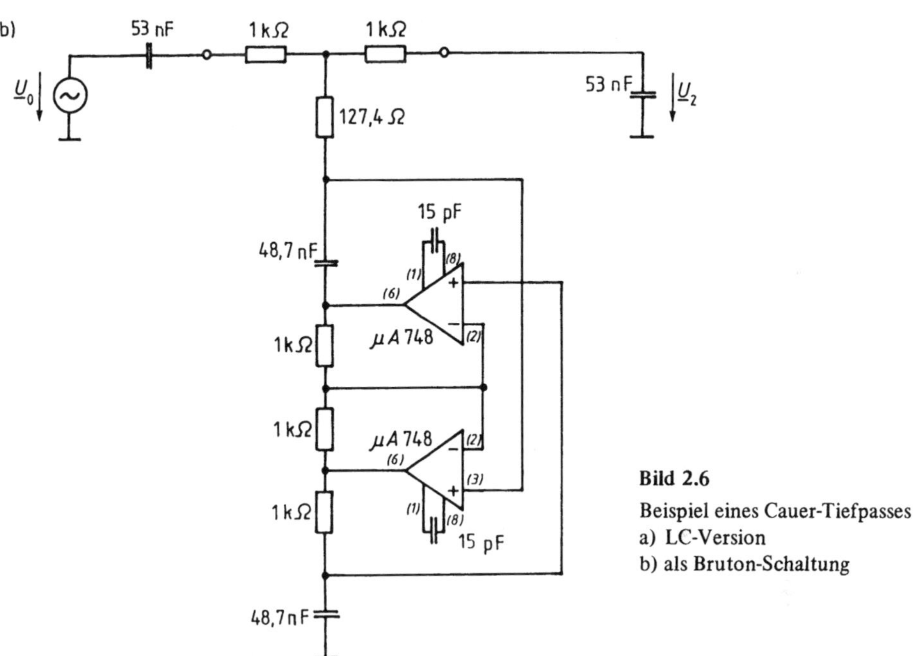

Bild 2.6
Beispiel eines Cauer-Tiefpasses
a) LC-Version
b) als Bruton-Schaltung

Bild 2.6 zeigt ein Cauer-Filter vom Grade $n = 3$ mit $a_D = 0{,}28$ dB, $a_S = 60$ dB, $f_B = 4$ kHz, $R_B = 600\ \Omega$ in der LC-Version (Schaltung B) und als Bruton-Schaltung ($\tau = 31{,}8\ \mu s$).

2.5 Universalfilter

Grundschaltung

Die einfache Grundschaltung Bild 2.7, die aus zwei Integratoren und zwei Summierern besteht, erlaubt den Aufbau von Tiefpaß-, Hochpaß-, Bandpaß- und Bandsperrenfiltern vom Grade $n = 2$. Ist τ die Integrationszeitkonstante der Integrierer und sind k_1, k_2, k_3 die Gewichtsfaktoren des Sumierers 1; k_4, k_4 diejenige des Summierers 2, so gilt

$$H_{TP}(s) = \frac{\underline{U}_{TP}(s)}{\underline{U}_1(s)} = \frac{k_1}{\tau^2 s^2 - k_3 \tau s - k_2} \tag{2.5/1}$$

$$H_{BP}(s) = \frac{\underline{U}_{BP}(s)}{\underline{U}_1(s)} = \frac{k_1 \tau s}{\tau^2 s^2 - k_3 \tau s - k_2} \tag{2.5/2}$$

$$H_{HP}(s) = \frac{\underline{U}_{HP}(s)}{\underline{U}_1(s)} = \frac{k_1 \tau^2 s^2}{\tau^2 s^2 - k_3 \tau s - k_2} \tag{2.5/3}$$

$$H_{SP}(s) = \frac{\underline{U}_{HP}(s)}{\underline{U}_1(s)} = \frac{k_1 (k_5 + k_4 \tau^2 s^2)}{\tau^2 s^2 - k_3 \tau s - k_2} \tag{2.5/4}$$

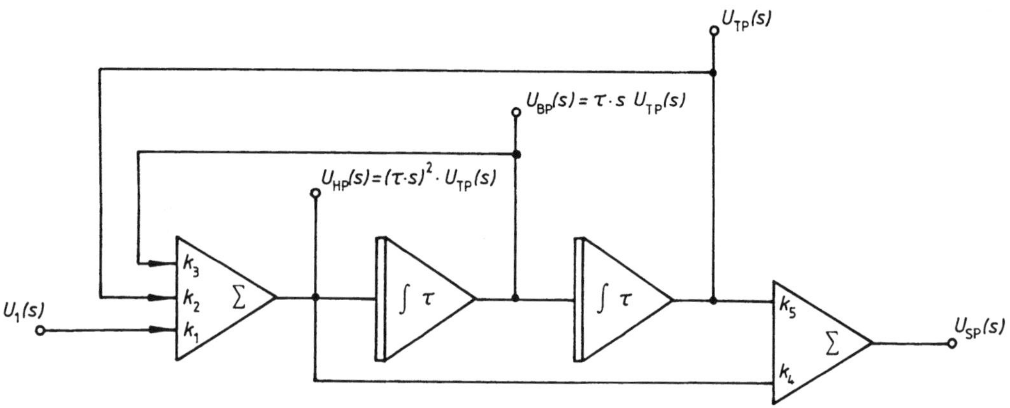

Bild 2.7 Grundschaltung eines Universalfilters

Man erhält somit zugleich eine Tiefpaßfunktion $H_{TP}(s)$, eine Bandpaßfunktion $H_{BP}(s)$, eine Hochpaßfunktion $H_{HP}(s)$ und eine Bandsperrenfunktion $H_{SP}(s)$. Alle Funktionen haben das Polpaar

$$s_P = \frac{1}{\tau}\left(\frac{k_3}{2} \pm \sqrt{\left(\frac{k_3}{2}\right)^2 + k_2}\right) \tag{2.5/5}$$

bzw. das normierte Polpaar

$$S_P = \frac{s_P}{2\pi f_B} = \alpha \pm j\beta \qquad (2.5/6)$$

$$\alpha = \frac{k_3}{4\pi\tau f_B}$$

$$\beta = \frac{1}{2\pi\tau f_B}\sqrt{-\left(\frac{k_3^2}{4} + k_2\right)} \qquad (2.5/7)$$

Bandpaß- und Hochpaßfunktion haben Nullstellen bei $s = 0$, die Bandsperrenfunktion hat die Nullstellen

$$s_N = \pm j\,\frac{1}{\tau}\sqrt{\frac{k_5}{k_4}} \qquad (2.5/8)$$

bzw. die normierte Nullstellen

$$S_N = \pm j\,\frac{1}{2\pi\tau f_B}\sqrt{\frac{k_5}{k_4}} \qquad (2.5/9)$$

Kettenschaltung

Schaltet man mehrere Universalfilter als Kette hintereinander, so läßt sich jede Dämpfungsfunktion der Form (2.1/6) verwirklichen. Man muß dazu nur in jedem Kettenglied ein Polpaar und gegebenenfalls eine Nullstelle der vorgeschriebenen Übertragungsfunktion einstellen und durch eine Verstärkerstufe dafür sorgen, daß der frequenzunabhängige Faktor k den gewünschten Wert annimmt.

Praktische Verwirklichung durch integrierte sC-Bausteine

Die notwendigen Summierer und Integratoren kann man aus rückgekoppelten Operationsverstärkern zusammenbauen. Bequemer ist die Verwendung einer integrierten Schaltung, wie sie von verschiedenen Firmen angeboten wird. Am preisgünstigsten sind switched-capacitor-Bausteine, in denen die Integratoren mit geschalteten Kondensatoren arbeiten. Bild 2.8 erläutert deren Prinzip:
Die zu integrierende Spannung u_1 lädt in Schalterstellung a einen Kondensator C_R, der periodisch auf den invertierenden Eingang b eines durch die Kapazität rückgekoppelten Operationsverstärkers OP umgeschaltet wird und dort seine Ladung

$$Q = C_R \cdot u_1 \qquad (2.5/10)$$

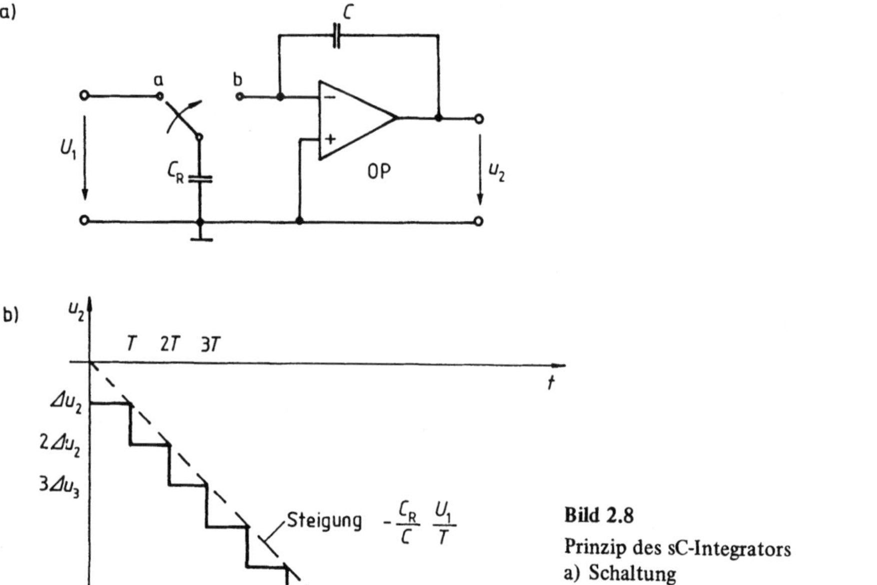

Bild 2.8
Prinzip des sC-Integrators
a) Schaltung
b) Spannungsverlauf bei konstanter Eingangsspannung U_1

abgibt. Dieser Ladungsstoß erhöht die Ladung von C und ändert die Ausgangsspannung um

$$\Delta u_2 = -\frac{C_R}{C} u_1 \tag{2.5/11}$$

Ist, wie in Bild 2.8b angenommen, U_1 eine positive Gleichspannung, sinkt die Ausgangsspannung in kleinen gleichgroßen Sprüngen im Mittel linear ab. Die Eckspannungen folgen dem Gesetz:

$$u_2 = -U_1 \frac{t}{T\frac{C}{C_R}} \tag{2.5/12}$$

Die Schaltung verhält sich also näherungsweise wie ein Integrator mit der Zeitkonstanten

$$\boxed{\tau = T \frac{C}{C_R}} \tag{2.5/13}$$

Die Stufenfehler sind umso unbedeutender, je kleiner T gemacht wird. In der Praxis wählt man $T \approx \tau/50 \ldots \tau/100$.

Eine handelsübliche sC-Schaltung ist der Baustein MF 10 der Firma National Semiconductor. Er ist in Bild 2.9 schematisch mit den Anschlußbelegungen dargestellt. Die gewünschte Integrationskonstante wird durch den externen Takt CLK_A bzw. CLK_B in Verbindung mit dem Umschalteingang *50/100 CLK* eingestellt. Die digitalen Eingänge sind TTL-kompatibel. Bild 2.10 zeigt die äußere Beschaltung. Der Operationsverstärker OP kann ent-

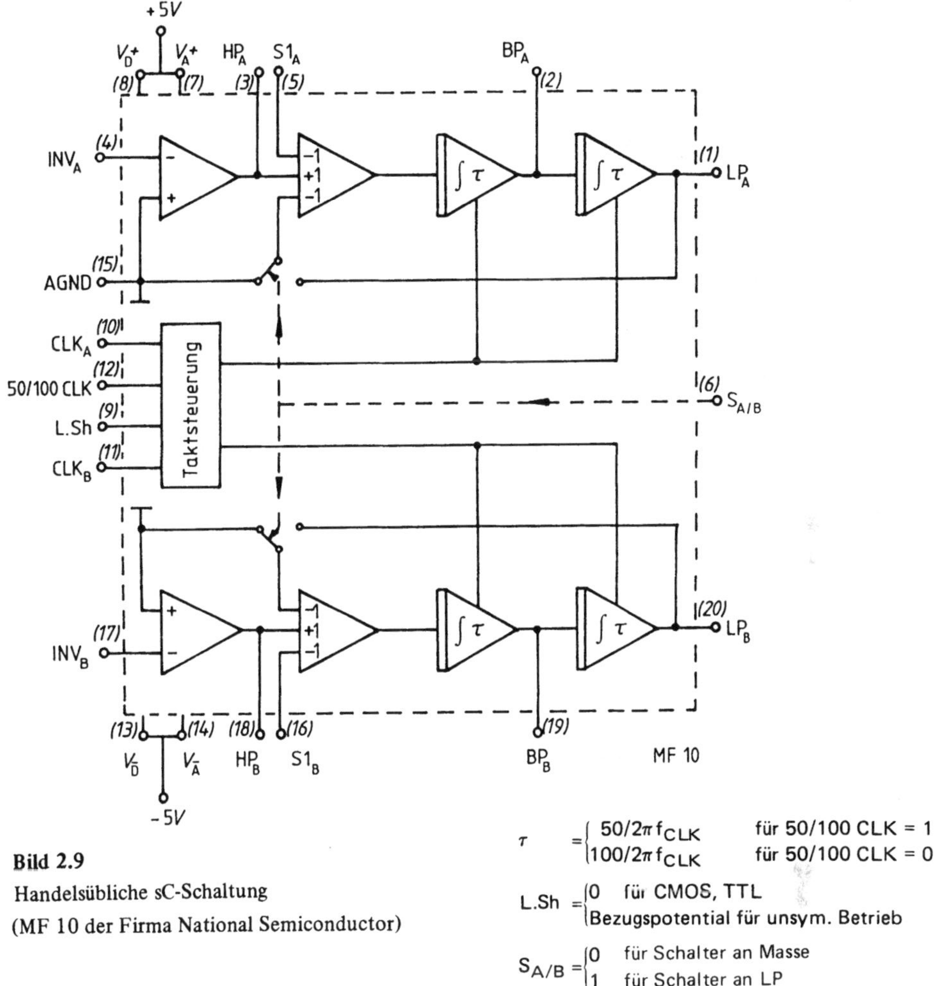

Bild 2.9
Handelsübliche sC-Schaltung
(MF 10 der Firma National Semiconductor)

fallen, wenn die Bandsperrenfunktion SP nicht benötigt wird. Der Zusammenhang zwischen Widerständen und Koeffizienten ist

$$k_1 = -\frac{R_2}{R_1} \quad k_2 = -\frac{R_2}{R_4} \quad k_3 = -\frac{R_2}{R_3}$$
$$k_4 = -\frac{R_G}{R_H} \quad k_5 = -\frac{R_G}{R_T} \tag{2.5/14}$$

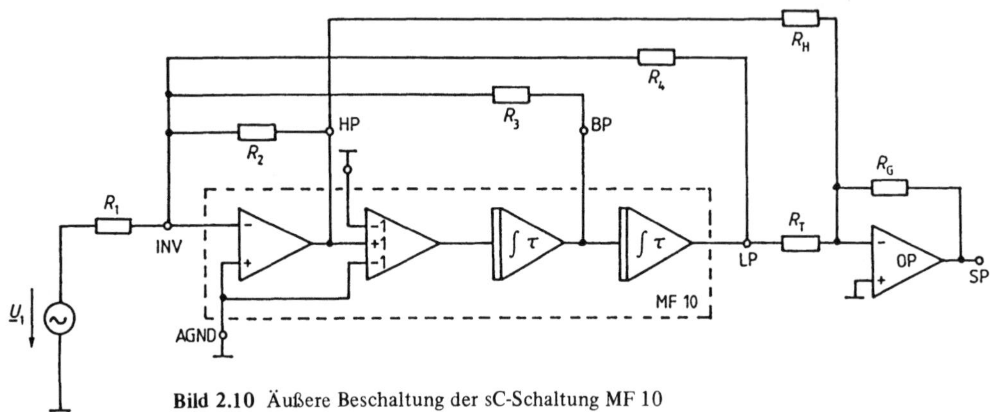

Bild 2.10 Äußere Beschaltung der sC-Schaltung MF 10

Die Bezugsfrequenz des Filters ist direkt der Taktfrequenz proportional:

$$f_B = \frac{1}{2\pi\tau} = \begin{cases} f_{CLK}/50 & \text{für } \mathit{50/100\ CLK} = 1 \\ f_{CLK}/100 & \text{für } \mathit{50/100\ CLK} = 0 \end{cases} \qquad (2.5/15)$$

▶ Entwurf

Der Entwurf eines SC-Filters mit dem Baustein MF 10 soll am Beispiel des schon in Abschnitt 2.2 betrachteten Tiefpasses erläutert werden.
Aus Tabelle 2/1 entnehmen wir die normierten Pole

$$S_{P1} = -0{,}7508$$

$$S_{P2,3} = -0{,}3661 \pm j\ 1{,}0808,$$

das normierte Nullstellenpaar

$$S_{N1,2} = \pm j\ 7{,}2331$$

und die Konstante

$$k = 53{,}51.$$

Die nicht normierten Pole und Nullstellen ergeben sich durch Multiplikation mit dem Faktor $2\pi f_B = 2\pi\ 3{,}5$ kHz oder durch Division mit dem Divisor τ.
Die Übertragungsfunktion schreibt sich somit unter Berücksichtigung von $s\tau = S$:

$$H(S) = \frac{1}{k}\,\frac{(S - S_{N1})(S - S_{N2})}{(S - S_{P1})(S - S_{P2})(S - S_{P3})}$$

$$= \frac{1}{53{,}51}\,\frac{(S^2 + 52{,}318)}{(S + 0{,}7508)(S^2 + 0{,}7322\,S + 1{,}3022)}$$

$$= \underbrace{\frac{0{,}7508}{S + 0{,}7508}}_{H_I(S)}\;\underbrace{\frac{-1}{40{,}18}\,\frac{-S^2 - 52{,}318}{S^2 + 0{,}7322\,S + 1{,}3022}}_{H_{II}(S)}$$

Wir bilden die Kettenschaltung einer Schaltung I mit der Übertragungsfunktion $H_I(S)$ und einer Schaltung II mit $H_{II}(S)$.

Für *Schaltung I* gilt:

Wir wählen $R_1 = 10\ \mathrm{k}\Omega$ und beziehen in diesen Wert den Innenwiderstand der Quelle von $600\ \Omega$ ein. Die Übertragungsfunktion zwischen Quellenspannung U_0 und der Ausgangsspannung muß den halben Wert der Betriebsübertragungsfunktion haben. Weiter ist es zweckmäßig, das Vorzeichen umzukehren. Dadurch geht $H_I(S)$ in $-0{,}5\ H_I(S)$ über. Man erhält diese Funktion aus der Bandpaßfunktion (2.5/2) mit $k_1 = -0{,}3754$, $k_2 = 0$, $k_3 = -0{,}7508$. Aus (2.5/14) ergibt sich $R_2 = -k_1 \cdot R_1 = 0{,}3754 \cdot 10\ \mathrm{k}\Omega = 3{,}754\ \mathrm{k}\Omega$. $R_4 = \infty$, $R_3 = -R_2/k_3 = 3{,}754\ \mathrm{k}\Omega/0{,}7508 = 5\ \mathrm{k}\Omega$.

Für *Schaltung II* gilt:

Es muß die Bandsperrenfunktion (2.5/4) benutzt werden mit $k_1 = -1/40{,}18 = -0{,}02489$, $k_2 = -1{,}3022$, $k_3 = -0{,}7322$, $k_4 = -1$, $k_5 = -52{,}518$. Aus (2.5/14) ergibt sich hier bei Wahl von $R_2 = 10\ \mathrm{k}\Omega$, $R_G = 100\ \mathrm{k}\Omega$: $R_1 = 10\ \mathrm{k}\Omega \cdot 40{,}18 = 402\ \mathrm{k}\Omega$, $R_4 = 10\ \mathrm{k}\Omega/1{,}3022 = 7{,}68\ \mathrm{k}\Omega$, $R_3 = 10\ \mathrm{k}\Omega/0{,}7322 = 13{,}66\ \mathrm{k}\Omega$, $R_H = 10\ \mathrm{k}\Omega$, $R_T = 100\ \mathrm{k}\Omega/52{,}52 = 1{,}92\ \mathrm{k}\Omega$.
Die Taktfrequenz errechnet sich gemäß (2.15) zu

$$f_{CLK} = 100 \cdot f_B = 350\ \mathrm{kHz},$$

wenn der Anschluß *50/100 CLK* auf Masse gelegt wird. Bild 2.11 zeigt die vollständige Schaltung. ◀

2.6 Digitalfilter

In Digitalfiltern wird, wie in Bild 2.12 dargestellt, das Eingangssignal zunächst abgetastet und in einem A/D-Wandler digitalisiert. Ein Prozessor errechnet aus den einlaufenden Abtastwerten die Werte des Ausgangssignals, das ein D/A-Wandler in die Analogform bringt. Die Abtastfrequenz f_0 muß in der Regel größer als der doppelte Wert der höchsten zu verarbeitenden Frequenz sein. Um sicher zu gehen, daß die höchstzulässige Eingangsfrequenz nicht überschritten wird, schaltet man dem Digitalfilter einen analogen Tiefpaß vor. Wie sich theoretisch zeigt, enthält die Folge der Ausgangswerte nicht nur das gewünschte Spektrum, sondern noch unerwünschte Störspektren gleicher Bandbreite, die links und rechts zur Abtastfrequenz und deren Oberschwingungen liegen. Man nennt sie Alias-Bänder (von lateinisch alias = sonst) und kann sie durch einen nachgeschalteten analogen Tiefpaß unterdrücken.
Das einfachste Rechenverfahren ist die Transversalfiltermethode. Die einlaufenden digitalisierten Abtastwerte seien $x_0, x_1, x_2 \ldots x_n$. Ist T die Abtastperiode, so erscheinen sie zu den Zeitpunkten $t_0 = 0$, $t_1 = T$, $t_2 = 2T, \ldots t_n = nT$.
Alle Abtastwerte werden sofort mit verschiedenen, die Filterfunktion charakterisierenden Faktoren $k_0, k_1 \ldots k_\mu \ldots k_m$ multipliziert und zur späteren Weiterverarbeitung abgespeichert, wobei m an sich unendlich sein sollte, aber durch die zeitlichen und strukturellen Möglichkeiten des Prozessors natürlich auf einen endlichen Wert begrenzt sein muß.
In jedem Abtastzeitpunkt $t = \nu \cdot T$ wird nun die Summe der folgenden $m + 1$ Produkte gebildet:

$$y = k_0 x_\nu + k_1 x_{\nu-1} + \ldots k_\mu x_{\nu-\mu} + k_m x_{\nu-m} \tag{2.6/1}$$

und dem Ausgangs-A/D-Wandler zugeführt, der einen entsprechenden Spannungswert für eine kurze Zeitdauer ausgibt. Der nachfolgende Tiefpaß befreit das Impulssignal von den Alias-Frequenzen und glättet es so zum gefilterten Signal $u_2(t)$.

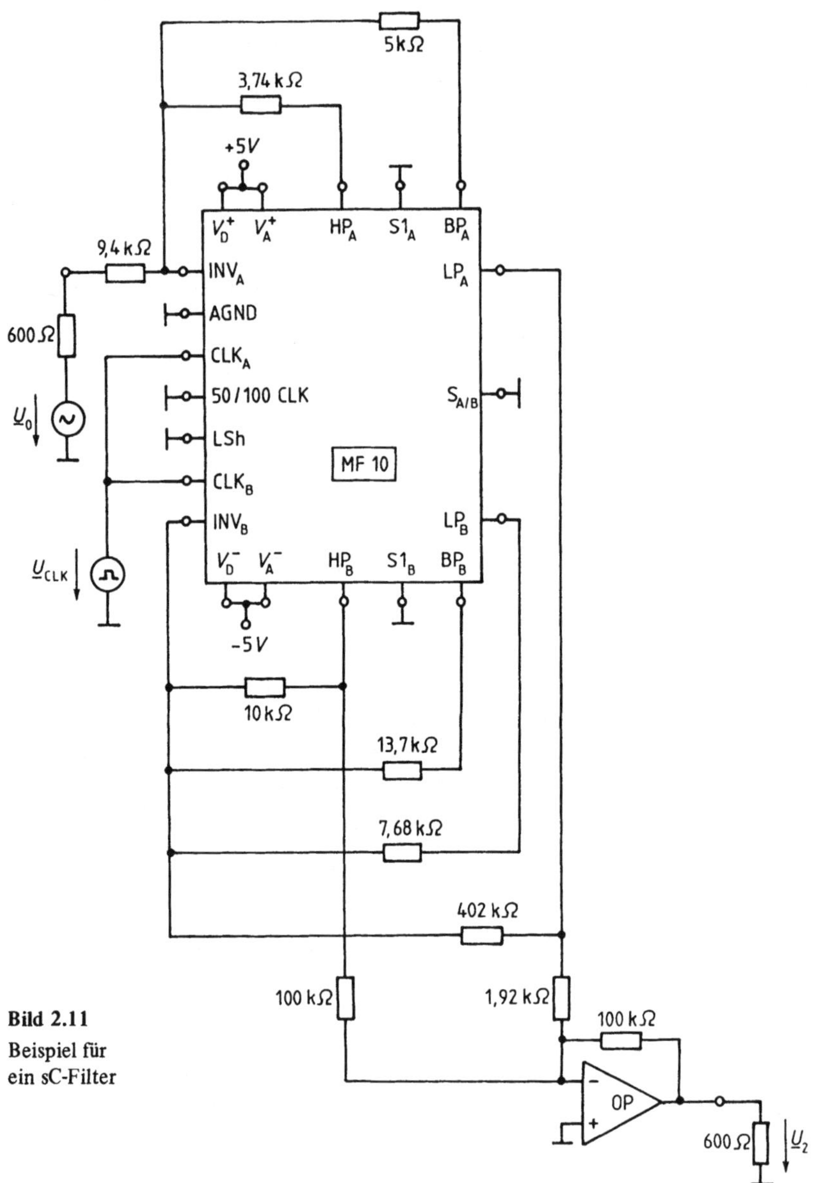

Bild 2.11
Beispiel für ein sC-Filter

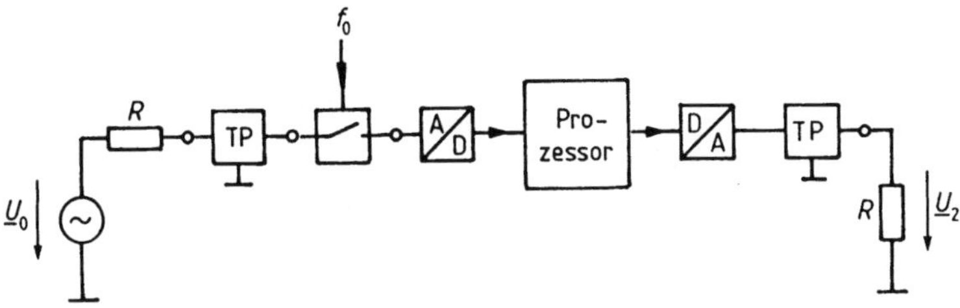

Bild 2.12 Prinzip des Digitalfilters

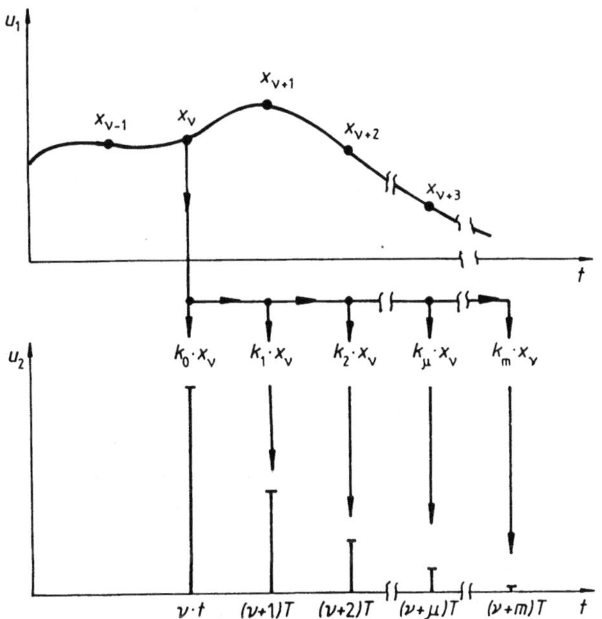

Bild 2.13 Beitrag eines Abtastwertes x_ν der Eingangsspannung u_1 zur Ausgangsspannung u_2

Jedes einlaufende Abtastsignal x_ν trägt zum gerade auslaufenden Spannungswert y_ν mit den Summanden $k_0 \cdot x_\nu$, zum nachfolgenden Spannungswert $y_{\nu+1}$ mit $k_1 \cdot x_\nu$, allgemein zum Ausgabewert $y_{\nu+\mu}$ mit $k_1 \cdot x_\nu$ bei, vgl. Bild 2.13. Die Koeffizienten $k_0, k_1 \ldots k_\mu \ldots k_m$ müssen deshalb so gewählt werden, daß sie zu den Zeiten $t = 0, T, 2T, 3T \ldots mT$ die Werte der Impulsantwort $u_{2i}(t)$ erzeugen. Diese ergibt sich durch Rücktransformation der Betriebsübertragungsfunktion in den Zeitbereich:

$$u_{2i}(t) = T\,\mathfrak{L}^{-1}\{H(s)\} \qquad (2.6/2)$$

3 Oszillatoren

3.1 Prinzip des Oszillators

Oszillatoren sind Schaltungen, die sinusförmige, rechteckige oder andere periodische Schwingungen erzeugen.

Das Prinzip eines Sinusoszillators zeigt Bild 3.1. Er besteht aus einem Vierpol, dessen Y-Parameter Y_{11}, Y_{12}, Y_{21}, Y_{22} bekannt seien und dessen Ausgang auf den Eingang zurückgeführt ist.

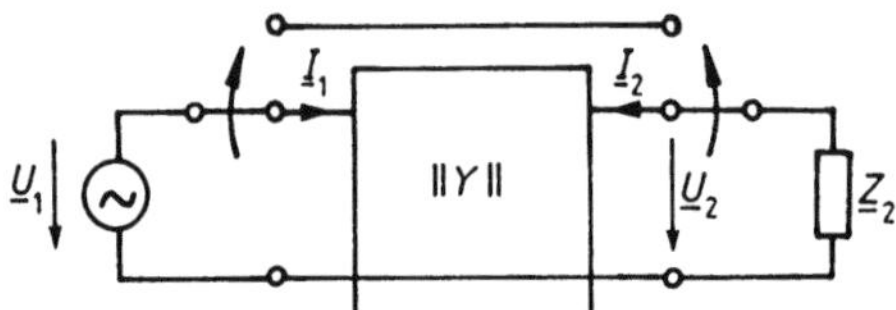

Bild 3.1
Prinzip der Schwingungserzeugung

Wir nehmen zunächst an, diese Rückführung bestünde nicht und der Vierpol werde von einer Spannungsquelle $\underline{U}_1$ gespeist und sei mit einer Impedanz $\underline{Z}_2$ abgeschlossen. Der in die Schaltung einfließende Strom sei $\underline{I}_1$, der Ausgangsstrom $\underline{I}_2$. Wir versuchen nun einen Abschlußwiderstand $\underline{Z}_2$ so zu finden, daß $\underline{U}_1 = \underline{U}_2$ und $\underline{I}_1 = -\underline{I}_2$ wird. Falls dies gelungen ist, schalten wir $\underline{U}_1$ und $\underline{Z}_2$ ab und verbinden gleichzeitig Eingang mit Ausgang. Jetzt erhält der Vierpol den benötigten Eingangsstrom $\underline{I}_1$ von seinem eigenen Ausgang, während Eingangs- und Ausgangsspannung den ursprünglichen Wert beibehalten: Der Vierpol schwingt ohne äußere Speisung weiter, wir haben einen Oszillator gewonnen.

Das Experiment kann natürlich nur dann gelingen, wenn überhaupt ein Abschlußwiderstand $\underline{Z}_2$ existiert, für den bei $\underline{U}_1 = \underline{U}_2$ die Ströme $\underline{I}_2 = -\underline{I}_1$ werden. Die Bedingung hierfür läßt sich aus den Vierpolgleichungen

$$\begin{aligned} \underline{I}_1 &= Y_{11} \cdot \underline{U}_1 + Y_{12} \cdot \underline{U}_2 \\ \underline{I}_2 &= Y_{21} \underline{U}_1 + Y_{22} \underline{U}_2 \end{aligned} \tag{3.1/1}$$

ableiten, wenn man $\underline{U}_1 = \underline{U}_2$ und $\underline{I}_1 = -\underline{I}_2$ setzt.

Es wird dann

$$Y_{11} \underline{U}_1 + Y_{12} \underline{U}_1 = -Y_{21} \underline{U}_1 - Y_{22} \underline{U}_1$$

oder

$$\boxed{Y_{11} + Y_{12} + Y_{21} + Y_{22} = Y = 0} \tag{3.1/2}$$

Dieses von F. Strecker gefundene Kriterium erlaubt den Bau von Oszillatoren nach dem Rückkopplungsprinzip. Zunächst wird ein Vierpol gesucht, der (3.1/2) für Schwingungen mit ansteigender Amplitude erfüllt, also für komplexe Frequenzen $s = \sigma + j\omega$, deren Realteil σ positiv ist. Wie man mit Hilfe der Funktionentheorie zeigen kann, muß die Ortskurve $Y(j\omega)$ dazu links vom Ursprung (0, 0) liegen, wenn ω die Werte $-\infty$ bis $+\infty$ durchläuft, vgl. Bild 3.2. Der Oszillator kann auf Grund dieser Bedingung aus dem Rauschen heraus mit wachsender Amplitude anschwingen.

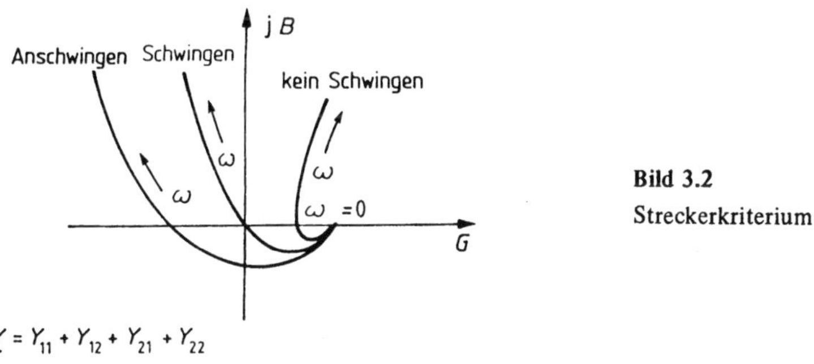

Bild 3.2
Streckerkriterium

3.2 RC-Oszillatoren

RC-Oszillatoren enthalten außer einem regelbaren Verstärker nur Widerstände und Kondensatoren. Bild 3.3a zeigt als wichtigstes Beispiel den Wien-Oszillator.

Der rückzukoppelnde Vierpol besteht aus einem frequenzabhängigen Spannungsteiler, den ein Verstärker mit variablem Verstärkungsfaktor speist. Vernachlässigen wir Eingangswiderstand und Rückwirkung, so sind die Y-Parameter des Vierpols:

$$Y_{11} = 0 \qquad (3.2/1)$$

$$Y_{12} = 0 \qquad (3.2/2)$$

$$Y_{21} = -\frac{v}{R + \frac{1}{sC}} \qquad (3.2/3)$$

$$Y_{22} = \frac{1}{R} + sC + \frac{1}{R + \frac{1}{sC}} \qquad (3.2/4)$$

Aus dem Strecker-Kriterium (3.1/2) folgt mit (3.2/1), (3.2/2), (3.2/3), (3.2/4)

$$-\frac{v}{R + \frac{1}{sC}} + \frac{1}{R} + sC + \frac{1}{R + \frac{1}{sC}} = Y(s) = 0 \qquad (3.2/5)$$

oder

$$Y(s) = \left(-v + \frac{1}{sCR} + sCR + 3\right) \frac{1}{R + \frac{1}{sC}} \qquad (3.2/6)$$

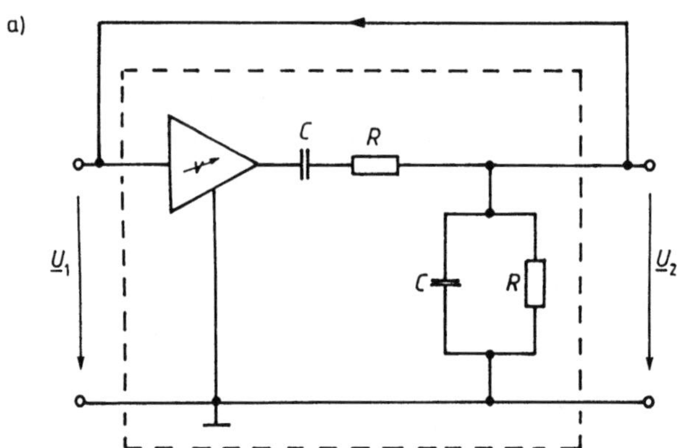

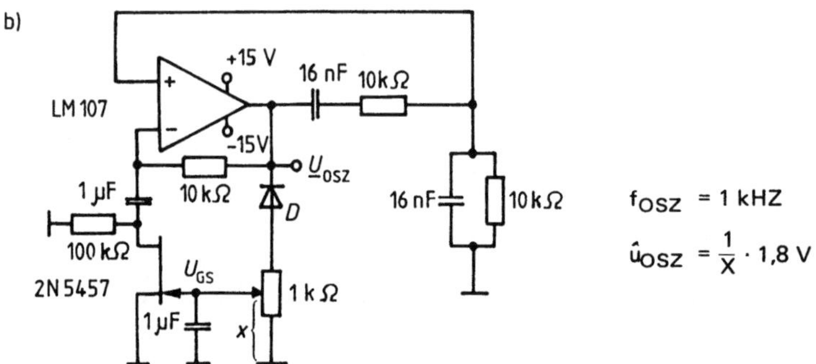

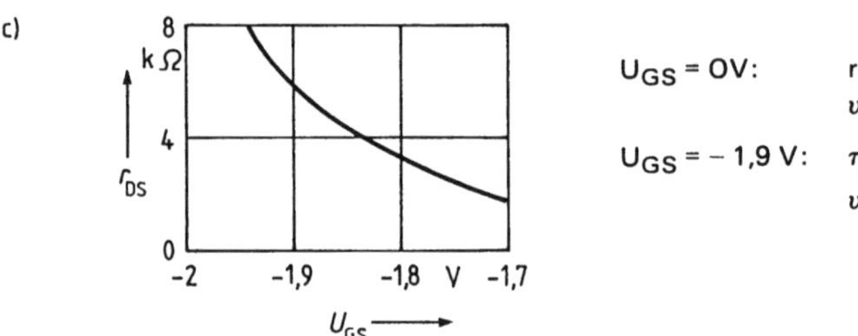

Bild 3.3 Wien-Robinson-Oszillator
a) Prinzip
b) Schaltungsbeispiel
c) Abhängigkeit des FET-Widerstandes r_{DS} durch die Gate-Source-Spannung U_{GS}

Der Nullpunkt liegt dann rechts der Ortskurve $Y(\mathrm{j}\omega)$, wenn bei verschwindendem Imaginärteil von $Y(\mathrm{j}\omega)$ der Realteil positiv ist, also für

$$v > 3 \tag{3.2/7}$$

Die Schaltung schwingt nach Rückkopplung also für Verstärkungen größer 3 an.

Schwingungen konstanter Amplitude stellen sich ein, wenn die Kurve $Y(j\omega)$ durch den Nullpunkt geht, wenn also

$$v = 3 \tag{3.2/8}$$

und

$$\omega = \omega_o = \frac{1}{RC} \tag{3.2/9}$$

wird.
Der rückgekoppelte Vierpol schwingt in diesem Fall mit der Frequenz

$$f_o = \frac{\omega_o}{2\pi} = \frac{1}{2\pi RC} \tag{3.2/10}$$

Das ausgeführte Schaltungsbeispiel Bild 3.3b benutzt einen Operationsverstärker LM 107 mit steuerbarer Gegenkopplung. Die Verstärkung ist

$$v = 1 + \frac{10\ \mathrm{k\Omega}}{r_{DS}}$$

wobei r_{DS} der Drain-Source-Widerstand des Feldeffekttransistors 2 N 4557 ist. Er hängt von der Gate-Source-Spannung U_{GS} entsprechend dem Diagramm Bild 3.3c ab. Schwingt die Schaltung nicht, ist $U_{GS} = 0$ und $r_{DS} = 250\ \Omega$, so daß $v = 41$ wird und die Anschwingbedingung erfüllt ist. Nach dem Einsetzen des Oszillators wächst die Amplitude der Spannung U_{osz} und erzeugt über die Gleichrichterdiode D am Gate des Feldeffekttransistors eine der Potentiometerstellung x entsprechende negative Gleichspannung U_{GS}. Sobald $U_{GS} = -1{,}9$ V geworden ist, wird $r_{DS} = 5\ \mathrm{k\Omega}$ und damit $v = 3$.
Die Schwingbedingung ist erfüllt, die Schaltung schwingt mit konstanter Amplitude weiter.
Wenn der Widerstand r_{DS} nichtlinear ist, entstehen außer der gewünschten Grundfrequenz f_{osz} noch ganzzahlige harmonische. Diesen unerwünschten Effekt kann man verringern, indem man in den Drain-Zweig einen linearisierenden ohmschen Widerstand einfügt. Er muß aber deutlich kleiner als 4,75 kΩ sein, damit die Anschwingbedingung erfüllt bleibt. Wien-Oszillatoren mit extrem niedrigem Klirren erhält man, wenn man r_{DS} durch eine Glühlampe ersetzt und den Rückkopplungswiderstand (10 kΩ) auf einen solchen Wert erniedrigt, daß die Lampe im Schwingbetrieb glüht.

3.3 LC-Oszillatoren

Wegen unvermeidlicher parasitärer Kapazitäten und Induktivitäten lassen sich im Hochfrequenzbereich, etwa ab $f = 1$ MHz, Oszillatoren im allgemeinen nur mit LC-Schwingkreisen verwirklichen.
Eine Übersicht über die gebräuchlichsten Grundschaltungen und deren Dimensionierung gibt Bild 3.4. Am Beispiel eines Colpitts-Oszillators für $f = 1$ MHz soll in Bild 3.5 gezeigt werden, wie man vom Prinzipschaltplan zur konkreten Schaltung kommt. Grundsätzlich erfordert die Schaltung einen Verstärker mit Eingangswiderstand R_e und Ausgangswider-

a)

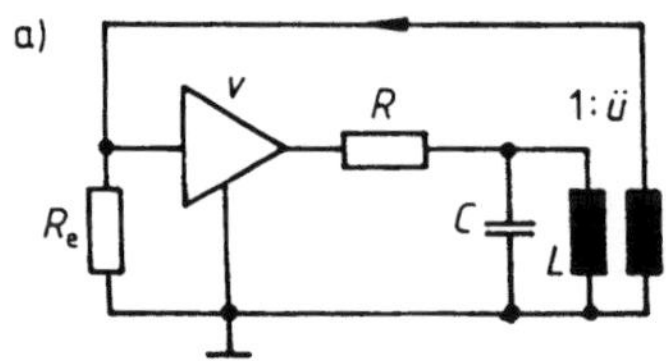

$$f_0 = \frac{1}{2\pi\sqrt{LC}}$$

$$ü \approx \frac{R_e}{R}$$

$$v > \frac{1}{ü} + \frac{R}{R_e} \cdot ü$$

b)

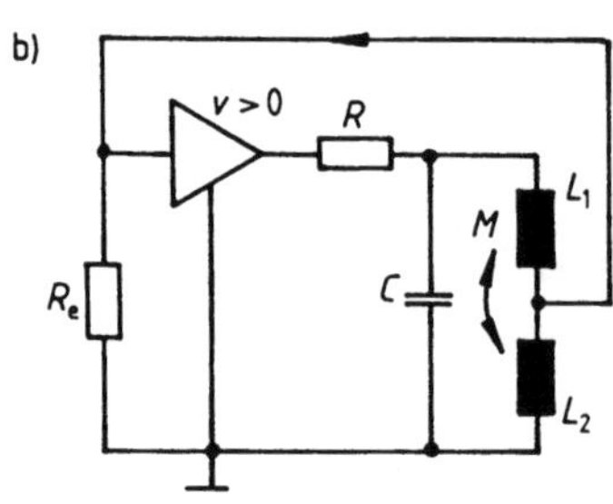

$$f_0 = \frac{1}{2\pi\sqrt{LC}}$$

$$L = L_1 + L_2 + 2\,M$$

$$M = \sqrt{L_1 L_2}$$

$$L_2/L \approx R_e/R$$

$$v > \sqrt{\frac{L}{L_2}} + \frac{R}{R_e}\sqrt{\frac{L_2}{L}}$$

c)

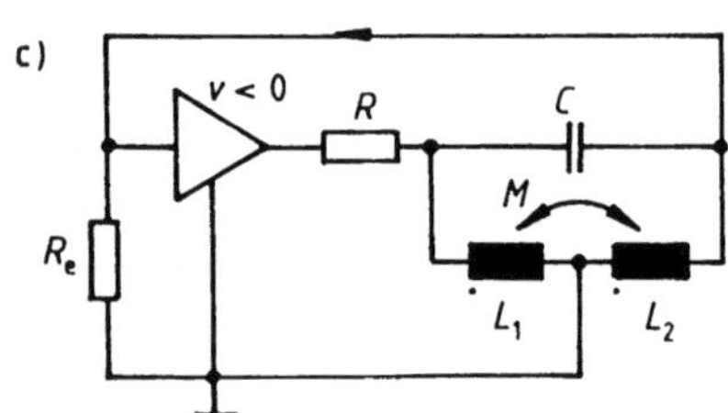

$$f_0 = \frac{1}{2\pi\sqrt{LC}}$$

$$L = L_1 + L_2 + 2\,M$$

$$M = \sqrt{L_1 L_2}$$

$$L_2/L_1 \approx R_e/R$$

$$-v > \sqrt{\frac{L_1}{L_2}} + \frac{R}{R_e}\sqrt{\frac{L_2}{L_1}}$$

d)

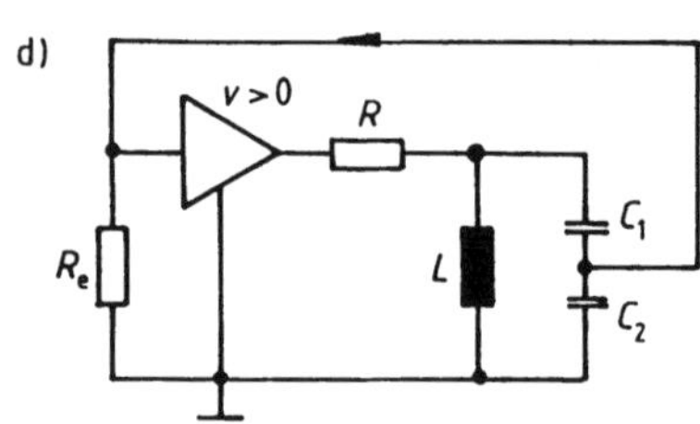

$$f_0 = \frac{1}{2\pi\sqrt{LC}} \qquad \frac{C_2}{C} \approx \sqrt{\frac{R}{R_e}}$$

$$C = \frac{C_1 C_2}{C_1 + C_2} \qquad v > \frac{C_2}{C} + \frac{R}{R_e}\,\frac{C}{C_2}$$

e)

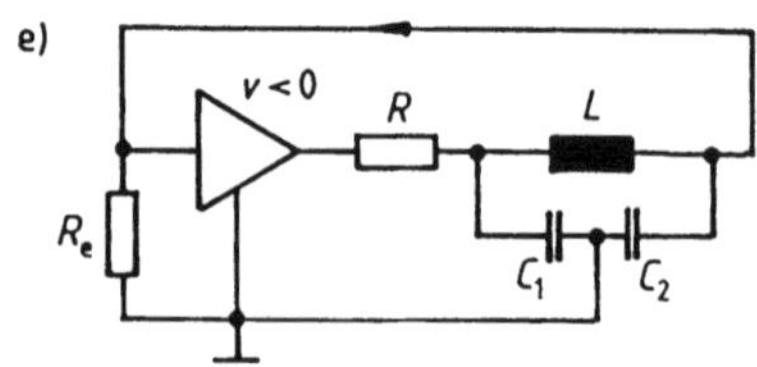

$$f_0 = \frac{1}{2\pi\sqrt{LC}} \qquad \frac{C_2}{C_1} \approx \sqrt{\frac{R}{R_e}}$$

$$C = \frac{C_1 C_2}{C_1 + C_2} \qquad -v > \frac{C_2}{C_1} + \frac{R}{R_e}\,\frac{C_1}{C_2}$$

Bild 3.4 LC-Oszillatoren
a) Meißner-Oszillator
b) Hartley-Oszillator (für $v > 0$)
c) Hartley-Oszillator (für $v < 0$)
d) Colpitts-Oszillator (für $v > 0$)
e) Colpitts-Oszillator (für $v < 0$)

a)

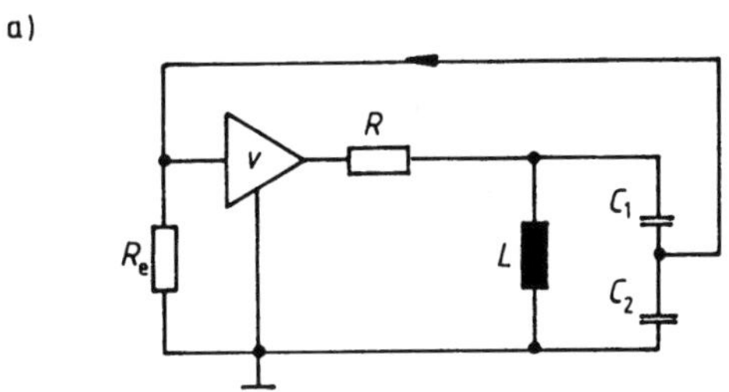

b)

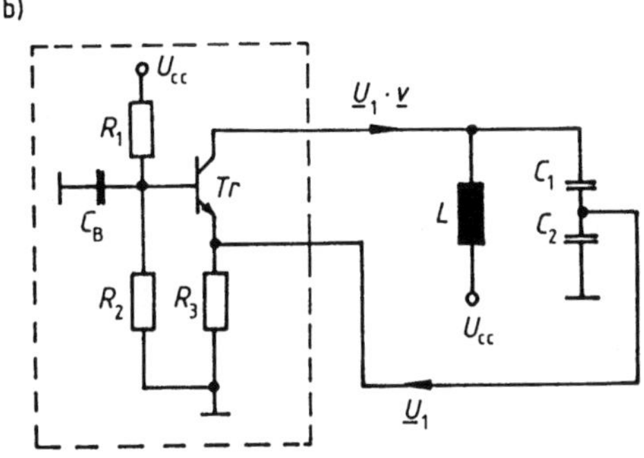

c)

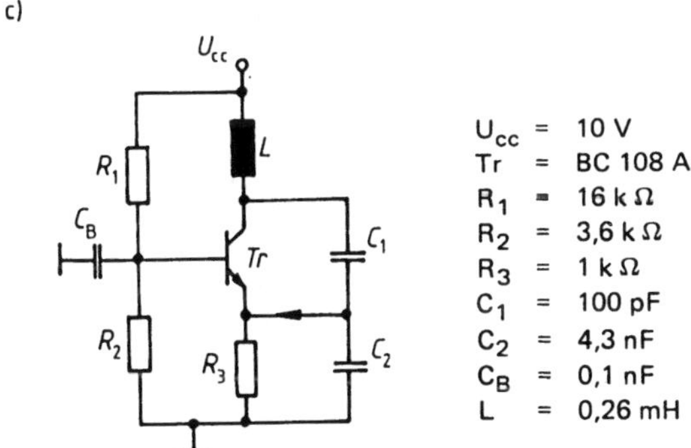

Bild 3.5 Entwicklung eines Colpitts-Oszillator aus dem Prinzip-Schaltplan

stand R sowie einen frequenzbestimmenden Schwingkreis mit der Induktivität L und den Kapazitäten C_1, C_2. Je größer der Widerstand R gemacht wird, desto größer wird die Güte des Schwingkreises und desto weniger hängt die Schwingfrequenz von der (im Prinzipschaltplan vernachlässigten) Phasendrehung des Verstärkers ab. Mit der Basisschaltung erhält man einen besonders hohen Ausgangswiderstand und positive Verstärkung. Deshalb ist diese Grundschaltung hier geeignet. Für die Schwingfrequenz $f = 1$ MHz genügt ein gewöhnlicher NF-Transistor, z. B. BC 108A.

▶ **Beispiel**

Wir wählen als Ruhestrom $I_C = 1$ mA und stellen ihn mit $R_1 = 16$ kΩ, $R_2 = 3{,}6$ kΩ und $R_3 = 1$ kΩ ein.
Im Datenblatt stehen die Werte:

$h_{11e} = 5{,}2$ kΩ $h_{21e} = 220$ $h_{22e} = 13\,\mu$S

Damit ergibt sich gemäß Tabelle 1/1

$r'_{bb} = 50\ \Omega$ (Erfahrungswert)

$$r_e = \frac{h_{11e} - r'_{bb}}{h_{21e}} = 24\ \Omega.$$

$r_{ce} = 1/h_{22e} = 77$ kΩ

Die Induktivität wird aus Gründen leichter Realisierbarkeit zu $L = 0{,}26$ mH mit einer Güte $Q = 60$ gewählt.
Dann ist der Transistor mit

$$R_4 = Q \cdot 2\pi f_o \cdot L = 98\ \text{k}\Omega$$

belastet.
Der wirksame Transistorausgangswiderstand ist somit

$$R = \frac{1}{h_{22e} + \frac{1}{R_4}} = 44\ \text{k}\Omega$$

Die Verstärkung errechnet sich nach (1.2.6/1) zu

$$\underline{v}_u = \frac{1}{\left(\frac{1}{r_{ce}} + \frac{1}{R_a}\right)\left(\frac{r_{bb'}}{1 + h_{21e}} + r_e\right)} = 1800.$$

Der Eingangswiderstand ist nach (1.2.6/2)

$$R_e = \frac{1}{\frac{1}{r_e + r_{bb'}/(1 + \beta_o)} + \frac{1}{R_3}} = 24\ \Omega$$

Die Schwingkreiskapazität muß sein

$$C = \frac{1}{4\pi^2 \cdot L \cdot f_o^2} = 97\ \text{pF}.$$

Nach den Dimensionierungsregeln Bild 3.4d soll sein

$$\frac{C_2}{C} \approx \sqrt{\frac{R}{R_e}} = 43$$

Wir wählen $C_1 = 100$ pF, $C_2 = 4{,}3$ nF.
Die notwendige Verstärkung

$$v > \frac{C_2}{C} + \frac{R}{R_e} \cdot \frac{C}{C_2} = \frac{4{,}3\ \text{nF}}{0{,}1\ \text{nF}} + \frac{44\ \text{k}\Omega}{24\ \Omega} \cdot \frac{0{,}1\ \text{nF}}{4{,}3\ \text{nF}} = 86$$

wird hier mit $v = 1800$ deutlich überschritten.
Die Kapazität C_2 kann deshalb erhöht werden, um Schwingkreisgüte und Frequenzstabilität zu verbessern. ◀

3.4 Quarzoszillatoren

Schwingquarze sind mit zwei Elektroden beschichtete Quarzkristalle, die elektrisch zum Schwingen angeregt werden können. Sie wirken wie ein Zweipol mit dem in Bild 3.6c dargestellten Ersatzschaltplan.
In der Nähe der Frequenz

$$f_r = \frac{1}{2\pi\sqrt{LC}} \tag{3.4/1}$$

wirken sie wie ein Reihenschwingkreis,
in der Nähe der Frequenz

$$f_p = \frac{1}{2\pi\sqrt{LC}} \sqrt{1 + \frac{C}{C_p}} \tag{3.4/2}$$

wie ein Parallelschwingkreis.

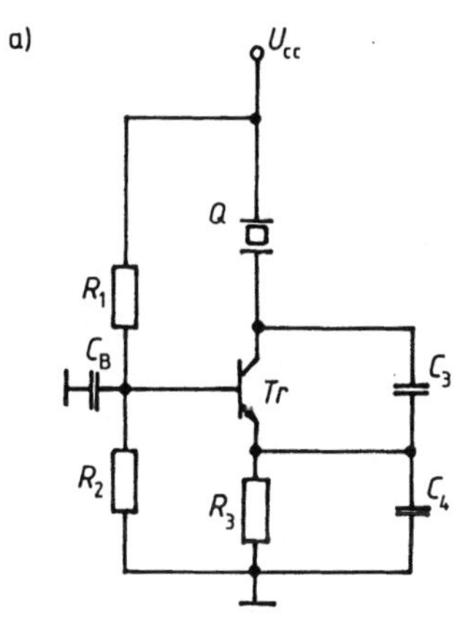

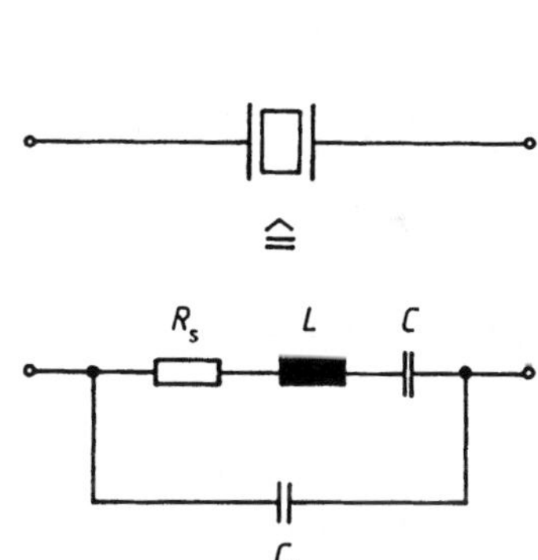

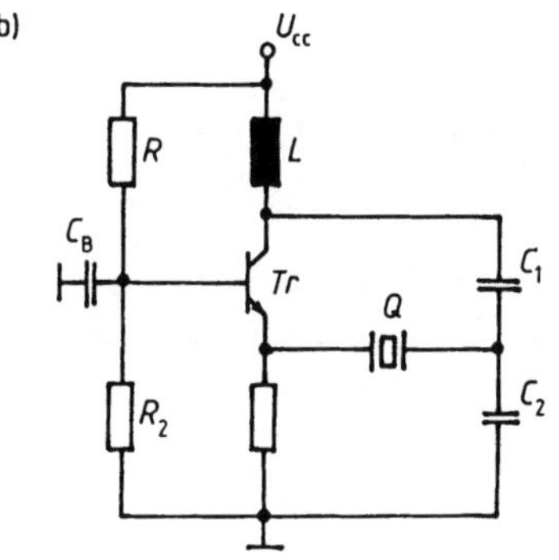

Bild 3.6
Quarzoszillatoren
a) Ausnutzung der Parallelresonanz in einer Colpitts-Schaltung
b) Ausnutzung der Reihenresonanz im Rückkopplungsweg
c) Quarzersatzschaltplan

Die Güte

$$Q = \frac{\sqrt{\frac{L}{C}}}{R_s} \qquad (3.4/3)$$

liegt bei handelsüblichen Schwingquarzen in der Größenordnung $Q = 10^5$ bis $Q = 10^6$, die Schwingfrequenzstabilität bei $\Delta f_r / f_r \approx 10^{-9}$ je Tag.
Deshalb kann man mit Quarzen besonders einfach hochstabile Oszillatoren bauen, wenn man sie dort einsetzt, wo entweder ein Reihenschwingkreis oder ein Parallelschwingkreis als frequenzbestimmendes Element vorgesehen ist. Bild 3.6a zeigt als Beispiel den Colpitts-Oszillator, Bild 3.5, in dem an die Stelle der Spule L und der Parallelkondensatoren C_1 und C_2 der Quarz Q getreten ist. Er arbeitet in Parallelresonanz.
Die Kondensatoren C_3, C_4 ermöglichen nur den kapazitiven Abgriff der Rückkopplungsspannung, haben aber wegen der hohen Quarzgüte praktisch keinen Einfluß auf die Schwingfrequenz.
Die Reihenresonanz eines Quarzes läßt sich ausnutzen, indem man ihn wie in Bild 3.6b in den Rückkopplungszweig einer LC-Oszillatorschaltung einfügt. Er kann in dieser Schaltung auch auf ganzzahligen Vielfachen der Grundfrequenz schwingen.

3.5 Funktionsgeneratoren

Funktionsgeneratoren erzeugen nicht-sinusförmige Schwingungen, insbesondere Rechteck-, Dreieck- und Sägezahnschwingungen. Sie arbeiten nach dem Kipp-Prinzip: Ein Kondensator wird durch einen Konstantstrom solange aufgeladen, bis seine Spannung eine bestimmte Schwelle überschreitet, die die Schaltung in einen anderen Zustand umkippen läßt. Von dort aus wird der Kondensator in die Gegenrichtung umgeladen, bis seine Spannung eine Gegenschwelle erreicht, die die Schaltung in den ursprünglichen Zustand zurückkippt.
Eine entsprechende Schaltung zeigt Bild 3.7a. Die Transistoren T3 und T4 liefern jeweils den durch eine äußere Spannung U_{St} einstellbaren Konstantstrom

$$I = \frac{1}{2R}(U_{St} - U_{BE} - U_{EE}) \qquad (3.5/1)$$

Jeweils einer der Transistoren T1 und T2 leitet.

Der Strom I fließt im periodischen Wechsel durch die Dioden D1 und D2, so daß die Spannungen u_1 und u_2 zwischen den Werten U_{CC} und $U_{CC} - U_D$ hin- und herspringen, wobei U_D die Durchlaßspannung der Dioden D1 und D2 ist.
Wenn T1 leitet, wird $u_3 = U_{CC} - U_{BE}$ und der Transistor entlädt den Kondensator C mit dem Strom $I/2$, wodurch u_4 linear solange sinkt, bis T2 bei $u_4 = U_{CC} - U_D - U_{BE}$ zu öffnen beginnt. Die jetzt einsetzende Rückkopplung sperrt T1 und öffnet T2 jeweils schlagartig. Dadurch springt u_4 auf den Wert $U_{CC} - U_{BE}$. Weil die Kondensatorspannung sich momentan nicht ändern kann, steigt u_3 um den gleichen Betrag wie u_4.

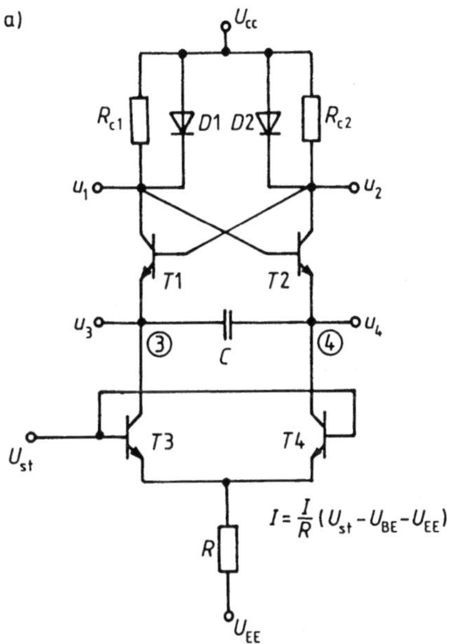

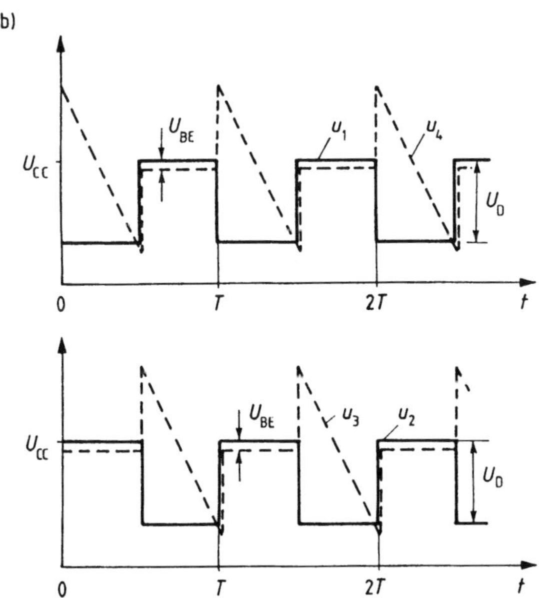

Bild 3.7 Steuerbare Rechteck/Sägezahn-Schaltung [8]
a) Schaltplan
b) Zeitlicher Verlauf der Spannungen

Jetzt tauschen T1 und T2 die Rolle, so daß $u_4 = U_{CC} - U_{BE}$ wird und u_3 linear bis $u_3 = U_{CC} - U_D - U_{BE}$ sinkt, um dann den Rücksprung einzuleiten. Von hier wiederholt sich das Spiel periodisch.
Die Periodendauer ist

$$T = 4 \cdot \frac{U_D \cdot C}{I} \tag{3.5/2}$$

Bild 3.7b zeigt den zeitlichen Verlauf der interessierenden Spannungen. Mit u_1 und u_2 stehen zwei gegenphasige Rechteckschwingungen, mit u_3 und u_4 zwei gegenphasige Dreieckschwingungen zur Verfügung.
Funktionsgeneratoren sind auch als integrierte Schaltungen auf dem Markt. Bild 3.8 zeigt den Baustein XR-2209 der Firma EXAR mit der notwendigen äußeren Beschaltung, der nach dem Prinzip von Bild 3.7a arbeitet. Durch die Differenzbildung von $u_1 - u_2$ bzw. $u_3 - u_4$ erhält man eine Rechteck- bzw. Dreiecksschwingung.

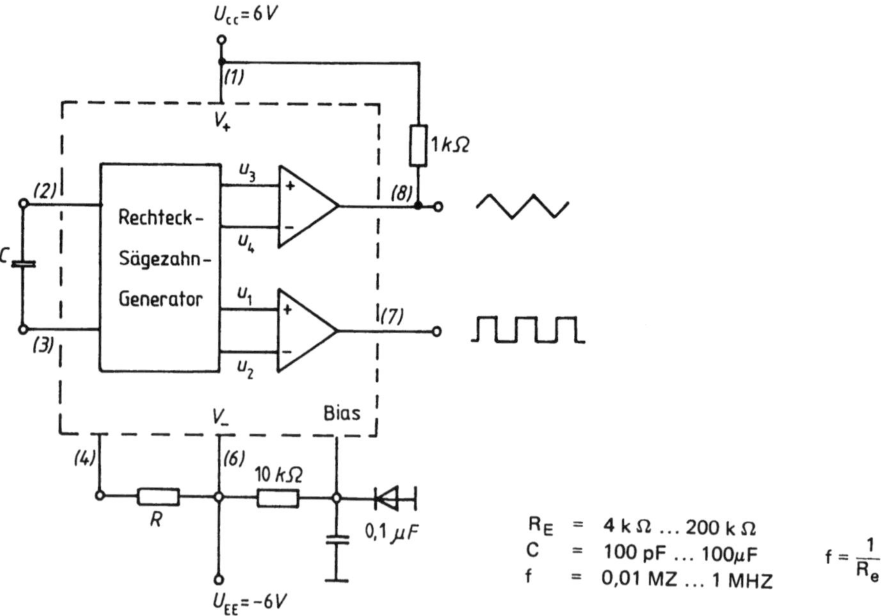

Bild 3.8 Integrierter Funktionsgenerator (XR – 2209 der Firma EXAR)

4 Gleichrichter

4.1 Prinzip des Diodengleichrichters

In der Nachrichtentechnik wandelt man Wechselspannungen in Gleichspannungen am einfachsten mit einer der beiden in Bild 4.1 und Bild 4.2 dargestellten Schaltungen um.
In der Schaltung mit serieller Diode (Bild 4.1) lädt die Wechselspannungsquelle u_0 den Kondensator C etwa auf den Spitzenwert $\hat{u}_0$ auf. Der Ladungsverlust durch den Lastwiderstand R_L wird während einer kurzen Zeitdauer $2 \cdot t_\Theta$ im Maximum von u_0 ausgeglichen, während derer die Diode Strom führt. Man bezieht t_Θ auf die Periodendauer T der Wechselspannung und nennt

$$\Theta = \frac{t_\Theta}{T} \cdot 360° \qquad (4.1/1)$$

den Stromflußwinkel.

a)

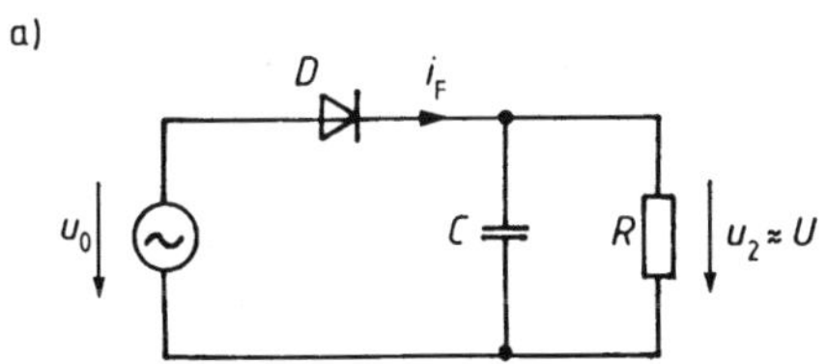

b)

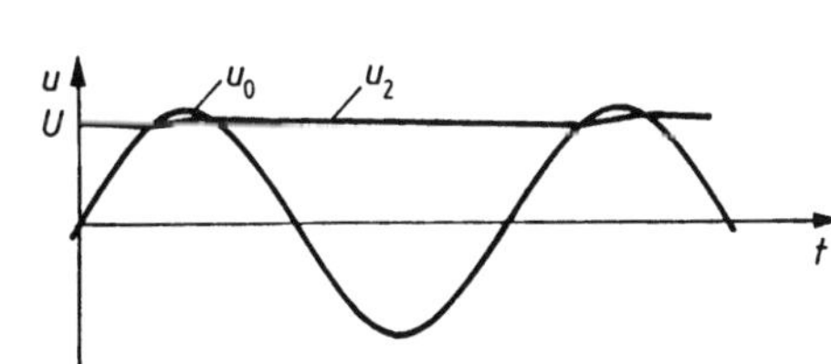

c)

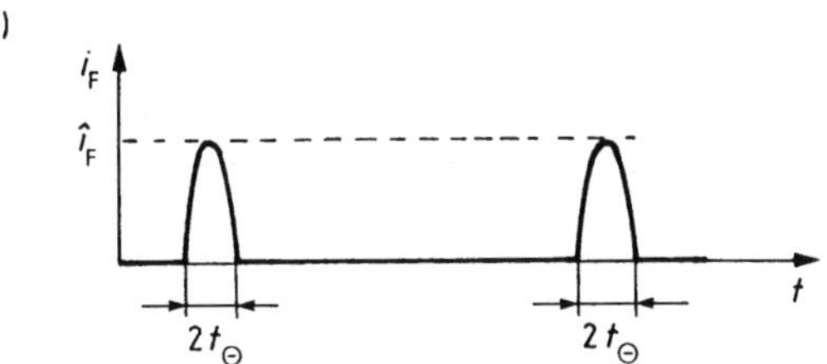

Bild 4.1
Gleichrichter mit serieller Diode
a) Schaltung
b) Zeitlicher Verlauf der Spannungen
c) Zeitlicher Verlauf des Diodenstroms

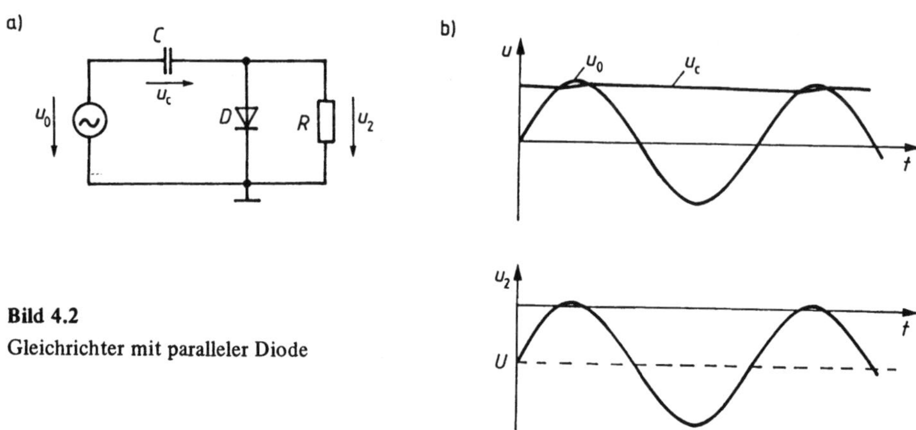

Bild 4.2
Gleichrichter mit paralleler Diode

Wegen der (nichtlinearen) Durchlaß- und Sperrwiderstände, der Eigeninduktivität und Kapazität der Diode und infolge äußerer Belastung liegt die gleichgerichtete Spannung U etwas unter dem Spitzenwert $\hat{u}_o$. Man bezeichnet

$$\eta = \frac{U}{\hat{u}_o} \tag{4.1/2}$$

als den Richtwirkungsgrad der Gleichrichterschaltung. Die Gleichrichterdiode wird durch den Spitzenstrom $\hat{i}_F$, der während der Durchlaßzeit $t_\ominus$ kurzzeitig fließt, und durch die Sperrspannung

$$u_R = (1 + \eta) \cdot \hat{u}_o \tag{4.1/3}$$

beansprucht.

Bild 4.1b zeigt den zeitlichen Verlauf der interessierenden Spannungen u_o und u_2, Bild 4.1c den Verlauf des Diodenstromes i_F. Der Kondensator C glättet die Gleichspannung. Seine Größe muß

$$C \gg \frac{1}{2\pi f \cdot R} \tag{4.1/4}$$

sein.

In der Schaltung mit paralleler Diode Bild 4.2a liegt die Kathode an Masse, was manchmal von Vorteil ist. Der Kondensator C lädt sich auf den Spitzenwert der Wechselspannung u_o auf, wobei ähnlich wie bei der Schaltung mit serieller Diode während einer Zeitspannung $2t_\ominus$ ein kurzer Spitzenstrom mit dem Höchstwert $\hat{i}_F$ fließt.

Die Ausgangsspannung u_2 ist die Differenz von Wechselspannung u_o und Kondensatorspannung u_c, also die Überlagerung einer Wechselspannung mit einer Gleichspannung U.

Die unerwünschte Wechselspannung muß gegebenenfalls unterdrückt werden. Die gewünschte Gleichspannung hat den Wert

$$U = -\eta \cdot \hat{u}_o \qquad (4.1/5)$$

wobei auch hier η der Richtwirkungsgrad ist.
Der Kondensator C ist gleichfalls nach (4.1/4) zu dimensionieren.
Wird keine negative, sondern eine positive Ausgangsspannung U gewünscht, muß die Diode umgepolt werden.

4.2 Richtwirkungsgrad bei großen Wechselspannungen

Der Richtwirkungsgrad läßt sich mit guter Näherung berechnen, wenn die Gleichrichterdiode ausreichend schnell ist, d. h. wenn ihre Eigeninduktivität und Eigenkapazität zu vernachlässigen ist [12].
Wir gehen von einer Halbleiterdiode mit der Kennlinie

$$u_F = U_T \ln(1 + i_F/I_s) + i_F \cdot r_B \qquad (4.2/1)$$

aus und nähern sie durch eine Knickgerade an, die unterhalb der Durchlaßspannung

$$U_{Fo} = \hat{u}_F - U_T \qquad (4.2/2)$$

den Wert $i_F = 0$, oberhalb der Spannung U_{Fo} die konstante Steigung

$$r_f = \frac{U_T}{\hat{i}_F} + r_B \qquad (4.2/3)$$

aufweist.
Hierin bedeuten I_s der Sättigungsstrom, U_T die Temperaturspannung, $\hat{i}_F$ der maximale Durchlaßstrom und $\hat{u}_F$ die dazugehörige Durchlaßspannung, mit der die Diode beansprucht wird. Der Quotient $U_T/\hat{i}_F$ ist der differentielle Widerstand des pn-Übergangs, r_B der Bahnwiderstand.
Es ergeben sich dann die in Bild 4.3 dargestellten Verhältnisse für Strom und Spannungen der Schaltung.
Zwischen Stromflußwinkel Θ und Richtwirkungsgrad η besteht der Zusammenhang

$$\eta = \cos\Theta - \frac{U_{Fo}}{\hat{u}_o} \qquad (4.2/4)$$

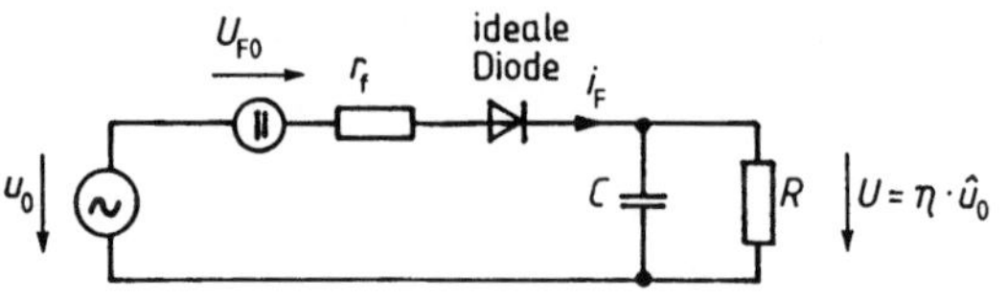

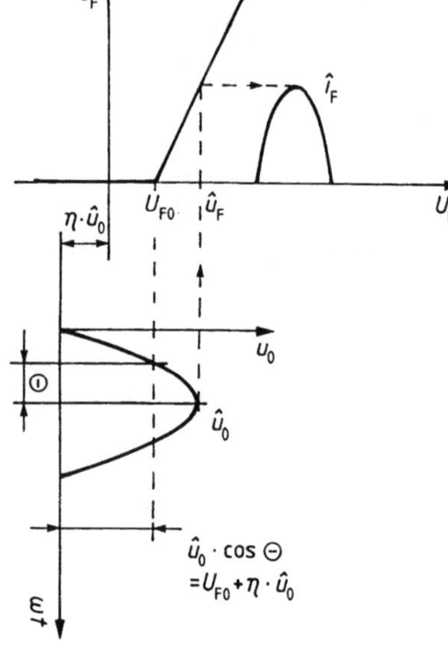

Bild 4.3

Gleichrichtung großer Wechselspannungen ($U_O \gg U_T$)

Der Diodenstrom errechnet sich zu

$$i_F = \begin{cases} \dfrac{\hat{u}_o}{r_f} (\cos \omega t - \cos \Theta) & \text{für } \omega t = -\Theta \ldots + \Theta \\ o & \text{sonst} \end{cases} \tag{4.2/5}$$

Er hat den Spitzenwert

$$i_F = \frac{\hat{u}_o}{r_f} = (1 - \cos \Theta) \tag{4.2/6}$$

Der Gleichanteil ist

$$I_F = \frac{\hat{u}_o}{r_f} \cdot \frac{1}{\pi} (\sin \Theta - \Theta \cos \Theta) \tag{4.2/7}$$

Aus $U = R \cdot I_F$ und $U = \eta \cdot \hat{u}_o$ folgt

$$\frac{R}{r_f} = \frac{1 - \frac{1}{\cos \Theta} \frac{U_{Fo}}{\hat{u}_o}}{\tan \Theta - \Theta} \pi \tag{4.2/8}$$

Diese Beziehung ist in Bild 4.4 graphisch dargestellt.

Mit den Gleichungen (4.2/1) bis (4.2/8) können wir nun iterativ den Richtwirkungsgrad einer gegebenen Gleichrichterschaltung berechnen. Dies soll anhand eines Beispiels geschehen.

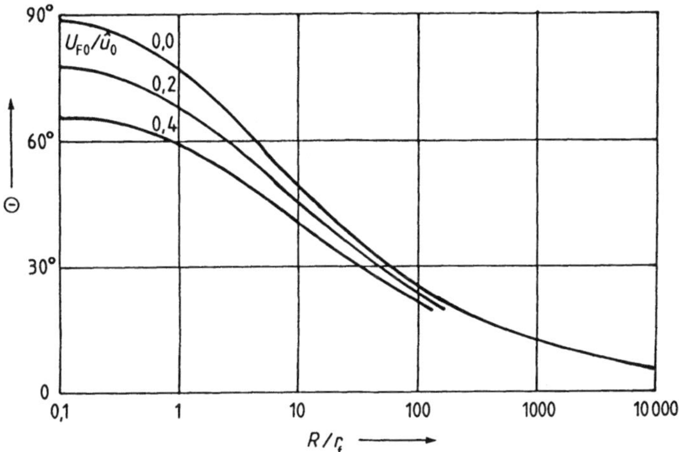

Bild 4.4 Stromflußwinkel Θ als Funktion des Lastwiderstandes R, des Diodenwiderstandes r_f, der Knickspannung U_{FO} und derWechselspannungsamplitude $\hat{u}_O$

▶ **Beispiel**

Gegeben sei eine Gleichrichterschaltung entsprechend Bild 4.1 mit der Diode AAY27 (I_s = 0,1 μA, U_T = 40 mV, r_B = 11 Ω) einem Lastwiderstand R = 2 kΩ. Der Spitzenwert der gleichzurichtenden Wechselspannung sei $\hat{u}_O$ = 1,4 V.
Wir rechnen nun in folgenden Schritten:

1. Schritt: Annahme eines Spitzenstromes von $\hat{i}_F$ = 10 mA

2. Schritt: Berechnungen

Nach Gl. (4.2/1) ist

$$\hat{u}_F = U_T \ln(1 + \hat{i}_F/I_s) + \hat{i}_F \cdot r_B$$
$$= 40 \text{ mV} \ln(1 + 10 \text{ mA}/0{,}1\ \mu\text{A}) + 10 \text{ mA} \cdot 11\ \Omega = \underline{0{,}57 \text{ V}}$$

Nach Gl. (4.2/2) ist

$$U_{Fo} = \hat{u}_F - U_T = 0{,}57 \text{ V} - 40 \text{ mV} = \underline{0{,}53 \text{ V}}$$

Nach Gl. (4.2/3) ist

$$r_f = \frac{U_T}{\hat{i}_F} + r_B = \frac{40 \text{ mV}}{10 \text{ mA}} + 11\ \Omega = \underline{15\ \Omega}$$

3. Schritt: Stromflußwinkel

Aus Diagramm Bild 4.4 folgt mit $U_{Fo}/\hat{u}_o$ = 0,53 V/1,4 V = 0,37 und R/r_f = 2 kΩ/15 Ω = 133:

$\underline{\Theta = 20°}$

4. Schritt: Verbesserter Wert des Spitzenstromes

Nach Gl. (4.2/6) wird mit Θ = 20°

$$\hat{i}_F = \frac{\hat{u}_o}{r_f}(1 - \cos\Theta) = \frac{1{,}4 \text{ V}}{15\ \Omega}(1 - \cos 20°) = \underline{5{,}6 \text{ mA}}$$

5. Schritt: Entspricht 2. Schritt mit verbessertem Wert $\hat{i}_F = 5{,}6$ mA

$\hat{u}_F = 40 \text{ mV} \ln (1 + 5{,}6 \text{ mA}/0{,}1\,\mu\text{A}) + 5{,}6 \text{ mA} \cdot 11 = \underline{0{,}50 \text{ V}}$

$U_{Fo} = 0{,}50 \text{ V} - 0{,}04 \text{ V} = \underline{0{,}46 \text{ V}}$

$$r_f = \frac{40 \text{ mV}}{5{,}6 \text{ mA}} + 11\,\Omega = \underline{18\,\Omega}$$

6. Schritt: Entspricht 3. Schritt mit verbessertem Wert $r_f = 18\,\Omega$

$U_{Fo}/\hat{u}_o = 0{,}37$, $R/r_f = 2 \text{ k}\Omega/18\,\Omega = 111$

$\underline{\Theta = 21{,}5°}$

7. Schritt: Entspricht 4. Schritt mit verbesserten Werten $r_f = 18\,\Omega$ und $\Theta = 21{,}5°$

$$\hat{i}_F = \frac{1{,}4 \text{ V}}{18\,\Omega}(1 - \cos 21{,}5°) = \underline{5{,}4 \text{ mA}}$$

Hier kann die Iteration abgebrochen werden.
Der Richtungsgrad ist nach (4.2/4)

$$\eta = \cos\Theta - \frac{U_{Fo}}{\hat{u}_o} = \cos 21{,}5° - \frac{0{,}46 \text{ V}}{1{,}4 \text{ V}} = \underline{0{,}60}$$ ◀

4.3 Richtwirkungsgrad bei kleinen Wechselspannungen

Bei kleinen Wechselspannungen ($\hat{u}_o < U_T$) läßt sich der Bahnwiderstand r_B gegen den Widerstand des pn-Übergangs vernachlässigen und die Diodenkennlinie durch eine Parabel annähern:

$$i_F \approx I_s \left(\frac{u_F}{U_T} + \frac{1}{2} \left(\frac{u_F}{U_T} \right)^2 + \ldots \right) \quad (4.3/1)$$

Berechnet man die gleichzurichtende Wechselspannung durch die Gleichung

$$u_o = \hat{u}_o \cdot \cos \omega t \quad (4.3/2)$$

und setzt man für die Ausgangsspannung

$$U = \hat{u}_o \eta \quad (4.3/3)$$

dann liegt an der Diode die Spannung

$$u_F = u_o - U = \hat{u}_o (\cos \omega t - \eta) \quad (4.3/4)$$

Sie erzeugt gemäß (4.3/1) den Strom

$$i_F = I_s \left(\frac{\hat{u}_o}{U_T} \cdot \cos \omega t - \frac{\hat{u}_o}{U_T} \eta + \frac{1}{2} \left(\frac{\hat{u}_o}{U_T} \right)^2 [\cos^2 \omega t + \eta^2 - 2\eta \cos \omega t] \right) \quad (4.3/5)$$

mit dem Gleichanteil

$$I_F = I_S \left(-\frac{\hat{u}_o}{U_T} \eta + \frac{1}{4} \left(\frac{\hat{u}_o}{U_T} \right)^2 + \frac{1}{2} \eta^2 \left(\frac{\hat{u}_o}{U_T} \right)^2 \right) \quad (4.3/6)$$

Berücksichtigt man die Beziehung

$$I_F = \frac{U}{R} = \frac{\hat{u}_o}{R} \cdot \eta \tag{4.3/7}$$

und $\eta^2 \ll 1$, so wird

$$\eta = \frac{R \cdot I_s/U_T}{4(1 + R \cdot I_s/U_T)} \cdot \frac{\hat{u}_o}{U_T} \tag{4.3/8}$$

Der Richtwirkungsgrad wird am größten, wenn man den Lastwiderstand

$$R \gg \frac{U_T}{I_s} \tag{4.3/9}$$

macht. Er nimmt in diesem Fall den Wert

$$\eta_{max} = \frac{1}{4} \frac{\hat{u}_o}{U_T} \tag{4.3/10}$$

an.

Bemerkenswerterweise ist der Richtwirkungsgrad η proportional zur Wechselspannungsamplitude $\hat{u}_o$. Dies bedeutet, daß die Ausgangsgleichspannung U quadratisch mit der Wechselspannungsamplitude $\hat{u}_o$ wächst.

Bild 4.5 gibt schematisch die Abhängigkeit des Richtwirkungsgrades η von der Wechselspannungsamplitude $\hat{u}_o$ im Bereich kleiner und großer Spannungen an. Die Zahlenwerte der Abszissen- und Ordinatenskalen sollen nur die Größenordnungen aufzeigen, mit denen man es bei üblichen Halbleiterdioden-Gleichrichtern zu tun hat.

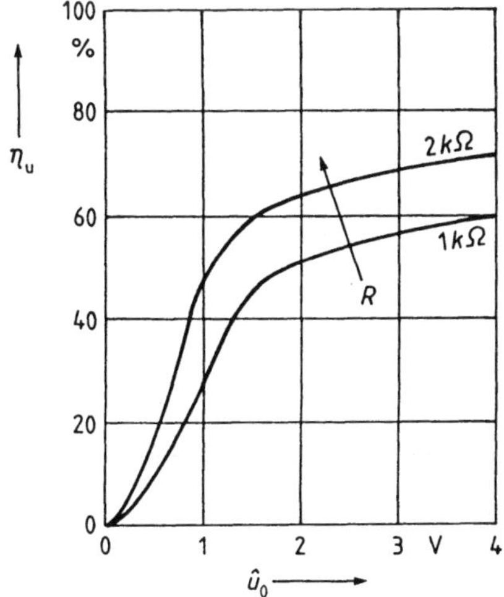

Bild 4.5

Grundsätzliche Abhängigkeit des Richtwirkungsgrades η von der Wechselspannungsamplitude $\hat{u}_O$ und des Lastwiderstandes R

4.4 Präzisionsgleichrichter

Die Präzisionsgleichrichterschaltung Bild 4.6 wandelt eine Wechselspannung u_o in eine Gleichspannung U, die gleich dem arithmetischen Mittelwert des Betrags $|u_o|$ ist.
Der Operationsverstärker OP1 zerlegt mit den Dioden D1 und D2 die Eingangsspannung u_o in einen negativen Teil u_a und einen positiven Teil u_b. Der nachfolgende Differenzverstärker mit dem Operationsverstärker OP2 subtrahiert von der positiven Teilspannung u_b die negative Teilspannung u_a, so daß am Ausgang die Betragsspannung

$$u = u_b - u_a = |u_o| \quad (4.4/1)$$

entsteht.
Die Kondensatoren C wandeln den Differenzverstärker in einen Differenzintegrator und unterdrücken die Wechselanteile von u, so daß eine Gleichspannung U zur Verfügung steht, die gleich dem arithmetischen Mittelwert von u ist.

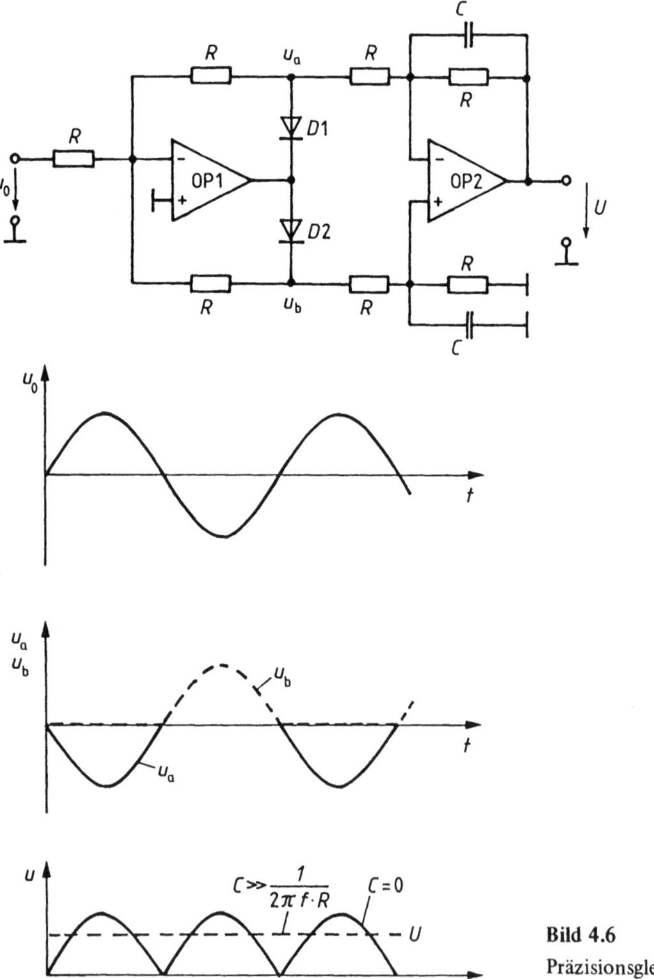

Bild 4.6
Präzisionsgleichrichter

5 Digital/Analog- und Analog/Digital-Wandler

5.1 Übersicht über Digital/Analog-Wandler

Digital/Analog(D/A)-Wandler setzen einen digitalen, in der Regel binären Eingangscode in ein entsprechendes analoges Signal um. Das gewünschte Umsetzungsgesetz legt eine *Sollfunktion*, vgl. Bild 5.1, fest. Den tatsächlichen Zusammenhang gibt die *Istfunktion* wieder, die sich von der Sollfunktion durch folgende Fehler unterscheiden, die im Laufe der Zeit langsam schwanken (driften) können:

1. Der *Offsetfehler* ist ein Spannungsversatz gegenüber dem Sollwert beim niedrigsten Digitalwert.
2. Der *Verstärkungsfehler* ist der mittlere Steigungsunterschied von Istfunktion und Sollfunktion.
3. Der *Nichtlinearitätsfehler* äußert sich in einer schwankenden Stufenhöhe der Istfunktion.
4. Der *Monotoniefehler* besteht in einem Rückgang der Ausgangsspannung bei wachsendem Digitalwert.

Unter der *Einschwingzeit* (*Settling time*) eines D/A-Wandler versteht man diejenige Zeit, die er benötigt, bis die Ausgangsspannung innerhalb eines Toleranzbandes von $\pm\frac{1}{2}$ Stufe um den Endwert bleibt.

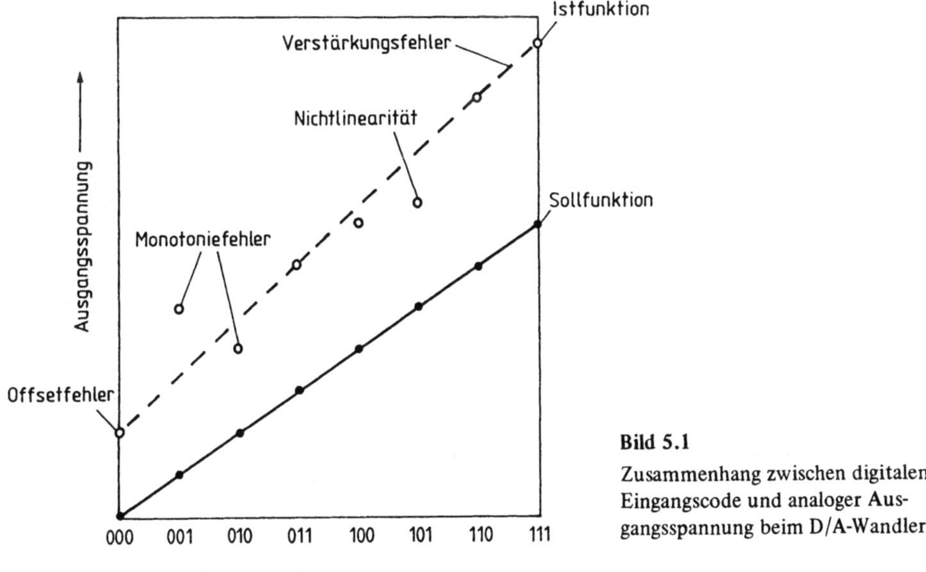

Bild 5.1
Zusammenhang zwischen digitalem Eingangscode und analoger Ausgangsspannung beim D/A-Wandler

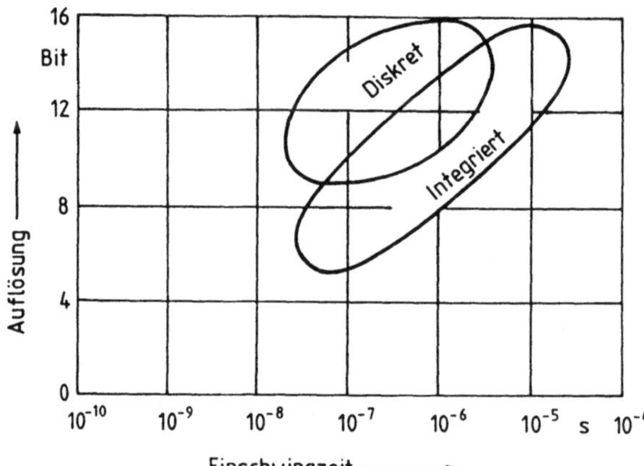

Bild 5.2
Erreichbare Auflösung und Einschwingzeit bei D/A-Wandlern

D/A-Wandler wählt man nach der Auflösung, d. h. der Länge des Eingangscodes, der Einschwingzeit und der Drift aus.
Mit Schaltungen aus diskreten Bauelementen erhält man die geringsten Einschwingzeiten auf Kosten einer hohen Drift, mit integrierten Schaltungen die geringste Drift, aber im allgemeinen höheren Einschwingzeiten. Bild 5.2 gibt eine Übersicht über die erreichbaren Werte.

5.2 D/A-Wandler mit Leiternetzwerk

D/A-Wandler arbeiten heute fast ausschließlich mit Leiternetzwerken. Das sind Vierpolketten mit gleichgroßen Längswiderständen R und doppelt so großen Querwiderständen $2R$, die über elektronische Schalter entsprechend dem zu wandelnden Digitalsignal entweder an Masse oder die Sammelleitung eines Strom-Spannungswandlers gelegt werden können. Bild 5.3 zeigt als Beispiel den Wandler AD 7523, dem ein über $R + R_2$ rückgekoppelter Operationsverstärker AD 542 als Strom-Spannungswandler nachgeschaltet ist. Die Schottky-Diode SD schützt den Operationsverstärker AD 542 vor Überlastung. Die Referenzspannung U^*_{ref} wird dem Knoten K_7 zugeführt. Sie wird an den anschließenden Knoten $K_6, K_5 \dots K_0$ jeweils halbiert, weil die rechts eines Knotens wirkende Impedanz den Wert $2R$ hat, vgl. Bild 5.4.
Damit errechnet sich die analoge Ausgangsspannung zu

$$U_A = -\frac{1}{2} U_{\text{REF}} \cdot \frac{R + R_2}{R + R_1} \left(x_7 + \frac{x_6}{2} + \frac{x_5}{4} + \frac{x_4}{8} + \frac{x_3}{16} + \frac{x_2}{32} + \frac{x_1}{64} + \frac{x_0}{128} \right) \tag{5.2/1}$$

wobei $x_7, x_6 \dots x_0$ die 8 Stellen des digitalen Signals sind.
Die Ausgangsspannung U_A hat immer das umgekehrte Vorzeichen wie U_{REF}.

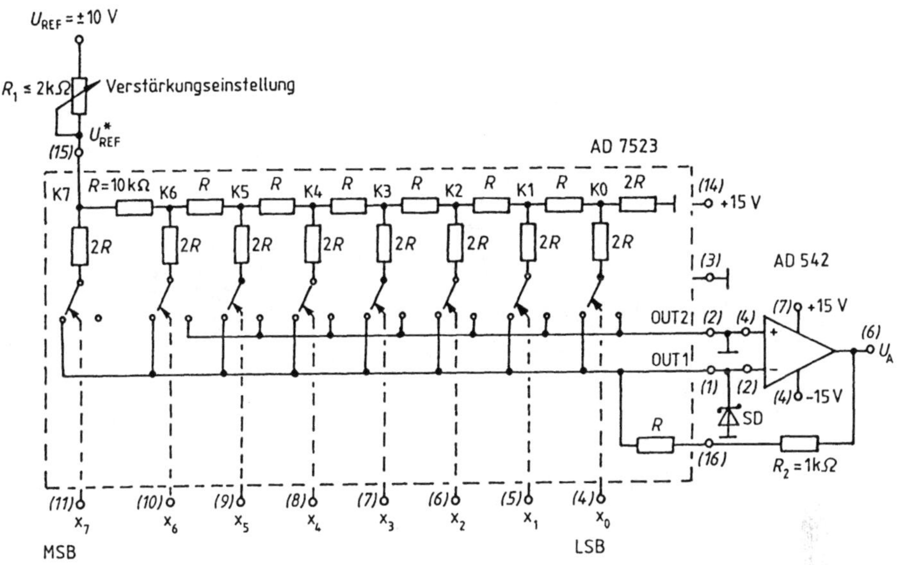

Bild 5.3 D/A-Wandler mit Leiternetzwerk (Beispiel AD 7523 der Firma Analog Devices [9])

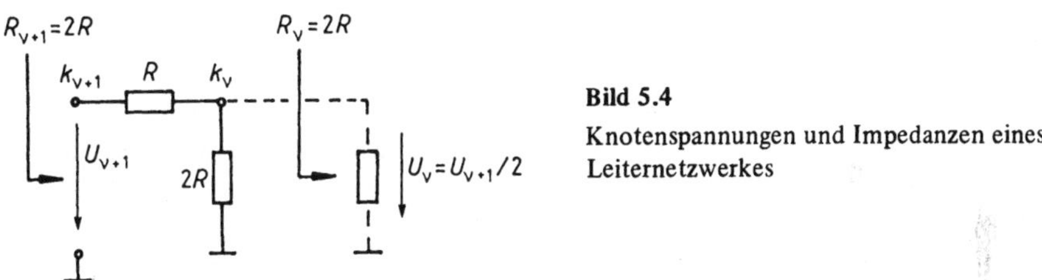

Bild 5.4
Knotenspannungen und Impedanzen eines Leiternetzwerkes

Einen bipolaren Betrieb mit positiven und negativen Ausgangsspannungen bietet die Schaltung Bild 5.5. Gegenüber der Schaltung Bild 5.3 wird hier vom Strom der Sammelschiene (*OUT1*) der Strom der Masseschiene (*OUT2*) im Summierverstärker OP2 abgezogen. Die Schaltung mit OP1 kehrt dabei die Polarität des Massestromes (*OUT2*) um. Mit dem Potentiometer R_6 wird die Symmetrie der Schaltung um eine halbe Stufe verschoben, so daß beim Digitalsignal 1000 0000 die Ausgangsspannung $U_A = 6$ V wird. Bei negativer Referenzspannung U_{REF} führt der Wertebereich 1000 0001 bis 1111 1111 auf positive, der Wertebereich von 0000 0000 bis 0111 1111 auf negative Ausgangsspannungen U_A. Insgesamt gilt die Gesetzmäßigkeit

$$U_A = -U_{REF} \cdot \frac{R + R_2}{R + R_1} \left(x_7 + \frac{x_6}{2} + \frac{x_5}{4} + \frac{x_4}{8} + \frac{x_3}{16} + \frac{x_2}{32} + \frac{x_1}{64} + \frac{x_0}{128} - 1 \right) \qquad (5.2/2)$$

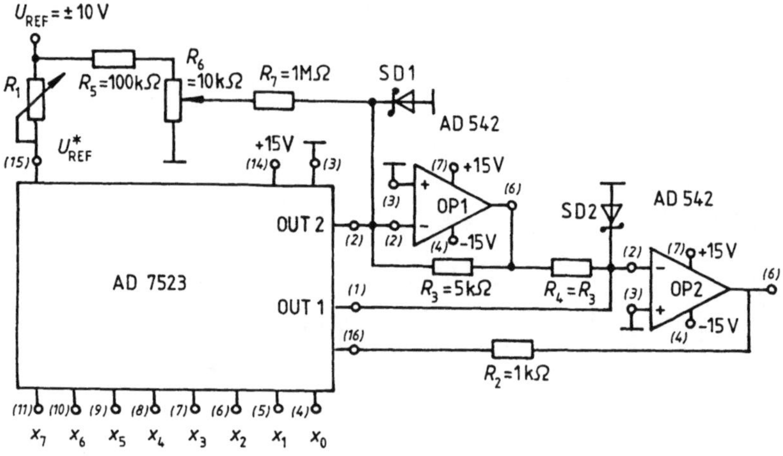

Bild 5.5 Bipolarbetrieb eines D/A-Wandlers mit Leiternetzwerk

Das Leiternetzwerk arbeitet nur dann richtig, wenn alle Schalter gleichzeitig schalten. Fehler entstehen, wenn die Verzögerungszeiten zwischen Anlegen des digitalen Signals und dem Schalten unterschiedlich sind. Nehmen wir etwa an, daß die Codeworte

0111 1111 und

1000 0000

aufeinanderfolgen. Wenn nun der Schalter des höchstwertigen Bits x_7 schneller ist als die anderen Schalter, dann wird zwischendurch für die Dauer des Verzögerungsunterschiedes ein dem Codewort

1111 1111

entsprechendes Analogsignal erzeugt, das etwa den doppelten Wert des Sollsignals hat. Man nennt diesen Effekt einen *Glitch*. Gute D/A-Wandler sind so aufgebaut, daß ihr Glitch vernachlässigbar gering ist.

5.3 Übersicht über Analog/Digital-Wandler

Analog/Digital(A/D)-Wandler setzen ein analoges Signal in einen entsprechenden digitalen, in der Regel binären Code um. Dabei erzeugen alle Analogwerte, die in einem bestimmten, zugeordneten Intervall liegen, denselben Code. Die Intervallbreite, auch Stufenhöhe genannt, bestimmt die Auflösung des analogen Signals. Je feiner die Stufung, desto höher ist die Auflösung, desto länger werden aber auch die Codeworte.
Den grundsätzlichen Zusammenhang zwischen Analog- und Digitalsignal eines A/D-Wandlers gibt Bild 5.6 wieder. Der Aussteuerungsbereich von $u = 0$ bis $u = u_{max}$ ist in soviele Intervalle eingeteilt wie Codeworte vorgesehen sind. Man kann, wie im Bild dargestellt, alle Intervalle gleich groß machen, was das Umsetzungsverfahren vereinfacht. Günstiger ist

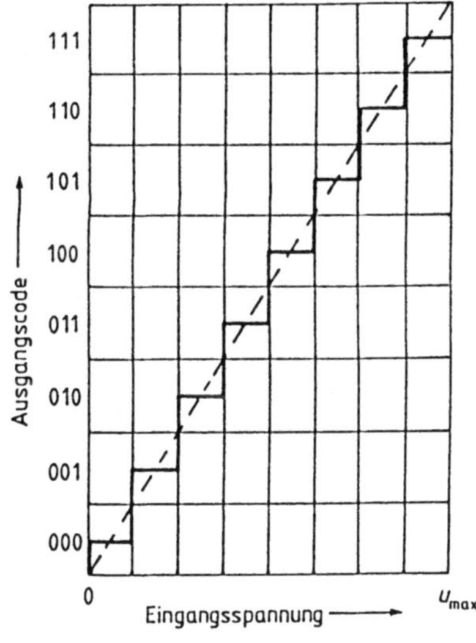

Bild 5.6
Zusammenhang zwischen analoger Eingangsspannung und digitalem Ausgangscode beim A/D-Wandler

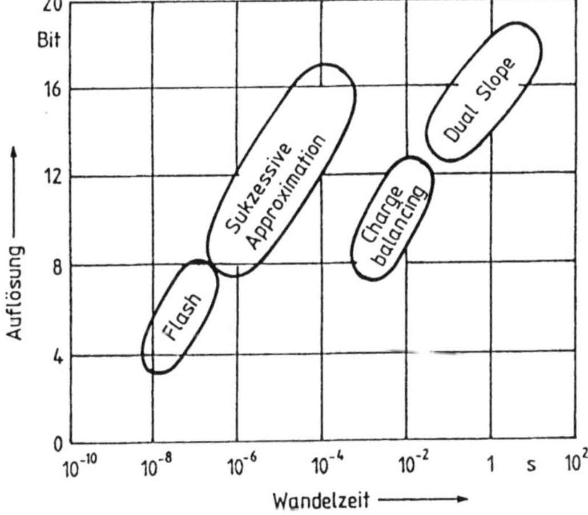

Bild 5.7
Erreichbare Auflösung und Wandelzeit bei A/D-Wandlern

es jedoch, kleine Spannungen feiner und größere Spannungen gröber zu stufen, weil dann im Mittel das Verhältnis von maximaler zu minimaler Spannung im gleichen Intervall geringer, die relative Auflösung also größer wird.

Die größte praktische Bedeutung haben heute das Dual-Slope-Verfahren, das die Zeit einer Auf- und Abwärtsintegration auswertet, das Sukzessive-Approximations-Verfahren, das die Ausgangsspannung eines D/A-Wandlers der umzusetzenden Spannung nachführt, das Charge-Balancing-Verfahren mit einer Kompensation des Eingangssignals durch eine Folge aufintegrierter Ladungsimpulse und das Flash-Verfahren, das das Eingangssignal gleichzeitig mit dem vollständigen Satz von Signalen vergleicht, die die Intervallanfänge bzw. -enden darstellen.

Die Auswahl des geeignetesten Verfahrens richtet sich nach der benötigten Auflösung und der zur Verfügung stehenden Wandelzeit. Bild 5.7 zeigt, welche Werte man mit den einzelnen Verfahren erreichen kann.

5.4 Dual-Slope-Verfahren

Die Diagramme von Bild 5.8 erläutern das Dual-Slope-Verfahren. Die zu wandelnde Spannung U_e stehe für einen ausreichend langen Zeitraum unverändert zur Verfügung, innerhalb derer der Umwandlungsprozeß stattfinden kann. Sie wird während einer festen Zeitdauer t_{vor} mit der Integrationszeitkonstanten τ integriert, so daß der Endwert

$$u_1 = U_e \cdot \frac{t_{vor}}{\tau} \tag{5.4/1}$$

erreicht wird. Danach wird der Integrierer von der Eingangsspannung U_e auf eine feste Referenzspannung entgegengesetzter Polarität U_{REF} umgeschaltet, wodurch seine Ausgangsspannung mit der konstanten Geschwindigkeit

$$\frac{du_1}{dt} = \frac{U_{REF}}{\tau} \tag{5.4/2}$$

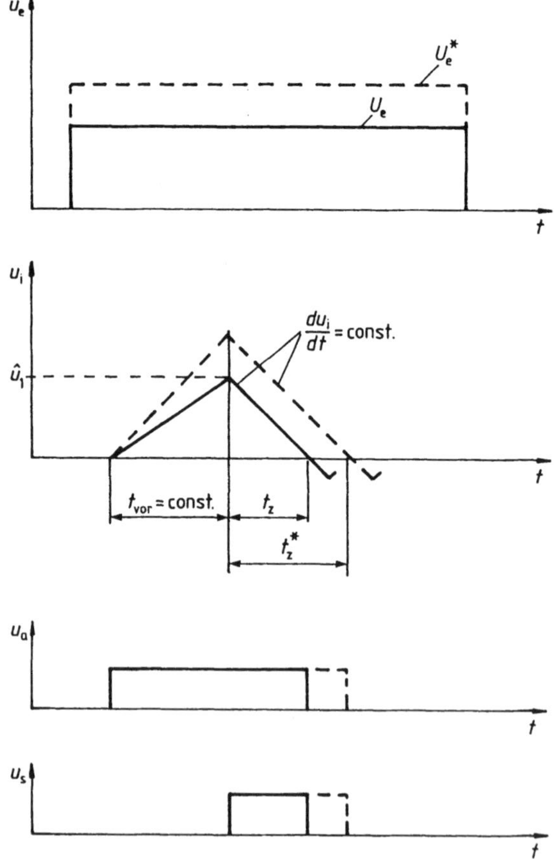

Bild 5.8
Dual-Slope-Verfahren
u_e Eingangsspannung mit den Werten U_e oder U_e^*
u_i Spannung am Ausgang des Integrators
u_a Spannung zur Markierung der Wandelzeit
u_s Spannung zur Markierung der Abintegrationszeit

innerhalb der Zeit

$$t_z = -\frac{u_1}{U_{REF}}\tau = t_{vor}\frac{U_e}{-U_{REF}} \tag{5.4/3}$$

auf Null sinkt.

Die Zeit t_z ist also der umzusetzenden Spannung U_e direkt proportional. Man kann sie auszählen. Läßt man den ersten Zählimpuls eine Periodendauer nach dem Beginn der Abintegration erscheinen, ist das Zählergebnis 0 der Code für den untersten Spannungsintervall, das Zählergebnis 1 derjenige für den nächsthöheren und so fort.

Die Spannungen u_a und u_s markieren die Zeiten $t_{vor} + t_z$ bzw. t_z.

Bild 5.9 gibt den vollständigen Schaltplan eines Dual-Slope-A/D-Wandlers mit den integrierten Schaltungen MC 1505 L und MC 14435 der Firma Motorola wieder. Der Integrierer wird zwischen dem aus der Eingangsspannung gewonnenen Strom i_e und dem Strom i_r der Referenzspannung von einer Steuerlogik aus über u_s hin- und hergeschaltet. Der Komparator teilt mit der Spannung u_a der Steuerlogik mit, wann der Nulldurchgang von u_i erreicht ist. Das Ergebnis ist ein $3\frac{1}{2}$-stelliger BCD-Code, der über die Ausgänge y_3, y_2, y_1, y_0 nacheinander ausgegeben wird. Er entspricht einem 10-Bit-Dual-Code. Die niederwertigste Stelle wird durch $\bar{s}_1 = 0$, die mittlere Stelle durch $\bar{s}_2 = 0$, die höchste Stelle durch $\bar{s}_3 = 0$ markiert. Der Überlauf erscheint direkt am Anschluß $\frac{1}{2}$ D. Die Überschreitung des vorgesehenen Aussteuerbereichs bewirkt $\overline{OR} = 0$.

Die Schaltung verarbeitet in der gewählten Dimensionierung Eingangsspannungen zwischen 0 und 2 V innerhalb $\frac{1}{3}$ Sekunde.

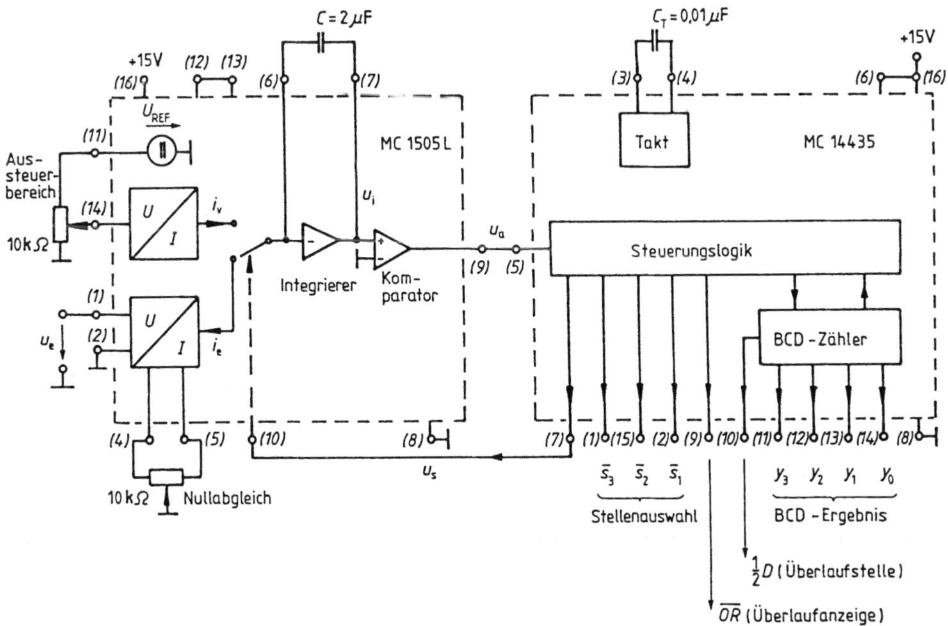

Bild 5.9 Dual-Slope-A/D-Wandler mit den integrierten Schaltungen MC 1505 L und MC 14435 der Firma Motorola [10]

5.5 Sukzessive Approximation

Die sukzessive Approximation verwendet einen D/A-Wandler, der so gesteuert wird, daß sein Ausgangssignal das umzusetzende Analogsignal annähert. Am Ende der Approximation liegt an seinen Digitaleingängen der gesuchte entsprechende Digital-Code.
Die Annäherung beginnt mit dem höchstwertigen Bit. Bei einem 8-Bit-Wandler wird also zunächst probeweise der Code 1 000 0000 angelegt. Ist das erzeugte analoge Ausgangssignal kleiner als das umzusetzende, wird das nächste Bit herangezogen und 1100 0000 angelegt. Andernfalls wird das höchstwertige Bit zurückgenommen und als nächstes Codewort 0100 0000 verwendet. Dieses Verfahren wird bis zum niederwertigsten Bit fortgesetzt.
Die Steuerung besorgt ein *Successive-Approximation-Register*, abgekürzt SAR, das in den handelsüblichen integrierten Schaltungen mit enthalten ist.
Bild 5.10 zeigt den Prinzip-Schaltplan, Bild 5.11 den zeitlichen Verlauf der vom D/A-Wandler abgegebenen Vergleichsspannung und die Approximationsfolge des digitalen Ausgangssignals. Die Ausgangsspannungen des verwendeten D/A-Wandlers müssen am unteren Ende des dem Code zugeordneten Analogspannungsintervall liegen.
Weil mit jedem Approximationsschritt eine gültige Stelle gewonnen wird, kann der Wandler schon während des Umsetzungsprozesses mit der seriellen Ausgabe des Codewortes beginnen. Von dieser Möglichkeit wird von einigen integrierten Umsetzern Gebrauch gemacht.

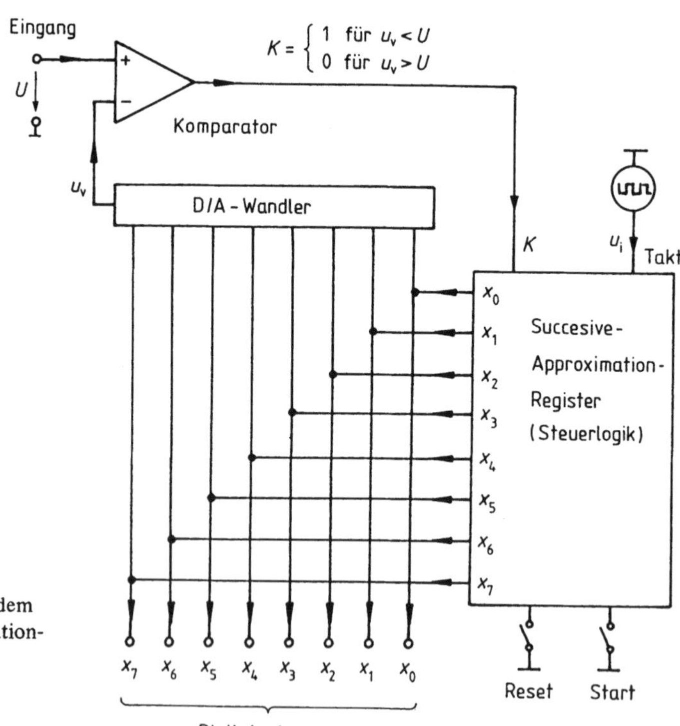

Bild 5.10
A/D-Wandlung nach dem Succesive-Approximation-Verfahren

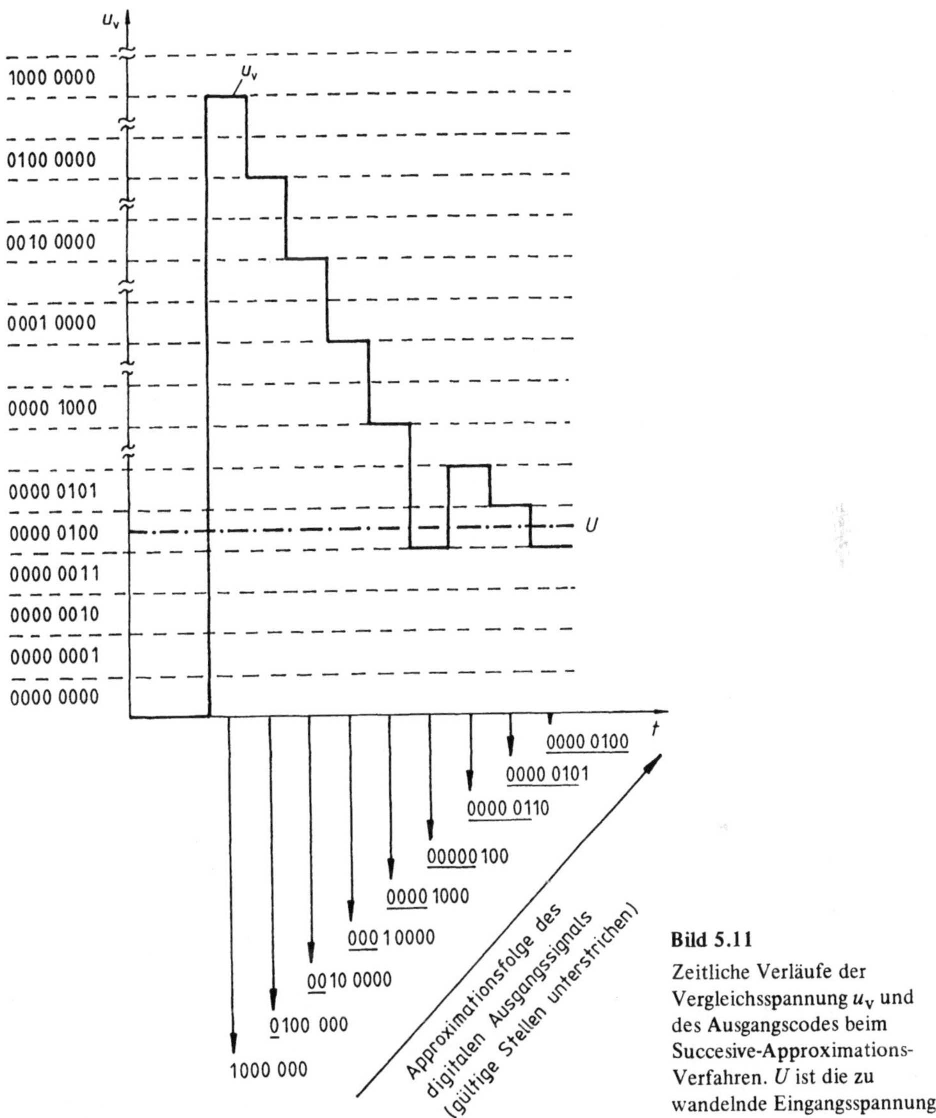

Bild 5.11
Zeitliche Verläufe der Vergleichsspannung u_V und des Ausgangscodes beim Succesive-Approximations-Verfahren. *U* ist die zu wandelnde Eingangsspannung

Wenn nicht alle Bitstellen benötigt werden, für die der A/D-Wandler ausgelegt ist, kann der Approximations-Prozeß auch vorzeitig abgebrochen werden. Die noch ungültigen niederwertigen Stellen sind zu unterdrücken und fallen weg.

Bild 5.12 zeigt als praktisches Beispiel für einen integrierten Successive-Approximation-A/D-Wandler den Baustein AD 673 der Firma Analog Devices [9] und seine Beschaltung. Der Aussteuerbereich liegt bei 0 bis 10 V im Unipolarbetrieb (*BIP OFF* an Masse) bzw. −5 B bis +5 V im Bipolarbetrieb (*BIP OFF* offen), die Wandelgeschwindigkeit bei 20 μs.

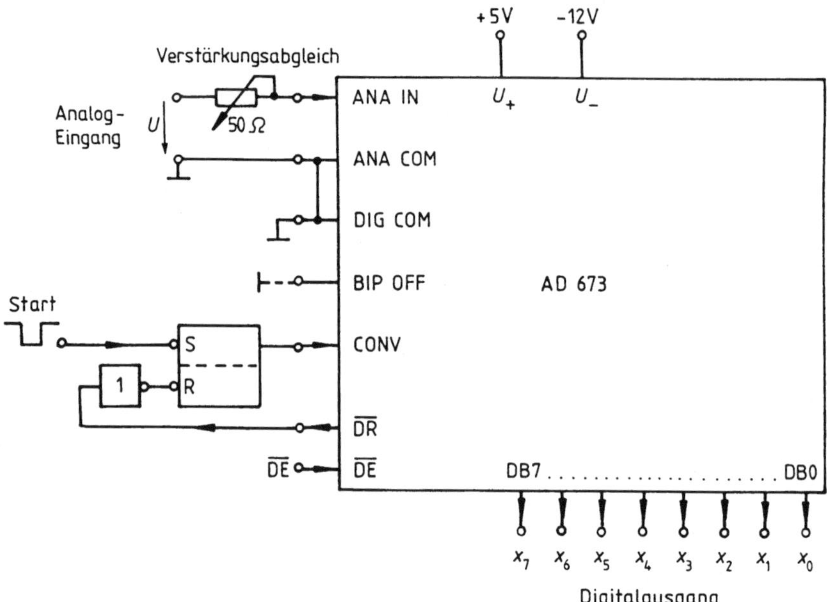

Bild 5.12 A/D-Wandler 673 der Firma Analog Devices

U_+:	Positive Versorgungsspannung
U_-:	Negative Versorgungsspannung
DIG COM:	Digital Common. Masseanschluß für digitale Signale
ANA COM:	Analog Common. Masseanschluß für analoge Signale
ANA IN:	Analog Input. Analogeingang
BIP OFF:	Bipolar Offset
CONV:	Convert
$\overline{DR}$:	Data Ready
$\overline{DE}$:	Data Enable
DB 7 ... DBO:	Digitale Signalausgänge

Die Digitalein- und -ausgänge sind TTL-kompatibel. Die A/D-Wandlung wird durch einen positiven Impuls an *CONV* eingeleitet, das Ende der Wandlung durch 0 an $\overline{DR}$ angezeigt. Das dargestellte Flip-Flop erzeugt nach dem Start an *CONV* solange ein 1-Signal, bis der Wandelprozeß beginnt und $\overline{DR}$ von 0 auf 1 geht. Mit $\overline{DE} = 1$ lassen sich die Digitalausgänge in den hochohmigen Zustand schalten, während bei $\overline{DE} = 0$ der gewandelte Code am Ausgang erscheint.

5.6 Charge-Balancing-Verfahren

Kernstück des Charge-Balancing-A/D-Wandlers (vgl. Bild 5.13) ist ein Integrierer, der die Eingangsspannung U mit der Zeitkonstanten R_1C ständig integriert. Während einer festen Zeit τ wird eine Hilfsspannung U_{REF} entgegengesetzter Polarität mit der Zeitkonstanten $R_2 \cdot C$ zusätzlich integriert und überlagert.

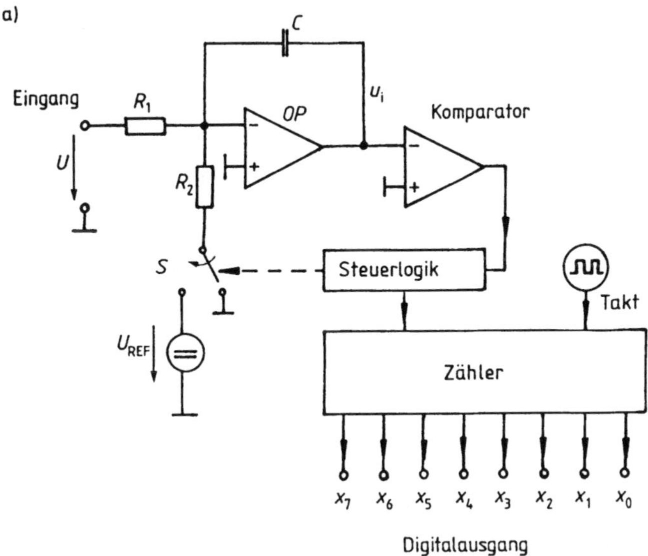

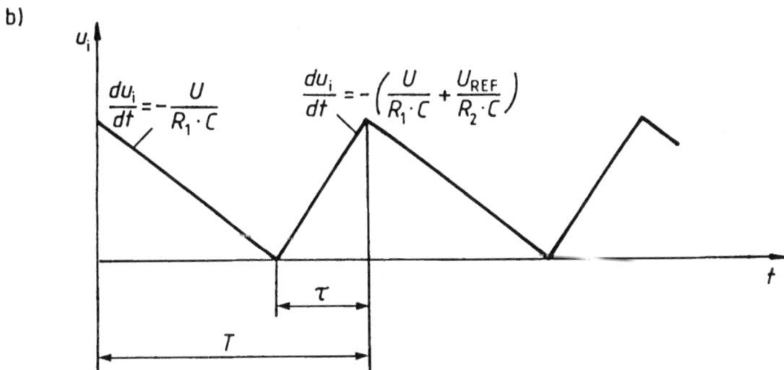

Bild 5.13 Charge-Balancing-A/D-Wandler
a) Prinzipschaltplan
b) Zeitlicher Verlauf der Spannung u_i Ausgang des Integrierers

Während der Schalter in der rechten Stellung steht, fällt bei positiver Eingangsspannung die Ausgangsspannung des invertierenden Integrierers mit der Steigung

$$\frac{du_i}{dt} = -\frac{U}{R_1 C} \tag{5.6/1}$$

Der Widerstand R_2 ist praktisch wirkungslos, da der Eingang (−) des Operationsverstärkers auf vernachlässigbar niedriger Spannung liegt.
Sobald u_i durch Null geht, schaltet der Komparator und veranlaßt die Steuerlogik, den Schalter S für eine feste Zeit τ von Masse auf die Referenzspannung U_{REF} umzulegen.

Jetzt ändert sich die Steigung der integrierten Spannung u_i auf

$$\frac{du_i}{dt} = -\left(\frac{U}{R_1 C} + \frac{U_{REF}}{R_2 C}\right) \tag{5.6/2}$$

bis nach Ablauf von τ der Endwert erreicht ist, von dem aus die Eingangsspannung allein wirksam ist und u_i bis auf Null abintegriert. Der Verlauf von u_i hat die Periode T und es gilt

$$-\frac{U}{R_1 C}(T-\tau) = \left(\frac{U}{R_1 C} + \frac{U_{REF}}{R_2 C}\right)\tau \tag{5.6/3}$$

oder

$$\boxed{f = \frac{1}{T} = \frac{R_2}{R_1} \cdot \frac{1}{\tau} \frac{U}{(-U_{REF})}} \tag{5.6/4}$$

Die Frequenz f ist proportional der Eingangsspannung U. Sie wird ausgezählt und am Digitalausgang $x_7 \ldots x_0$ angezeigt. Durch Offset-Verschiebung kann ein Charge-Balancing-A/D-Wandler auch bipolar betrieben werden. Bild 5.14 zeigt eine entsprechende Schaltung mit dem integrierten Baustein ADC-EK8B. Die Digitalein- und -ausgänge sind CMOS-kompatibel (5 V Versorgungsspannung). Der Aussteuerbereich ist $U = \pm 5$ V, die Wandelzeit 1,8 ms.

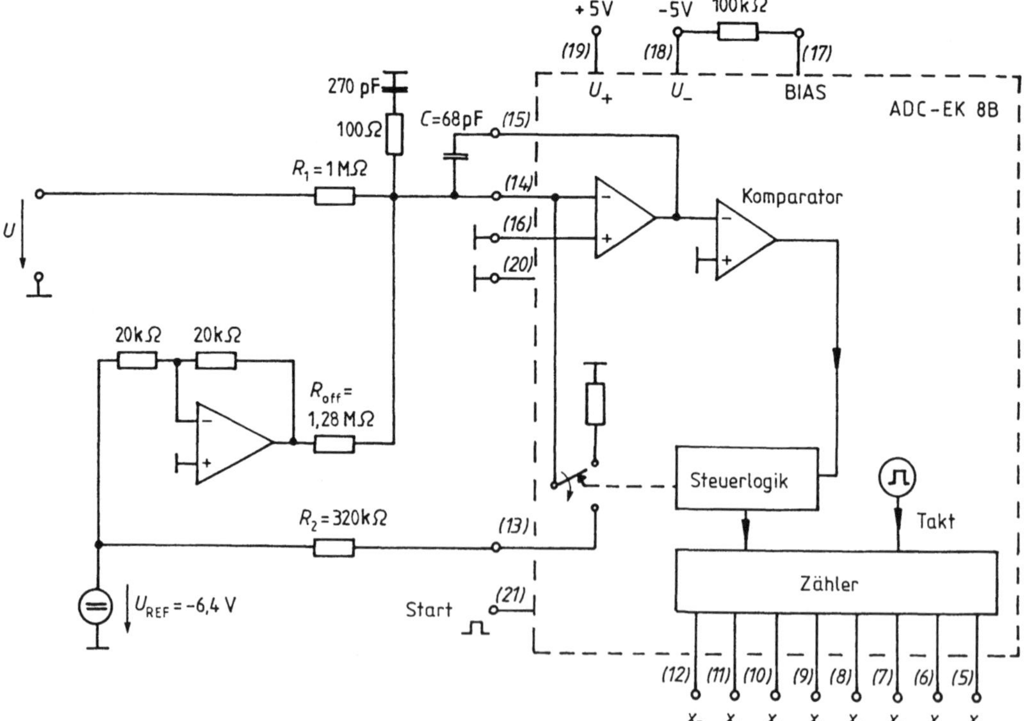

Bild 5.14 Beispiel für einen integrierten A/D-Wandler nach dem Charge-Balancing-Verfahren (ADC – EK 8B der Firma Datel Intersil)

5.7 Flash-Verfahren

Bild 5.15 zeigt den integrierten Video A/D-Wandler ADC-833 der Firma Datel Intersil [13], der nach dem Flash-Verfahren arbeitet. Er enthält 64 Komparatoren K0 bis K63, deren Eingänge (+) auf der halben Versorgungsspannung $U_{DD}/2$ liegen. Die anderen Eingänge (−) werden über Speicherkondensatoren C zwischen der umzusetzenden Eingangsspannung U und einer festen Vergleichsspannung U_{V0} bis U_{V63} umgeschaltet, die

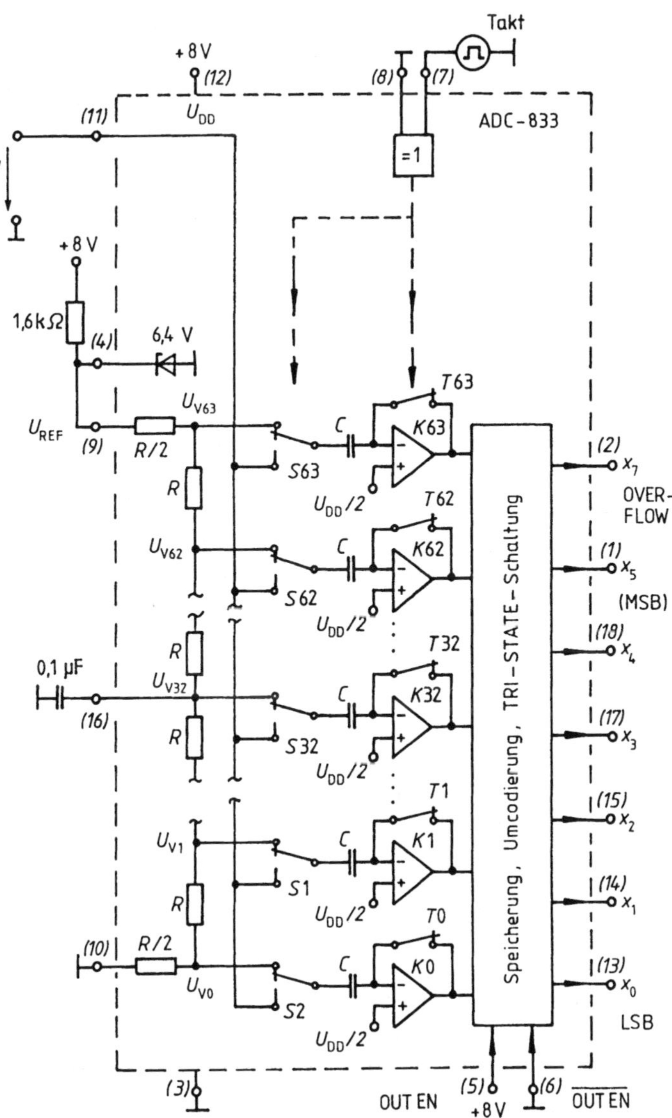

Bild 5.15 Beispiel für einen integrierten A/D-Wandler nach dem Flash-Verfahren (ADC − 833 der Firma Datel Intersil)

durch Spannungsteilung über der Serienschaltung der Widerstände R aus der Referenzspannung U_{REF} abgeleitet wird. Es ist

$$U_V = U_{REF} \cdot \frac{2\nu + 1}{128} \tag{5.7/1}$$

wobei ν die Nummer des Knoten ist, dem der Komparator K zugeordnet ist.
Die Schalter S_ν und T_ν werden durch den äußeren Takt periodisch gleichlang um- bzw. ein- und ausgeschaltet. Liegt S_ν an der Vergleichsspannung $U_{V\nu}$, ist T_ν geschlossen. In dieser Stellung lädt sich der Speicherkondensator C jeweils auf die Spannung

$$U_C = U_{V\nu} - U_{DD}/2 \tag{5.7/2}$$

auf.
Werden nun die Schalter T_ν geöffnet und S_ν auf die umzusetzende Spannung u gelegt, dann bleiben die Kondensatorspannungen $U_{C\nu}$ momentan erhalten und die Eingänge (−) verschieben sich um den Spannungswert, um den u von der jeweiligen Vergleichsspannung $U_{V\nu}$ abweicht. Ist u höher als $U_{V\nu}$, geht der Komparatorausgang auf 0, ist u niedriger als $U_{V\nu}$, geht er auf 1.
Die 64 Komparatoren teilen sich in zwei aufeinanderfolgende geschlossene Blöcke mit jeweils 0 und 1 am Ausgang. Die gesuchte Spannung u liegt zwischen den Vergleichsspannungen der Blockgrenzen. Die nachfolgende digitale Auswerteschaltung kann hieraus den entsprechenden Code bestimmen und ausgeben.
Die integrierte Schaltung ADC-833 ist für 6 Bit und 1 Überlaufbit (Overflow) ausgelegt. Die Ausgänge lassen sich mit $\overline{OUTEN} = 1$ oder $OUTEN = 0$ hochohmig schalten. Der Aussteuerungsbereich kann über U_{REF} von 2,5 V bis 10 V eingestellt werden. Alle digitalen Ein- und Ausgänge sind TTL- und CMOS (Versorgungsspannung 5 V)-kompatibel. Die Abtastrate, d. h. die Anzahl der Umsetzungen pro Sekunde, kann bis 15 MHz betragen.

5.8 Sample-and-Hold-Schaltung

Alle besprochenen A/D-Wandler setzen voraus, daß während der Wandelzeit t_w die Eingangsspannung konstant bleibt. Umsetzfehler sind zu befürchten, wenn eine Schwankung von $\pm\frac{1}{2}$ Intervallbreite überschritten wird. Dies führt bei sinusförmigen Eingangssignalen zu einer maximal zulässigen Frequenz von

$$\boxed{f_{max} = \frac{2^{-N}}{\pi \cdot t_w}} \tag{5.8/1}$$

wobei N die Stellenzahl des Codeworts ist. Beispielsweise darf bei einem Successive-Approximation-Wandler mit $N = 8$ Bit und einer Wandelzeit von $t_w = 20\ \mu s$ die Frequenz des Eingangssignals höchstens

$$f_{max} = \frac{2^{-8}}{\pi \cdot 20\ \mu s} = 62\ \text{Hz}$$

sein.

a)

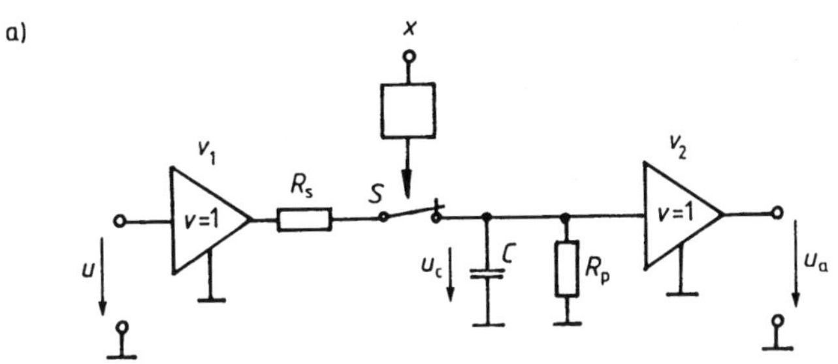

b)

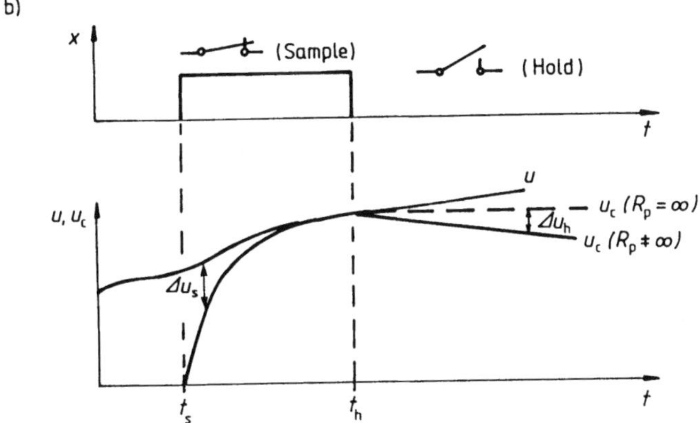

Bild 5.16 Abtastverfahren
a) Sample-and-Hold-Schaltung b) Zeitlicher Verlauf der Spannungen

Schwankt die zu wandelnde Spannung unzulässig stark, müssen zu den interessierenden Zeitpunkten ihre Augenblickswerte abgetastet und gespeichert werden. Schaltungen, die diese Aufgabe lösen, heißen Sample-and-Hold-Schaltungen.

Ihr Prinzip geht aus Bild 5.16 hervor.

Der Abtastschalter S liegt zwischen dem Eingangstrennverstärker V_1 und dem Ausgangstrennverstärker V_2. Er lädt einen Haltekondensator C zu den Abtastzeitpunkten mit den zu digitalisierenden Augenblickswerten. Weil der Schalter S und der Ausgang des Verstärkers V_1 einen von Null verschiedenen Widerstand R_S bilden, benötigt der Kondensator C eine endliche Zeit, bis er auf die Spannung u geladen ist und ihr folgt. Man nennt Einstellzeit (Acquisition time) t_{aq} diejenige Zeit, die vergeht, bis die Abweichung Δu_s einen spezifizierten Prozentsatz des Aussteuerungsbereichs unterschreitet. Zum Abtastzeitpunkt t_h öffnet der Abtastschalter und der Kondensator C hält die abgetastete Spannung. Die Zeit zwischen dem Beginn des Haltebefehls und dem tatsächlichen Öffnen des Schalters nennt man die Aperturzeit (aperture time) t_{ap}. Danach folgt die Kondensatorspannung u_c dem Lauf von u nicht mehr und wird gehalten.

Im Endeffekt wird aus u also derjenige Spannungswert entnommen, der zum Zeitpunkt $t_h + t_{ap}$ auftritt. Weil die Aperturzeit etwas schwankt, sind alle effektiven Abtastzeitpunkte um diesen Apertur-Jitter Δt_{ap} statistisch wechselnd versetzt, was sich in entsprechenden Abtastfehlern Δu_a äußert, der von der Spannungsänderung $\frac{du}{dt}$ entsprechend der Gleichung

$$\Delta u_a = \Delta t_a \cdot \frac{du}{dt} \tag{5.8/2}$$

abhängt. Soll Δu_a kleiner als eine Intervallbreite bleiben, muß bei sinusförmigen Eingangssignalen die Frequenz unter

$$\boxed{f_{max} = \frac{2^{-N}}{\pi \cdot \Delta t_a}} \tag{5.8/3}$$

bleiben.
Aus (5.8/1) und (5.8/3) folgt, daß eine Sample-and-Hold-Schaltung die maximal zulässige Frequenz des Eingangssignals um den Faktor $t_w/\Delta t_a$ vergrößert.
Die abgetastete und vom Kondensator C gehaltene Spannung unterliegt drei Störeinflüssen:

1. der unvermeidliche Widerstand R_p (Verlustwiderstand und Eingangswiderstand der nachfolgenden Schaltung) entlädt langsam den Kondensator C, dessen Spannung während der Wandelzeit um Δu_h sinkt. Die zeitliche Änderung $\Delta u_h/\Delta t$ nennt man Haltedrift (Droop Rate). Sie berechnet sich zu

$$\frac{\Delta u_h}{\Delta t} = \frac{I_{DR}}{C} \tag{5.8/4}$$

   wobei I_{DR} der Entladestrom ist.
2. Der Schalter isoliert nicht vollständig, so daß ein geringer Bruchteil der Eingangsspannung auf C durchschlägt. Dieser Durchgriff wird durch die Durchgriffsschwächung (Feedthrough Attenuation Ratio) F_A ausgedrückt und in dB angegeben.
   Er spielt vor allem in Multiplexsystemen eine Rolle, in denen mehrere Kanäle zeitlich versetzt den gleichen Haltekondensator C benutzen, und vergrößert dort das Übersprechen.
3. Das digitale Steuersignal des Abtastschalters S koppelt kapazitiv in den Haltekondensator C hinein und erzeugt dort einen Haltespannungs-Sprung (Hold Step),

$$\Delta u_a = \frac{Q_t}{C} \tag{5.8/5}$$

   wobei Q_t ein von der digitalen Steuerspannung abhängiger Ladungsübertrag (Charge transfer) ist, der als Kennwert im Datenblatt angegeben wird.
   Die Hersteller integrierter Sample-and-Hold-Schaltungen bemühen sich, Q_t aussteuerungsunabhängig zu machen. In diesem Fall wirkt Δu_a wie eine Offsetspannung, die sich kompensieren läßt.

Die Störeinflüsse Nr. 1 bis 3 verringert ein hoher Wert des Haltekondensators C. Deshalb ist man bemüht, C so groß wie möglich zu machen. Die Grenze nach oben wird durch die gewünschte Einstellzeit t_{aq} bestimmt, die sich ja mit steigender Kapazität C vergrößert.
Handelsübliche integrierte Abtastglieder verwenden das Prinzip von Bild 5.16 in mehreren

Varianten, die vor allem die nichtidealen Eigenschaften des Schalters S durch Rückkopplung auszugleichen suchen. Der Kondensator C ist in der Regel nicht mit integriert.
Bei der Auswahl geht man zunächst von der geforderten Einstellzeit aus und sucht sich dann nach einer Schaltung mit ausreichend niedriger Haltedrift. In bestimmten Grenzen lassen sich beide Parameter noch durch die Größe des Haltekondensators C variieren.
Handelsübliche integrierte Sample-and-Hold-Schaltungen haben Einstellzeiten zwischen 100 μs und 10 ns bei Haltedriften zwischen 1 mV/s und 1 kV/s.
Bild 5.17 zeigt die Beschaltung eines integrierten Sample-and-Hold-Bausteins (SMP 10 der Firma PMI [11]. Wichtig ist eine sorgfältige Aufbautechnik mit räumlicher Trennung der digitalen und analogen Zuleitungen einschließlich der zugehörigen Masseleitungen. Gegen die Entladung des Haltekondensators C hilft ein mit dem Ausgang verbundener Schirmring, der den Anschlußstift für C umschließt. Das Ausgangspotential stimmt mit dem Kondensatorpotential überein. Deshalb kann kein Leckstrom abfließen. Der Aussteuerbereich der Schaltung ist $u = \pm 10$ V, die Einstellzeit beträgt 3,5 μs, die Aperturzeit 50 ns, die Haltedrift 5 μV/ms, die Durchgriffsschwächung 96 dB, der Ladungsübertrag 5 pC.

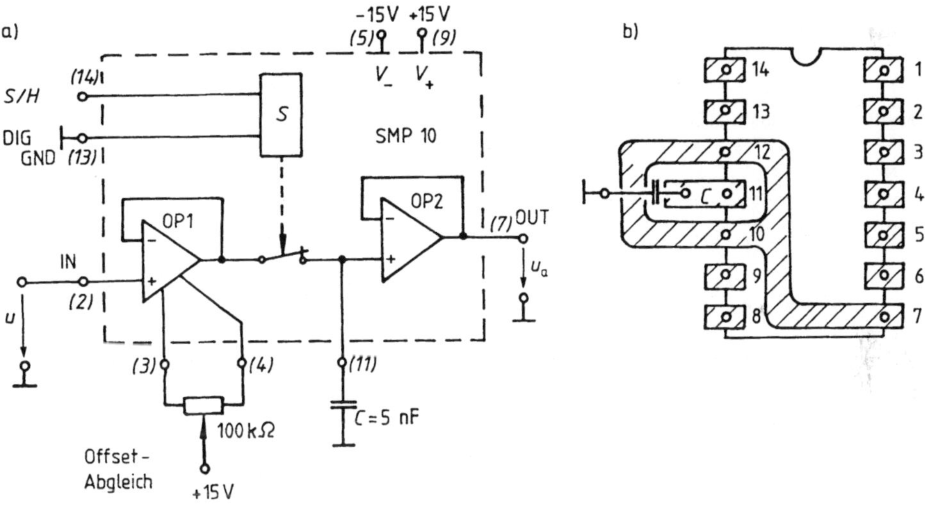

Bild 5.17 Beispiel für eine integrierte Sample-and-Hold-Schaltung (SMP 10 der Firma PMI)

6 Modulatoren und Demodulatoren

6.1 Übersicht

Modulation ist die Veränderung, d. h. die Steuerung von Signalparametern eines Trägers durch ein modulierendes Signal (DIN 44330). Die Rückgewinnung des modulierenden Signals wird Demodulation genannt.
Sinn der Modulation ist es, ein gegebenes Signal in eine Form zu bringen, die für die Übertragung besonders günstig ist und in gegebenes Übertragungsmedium mehrere Nachrichtenkanäle zu bilden.
Wichtige Modulationsarten sind in Tabelle 6/1 zusammengestellt.
Einrichtungen zur Modulation heißen Modulatoren, Einrichtungen zur Demodulation Demodulatoren.

Tabelle 6/1 Modulationsarten

Modulationsart	Träger	gesteuerter Signalparameter
Amplitudenmodulation (AM)	Sinusförmige Schwingung	Amplitude
Frequenzmodulation (FM) Sonderform: Frequenzumtastung, binäre Frequenzmodulation (FSK, Frequency Shift Keying)	Sinusförmige Schwingung	Momentanfrequenz
Phasenmodulation (PM) Sonderform: Phasenumtastung (PSK, Phase Shift Keying)	Sinusförmige Schwingung	Momentanphase
Einseitenbandmodulation (EM) Sonderform: Einseitenbandmodulation mit unterdrücktem Träger	Sinusförmige Schwingung	Amplitude und Momentanfrequenz
Pulsamplitudenmodulation (PAM)	Periodischer Puls	Impulshöhe
Pulsdauermodulation (PDM)	Puls	Impulsdauer
Pulscodemodulation (PCM)	Puls	Digitaler Impulswert
Deltamodulation (DM)	Puls	Digitaler Impulswert

6.2 Amplituden- Zweiseitenband-, Einseitenbandmodulation

Der zeitliche Verlauf einer amplitudenmodulierten Schwingung ist

$$u_{AM} = (\hat{u}_T + \Delta u_T \cos \omega_M t) \cos (\omega_T t + \varphi) \qquad (6.2/1)$$

Hierin bedeuten

$\hat{u}_T$	Amplitude des unmodulierten Trägers
Δu_T	Amplitudenhub
$\omega_T = 2\pi f_T$	Kreisfrequenz des Trägers
f_T	Trägerfrequenz
φ	Nullphasenwinkel
$\omega_M = 2\pi f_M$	Kreisfrequenz des modulierenden Signals
f_M	Modulationsfrequenz

Es handelt sich um eine Schwingung konstanter Augenblicksfrequenz mit einer Amplitude, die dem zeitlichen Verlauf des modulierenden Signals zwischen einem Mindestwert $\hat{u}_T - \Delta u_T$ und einem Höchstwert $\hat{u}_T + \Delta u_T$ folgt, vgl. Bild 6/1a. Die mittlere Amplitude ist $\hat{u}_T$.

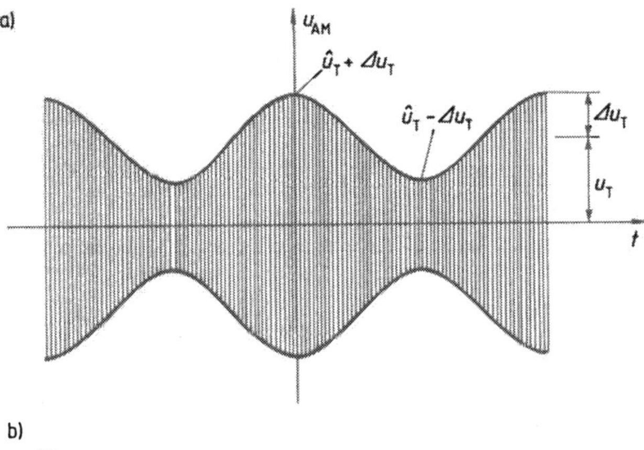

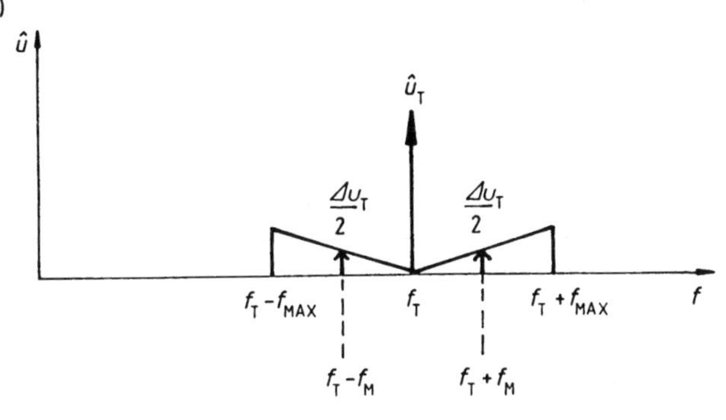

Bild 6.1
Amplitudenmodulierte Schwingung
a) Zeitlicher Verlauf
b) Spektrum

Als Modulationsgrad bezeichnet man die Größe

$$m = \frac{\Delta u_T}{\hat{u}_T} \qquad (6.2/2)$$

Das Spektrum der Amplitudenmodulation Bild 6/1b umfaßt die Trägerschwingung

$$u_T = \hat{u}_T \cdot \cos(\omega_T t + \varphi) \qquad (6.2/3)$$

und die beiden Seitenschwingungen

$$u_{SBu} = \frac{1}{2} \Delta u_T [\cos(\omega_T - \omega_M)t + \varphi] \qquad (6.2/4)$$

$$u_{SBo} = \frac{1}{2} \Delta u_T [\cos(\omega_T + \omega_M)t + \varphi] \qquad (6.2/5)$$

Besteht das modulierende Signal aus einem Frequenzgemisch von $f = 0$ bis $f = f_{max}$, so reichen die Seitenbänder von $f = f_T - f_{max}$ bis f_T und von $f = f_T$ bis $f_T + f_{max}$.
Eine Zweiseitenbandmodulation (ZM) ist eine Amplitudenmodulation mit unterdrücktem Träger $u_T = 0$. Sie wird nicht zur Übertragung ausgenutzt, sondern nur als Zwischenform bei der Erzeugung anderer Modulationsarten.
Bei der Einseitenbandmodulation (EM) fehlt ein Seitenband, bei der Einseitenbandmodulation ohne Träger fehlen ein Seitenband und der Träger.

Modulatoren

Die Grundschaltung für die genannten Modulationsarten ist eine Multiplizierschaltung nach Bild 6.2, die aus den Eingangsspannungen $u_M(t)$ und $u_T(t)$ die Ausgangsspannung

$$u_A = k \cdot u_M \cdot u_T \qquad (6.2/6)$$

erzeugt, wobei k ein Umsetzungsfaktor mit der Dimension 1/V ist.
Eine amplitudenmodulierte Schwingung erhält man für ein modulierendes Eingangssignal der Form

$$u_M = U_M + \hat{u}_M \cdot \cos \omega_M t \qquad (6.2/7)$$

eine zweiseitenbandmodulierte Schwingung für

$$u_M = \hat{u}_M \cdot \cos \omega_M t \qquad (6.2/8)$$

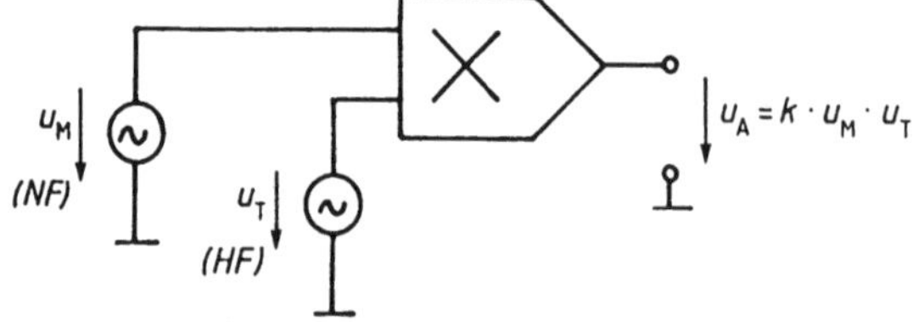

Bild 6.2
Prinzip der Amplitudenmodulationsschaltung

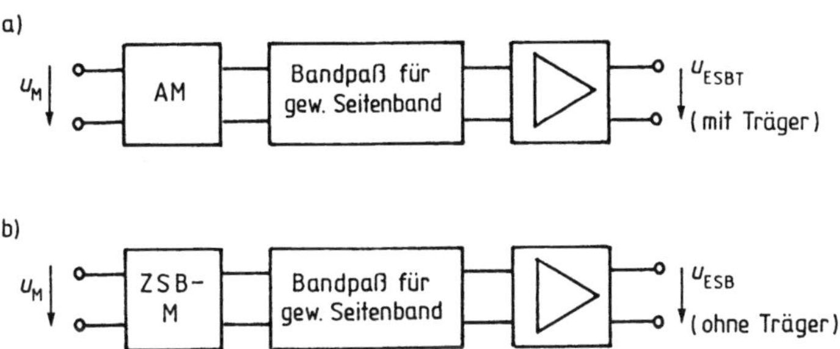

Bild 6.3 Erzeugung einer Einseitenbandmodulation
a) mit Träger b) ohne Träger

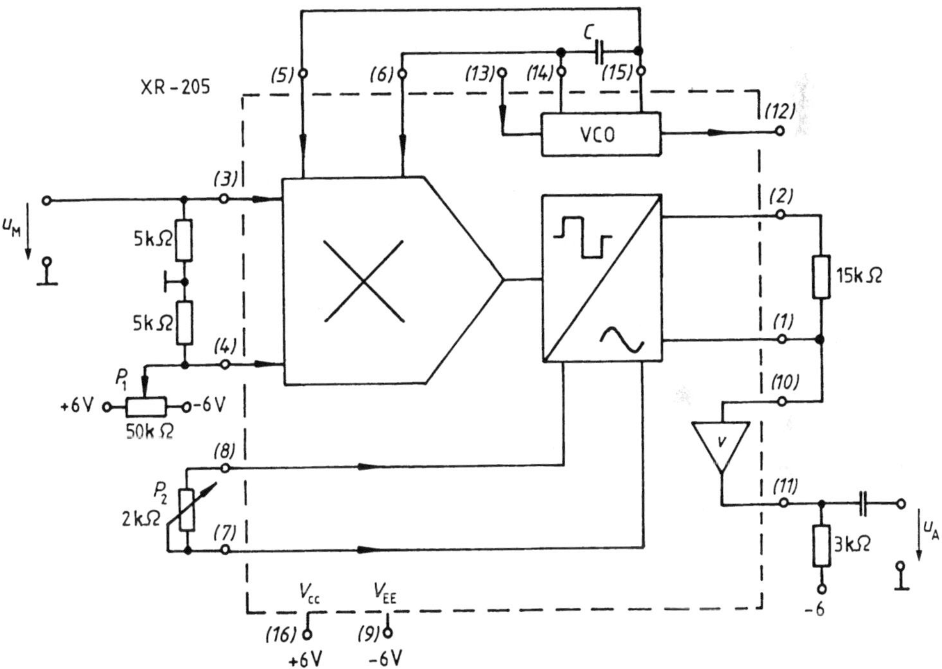

Bild 6.4 Amplitudenmodulator mit integrierter Multiplizierschaltung XR-205 der Firma EXAR [8]

Durch Filterung gewinnt man nach Bild 6.3 aus der amplitudenmodulierten Schwingung die Einseitenbandmodulation mit Träger, aus der zweiseitenbandmodulierten Schwingung die Einseitenbandmodulation ohne Träger.

Bild 6.4 zeigt als Beispiel für einen Amplituden- bzw. Zweiseitenbandmodulator die integrierte Schaltung XR-205 der Firma EXAR mit der notwendigen äußeren Beschaltung. Man muß nur die zu modulierende Spannung $u_M = \hat{u}_M \cdot \cos \omega_M t$ anlegen. Die Trägerschwingung wird intern im Oszillator VCO, dessen Frequenz über den Kondensator C im

Bereich von 4 Hz ($C = 100\,\mu$F) bis 4 MHz ($C = 100$ pF) einstellbar ist. Mit dem Potentiometer P_1 läßt sich der Gleichwert U_M einstellen. Bei AM muß $U_M > \hat{u}_M$, bei ZSM $U_M = 0$ sein. Der zulässige Eingangsspannungsbereich liegt bei $\hat{u}_M = 0{,}7$ V für $m = 1$.

Demodulatoren

Die Demodulation einer AM ist einfach. Man benutzt eine Gleichrichterschaltung etwa nach Bild 4.1 und dimensioniert das *RC*-Glied so, daß es zwar die hochfrequente Trägerschwingung (ω_T) unterdrückt, jedoch den schnellsten Amplitudenschwankungen (ω_M) nachfolgen kann.

$$\frac{1}{\omega_M} > RC \gg \frac{1}{\omega_T} \tag{6.2/9}$$

Die Demodulation einer EM gelingt durch Multiplikation entsprechend Bild 6.2, wobei an die Stelle des modulierenden Signals u_M das zu demodulierende u_{EM} tritt. Wir erhalten in diesem Falle als Ausgangsspannung

$$\begin{aligned} u_A &= k \cdot u_M \cdot u_T \\ &= k \cdot \left\{ \frac{\Delta u_T}{2} [\cos(\omega_T + \omega_M)t + \varphi] \right\} \{\hat{u}_T \cos(\omega_T t + \varphi)\} \\ &= \frac{k}{4} \hat{u}_T \Delta u_T \cdot \{\cos[(2\omega_T + \omega_M)t + 2\varphi] + \cos \omega_M t\} \end{aligned} \tag{6.2/10}$$

Im Ausgangssignal enthält außer einer leicht unterdrückbaren Schwingung der Frequenz $2\omega_T + \omega_M$ die gesuchte demodulierte Schwingung

$$u_M = \frac{k}{4} \cdot \hat{u}_T \cdot \Delta u_T \cos \omega_M t \tag{6.2/11}$$

Die besondere Schwierigkeit der Einseitenbandmodulation besteht darin, daß am Empfangsort zur Demodulation ein Hilfsträger zugesetzt werden muß, dessen Frequenz sehr genau mit derjenigen des sendeseitigen Trägers übereinstimmt.

6.3 Frequenzmodulation

Der zeitliche Verlauf einer frequenzmodulierten Schwingung ist

$$u_{FM} = \hat{u}_{FM} \cos \varphi_t \tag{6.3/1}$$

mit

$$\varphi_t = \omega_T t + \frac{\Delta\omega_T}{\omega_M} \sin \omega_M t + \varphi \tag{6.3/2}$$

Hierin bedeuten

$\hat{u}_{FM}$	Amplitude der frequenzmodulierten Schwingung
φ_t	zeitlich veränderliche Phase
$\omega_T = 2\pi f_T$	Kreisfrequenz des Trägers
$\omega_M = 2\pi f_M$	Kreisfrequenz des modulierenden Signals
$\Delta\omega_T = 2\pi\Delta f_T$	Kreisfrequenzhub
Δf_T	Frequenzhub
$\frac{\Delta\omega_T}{\omega_M} = \frac{\Delta f_T}{f_M} = \eta$	Modulationsindex
φ	Nullphasenwinkel des Trägers

Es handelt sich also um eine Schwingung, deren Augenblicksfrequenz

$$f_t = \frac{1}{2\pi}\frac{d\varphi_t}{dt} = f_T + \Delta f_T \cdot \cos \omega_M t \qquad (6.3/3)$$

um den Mittelwert der Trägerfrequenz f_T mit einer Auslenkung $\pm \Delta f_T$ proportional zum moderierenden Signal der Frequenz f_M hin- und herpendelt.

Frequenzmodulatoren

Als Frequenzmodulatoren verwendet man Schwingschaltungen, deren frequenzbestimmende Elemente durch die modulierende Spannung gesteuert werden. Im Baustein XR-205 der Firma EXAR (vgl. Bild 6.4) ist ein solcher Oszillator, als VCO (Voltage Controlled Oszillator) bezeichnet, enthalten. Die Schaltung wird zum Frequenzmodulator, wenn man am VCO-Steuereingang Stift 13 die modulierende Spannung

$$u_M = U_M + \hat{u}_M \cos \omega t \qquad (6.3/4)$$

und am Stift 3 eine Gleichspannung $U = 1$ V anlegt.
Die Spannung u_M darf zwischen 0 und -15 V schwanken. Die Augenblicksfrequenz wird dann

$$f = \left(0{,}2 - \frac{u_M}{4\,V}\right)\frac{0{,}3\,\mu F}{C} \cdot 1\,kHz \qquad (6.3/5)$$

Die Schaltung arbeitet bis $f = 4$ MHz.
Zur Umsetzung binärer Signale sind spezielle FSK-Modulatoren auf dem Markt, z. B. der Baustein XR 2206 der Firma EXAR, die sich direkt von TTL- oder CMOS-Gattern ansteuern lassen. Sie arbeiten im übrigen nach dem gleichen Prinzip wie die universellen FM-Modulatoren.

Frequenzmodulatoren

Die rausch- und störsignalunempfindlichsten FM-Demodulatoren arbeiten nach dem PLL (Phase Locked Loop)-Prinzip, das Bild 6.5 erklärt.

a)

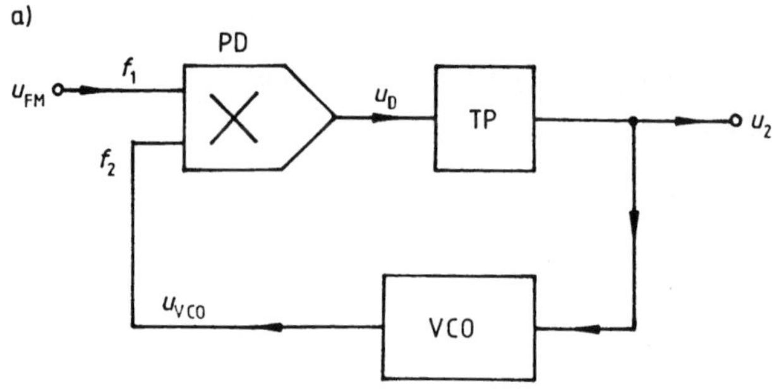

b)

c)

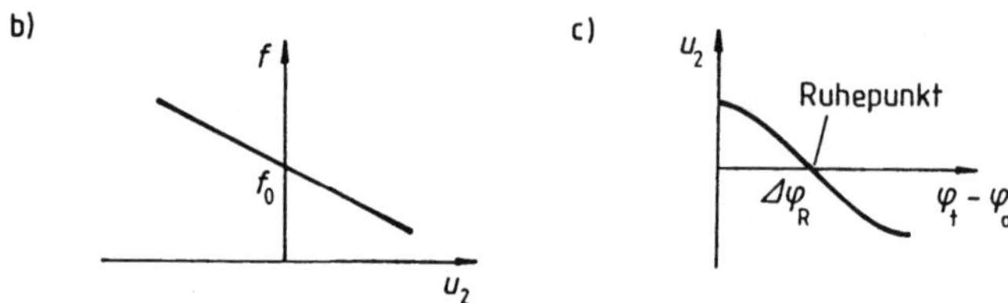

d)

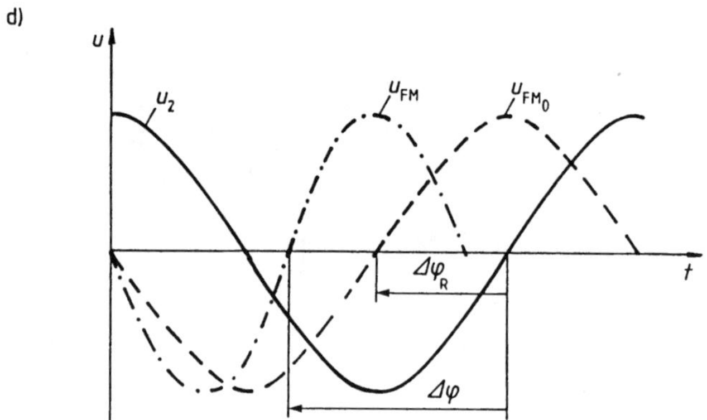

Bild 6.5 Prinzip der PLL-Schaltung
a) Grundschaltung
b) Abhängigkeit der VCO-Frequenz f von der steuernden Spannung u_2
c) Abhängigkeit der Tiefpaßausgangsspannung u_2 von der Phasendifferenz $\varphi_t - \varphi_0$
d) Zeitlicher Verlauf und Phasendifferenz $\Delta\varphi = \varphi_t - \varphi_0$ beim Anstieg der Frequenz f_1 des Signals u_{FM}

Ein Multiplizierer PD wird als Phasendetektor benutzt. Er vergleicht die zu demodulierende Signalspannung

$$u_{FM} = \hat{u}_{FM} \cdot \cos \varphi_t, \tag{6.3/6}$$

die die Augenblicksfrequenz f_1, habe, mit der Spannung

$$u_{VCO} = \hat{u}_{VCO} \cos \varphi_0 \tag{6.3/7}$$

eines Oszillators VCO, dessen Frequenz f_2 durch die über einen Tiefpaß TP geglättete Ausgangsspannung u_2 des Phasendetektors nach dem Gesetz

$$f_2 = f_0 + \frac{K_o}{2\pi} \cdot u_2 \tag{6.3/8}$$

gesteuert wird. Dabei ist $K_o = \frac{d\omega_2}{du_2}$ der Wandlungsfaktor des VCO. Im Beispiel von Bild 6.5b ist er negativ.
Die Multipliziererausgangsspannung ist

$$u_D = k_M \cdot u_{FM} \cdot u_{VCO} = \frac{k_M}{2} \hat{u}_{FM} \cdot \hat{u}_{VCO}[\cos(\varphi_t - \varphi_0) + \cos(\varphi_t + \varphi_0)] \tag{6.3/9}$$

Wir nehmen nun an, daß die Frequenzen f_1 und f_2 gleich sind und mit der Trägerfrequenz f_T übereinstimmen. Dann ist $\cos(\varphi_t - \varphi_0)$ ein Gleichglied und $\cos(\varphi_t + \varphi_0)$ eine zeitlich schnell wechselnde Größe, die vom Tiefpaß TP unterdrückt wird.
Für die geglättete Spannung u_2 gilt also

$$u_2 = \frac{k_M}{2} \cdot \hat{u}_{FM} \cdot \hat{u}_{VCO} \cdot \cos(\varphi_t - \varphi_0) \tag{6.3/10}$$

Dieser Zusammenhang ist in Bild 6.5c dargestellt. Der Oszillator VCO wird so ausgelegt, daß seine Grundfrequenz (für $u_2 = 0$ V) gleich der Trägerfrequenz f_T wird. Nach (6.3/10) sind dann die gleichfrequenten Schwingungen u_{FM} und u_{VCO} um 90° in der Phase verschoben. Dies ist der Grundzustand des Demodulators, in dem er verharrt, wenn das ankommende Signal u_{FM} nicht moduliert ist, d. h. wenn die Augenblicksfrequenz f_1 mit der Trägerfrequenz f_T übereinstimmt.
Wenn nun (vgl. Bild 6.5d) die Augenblicksfrequenz f_1 steigt, verlängert sich der Abstand ihrer Nulldurchgänge zu denen der VCO-Frequenz f_2, d. h. die Phasendifferenz $\varphi_t - \varphi_0$ steigt. Die Spannung u_2 wird nach (6.3/10) negativ und erhöht (für $k_0 < 0$) nach (6.3/8) die Frequenz f_2 bis sie den Wert f_1 erreicht.
Insgesamt wird so die VCO-Frequenz f_2 der Signalfrequenz f_1 laufend nachgezogen. Weil die Nachziehspannung u_2 der Frequenzabweichung $f_2 - f_T$ proportional ist, ist sie das gesuchte demodulierte Signal.
Eine praktische Verwirklichung mit dem Baustein XR-215 der Firma EXAR zeigt Bild 6.6. Die Schaltung eignet sich für Frequenzen bis über 20 MHz.

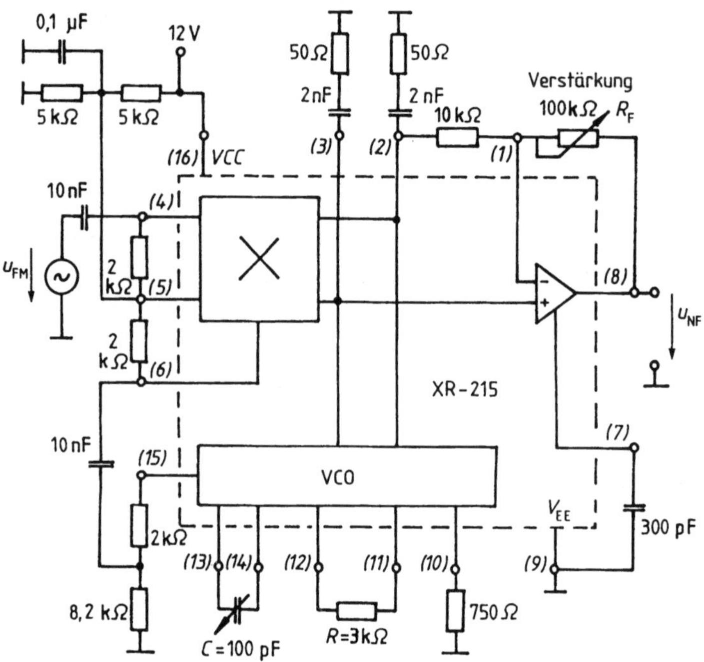

Bild 6.6 Beispiel für einen Frequenzmodulator mit der PLL-Schaltung XR-215 (Fa. EXAR). Notwendiger Kondensator C bei gewünschter Grundfrequenz f_0:

C_0/pF = 360 . f_0/MHZ.

Erreichbare Ausgangsspannung bei Frequenzhub Δf_T und Trägerfrequenz f_T

u_{NF}/V = 0,54 ($\Delta f_T/f_T$) (R_F/100 k ω)

In der Rundfunkempfangstechnik wird vielfach der preiswerte Koinzidenzdemodulator verwendet, dessen Prinzip in Bild 6.7 dargestellt ist [4]. Ein Koinzidenzmischer vergleicht das begrenzte FM-Signal u_A mit einem gleichfalls begrenzten Signal u_B, das zuvor eine Schaltung PH durchlaufen hat, welche die Phase um

$$\Delta\varphi = \frac{\pi}{4} - K\Delta f_T$$

verschiebt. Stimmen u_A und u_B überein, gibt der Koinzidenzmischer eine feste positive Spannung $u_{AB} = U$ ab. Andernfalls ist $u_{AB} = 0$. Ein nachgeschalteter Tiefpaß TP mittelt u_{AB}, so daß als demoduliertes Signal u_M eine Spannung entsteht, die um den Gleichwert $\frac{U_M}{2}$ proportional zur Frequenzabweichung Δf_T pendelt.

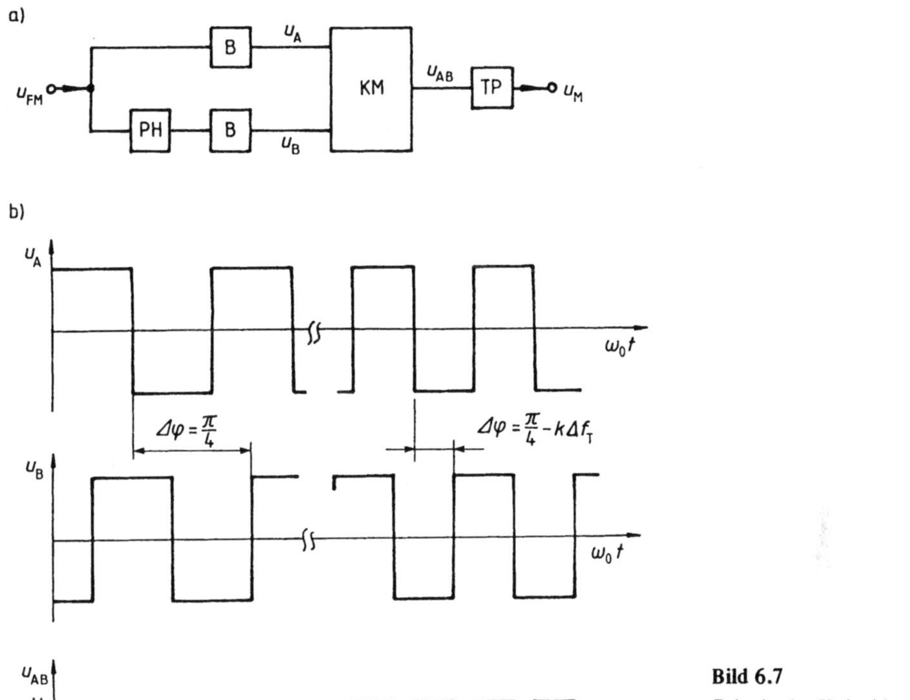

Bild 6.7
Prinzip des Koinzidenzdemodulators
a) Schaltung
b) Zeitlicher Verlauf der Spannungen

6.4 Phasenmodulation

Die Phasenmodulation unterscheidet sich von der Frequenzmodulation dadurch, daß die Augenblicksspannung u_M des modulierenden Signals nicht durch eine proportionale Frequenzabweichung Δf_T vom Träger f_T dargestellt wird, sondern durch eine proportionale Phasenabweichung $\Delta\varphi$. Der zeitliche Verlauf einer phasenmodulierten Schwingung ist

$$u_{PM} = \hat{u}_{PM} \cos \varphi_t \qquad (6.4/1)$$

mit

$$\varphi_t = \omega_T t + \Delta\varphi_T \cdot \cos \omega_M t + \varphi \qquad (6.4/2)$$

Die Größe $\Delta\varphi_T$ ist der Phasenhub.
Ein Phasenmodulator entsteht, wenn man einem Frequenzmodulator einen Differenzierer vorschaltet, ein Phasendemodulator, wenn man einem Frequenzdemodulator einen Integrierer nachschaltet, vgl. Bild 6.8.

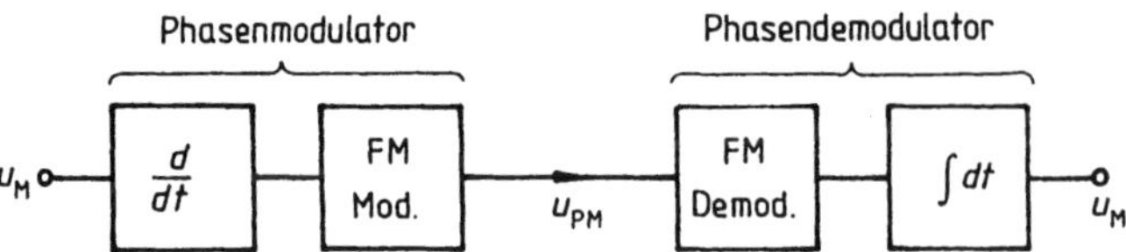

Bild 6.8 Phasenmodulation und -demodulation mit Frequenzmodulatoren und Frequenzdemodulatoren

Eine besondere Form der Phasenmodulation ist die *Phasenumtastung* (PSK, Phase Shift Keying) für digitale Signale. Bedeutung haben die binäre Umtastung (Vorzeichenumtastung des Trägers), auch 2-PSK genannt, und die quaternäre Umtastung (Umtastung zwischen vier verschiedenen Phasenlagen, die sich um 0°, 90°, 180°, 270° von einer Referenzphasenlage unterscheiden), auch 4-PSK genannt.

2-PSK-Modulator

Die binäre Umtastung wird durch Multiplikation des Trägers mit +1 oder −1 gebildet, vgl. Bild 6.9a. Verwendet man z. B. den Modulator Bild 6.4, so wird der Wert $x = 1$ durch eine Spannung oberhalb der positiven Aussteuerungsgrenze und der Wert $x = -1$ durch eine Spannung unterhalb der unteren Aussteuerungsgrenze dargestellt. Beim Baustein XR-205 liegen diese Grenzen bei ± 0,7 V.

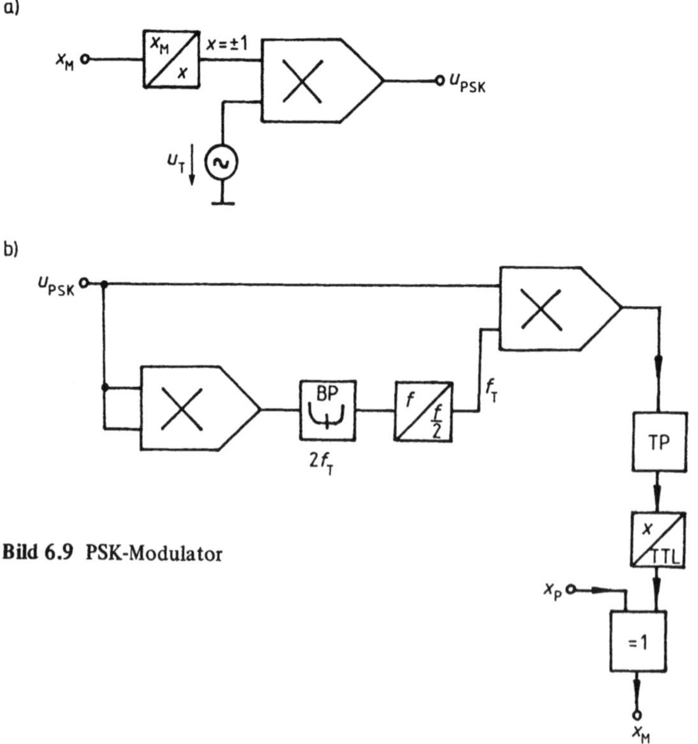

Bild 6.9 PSK-Modulator

2-PSK-Demodulator

Der PSK-Demodulator nach Bild 6.9b quadriert das empfangene Eingangssignal u_{PSK}, wodurch unabhängig von dessen jeweiliger Phasenlage das gleiche Signal entsteht. Es enthält die doppelte Trägerfrequenz $2f_T$. Durch Frequenzhalbierung gewinnt man hieraus ein Referenzträgersignal, mit dem das Eingangssignal multipliziert wird. Bei Phasengleichheit ist der Mittelwert des Produktes positiv, bei Phasenverschiebung um 180° ist er negativ. Die nachfolgenden Schaltungen TP und X/TTL entfernen die überlagerte Wechselspannung und bringen das Ausgangssignal auf TTL-Pegel (oder einen anderen gewünschten binären Pegel). Wegen der Phasenunsicherheit der Frequenzteilung kann das Referenzsignal entweder in richtiger Phasenlage sein oder gerade um 180° dagegen verschoben. Man stellt dies durch Übertragung eines bekannten Testsignals fest. Wird es richtig empfangen, schaltet man den Zweiteingang einer nachfolgenden Antivalenzschaltung auf $x_P = 0$ (Durchschaltung ohne Invertierung), wird es invertiert empfangen, auf $x_P = 1$ (Durchschaltung mit Invertierung).

4-PSK-Modulatoren und Demodulatoren

Für die quaternäre Umtastung sind spezielle integrierte Schaltungen entwickelt worden. So läßt sich etwa mit dem Bausteinsatz XR-2120, XR-2121, XR 2122, XR 2125 der Firma EXAR ein vollständiges PSK-System mit f_T = 1200 Hz und f_T = 2400 Hz für einen Telephoniekanal bauen.

6.5 Pulscodemodulation

Pulscodemodulator

Die Pulscodemodulation (PCM) ist die sequentielle Umwandlung abgetasteter Momentanwerte in Codeworte. Der Modulator (vgl. Bild 6.10), auch *Codierer* genannt, besteht aus einem A/D-Wandler, dessen Sample-and-Hold-Schaltung die Abtastung übernimmt. Nach dem Theorem von Shannon muß die Abtastfrequenz f_T größer sein als die doppelte Bandbreite des abzutastenden Signals. Deshalb ist grundsätzlich ein Bandpaß BP am Modulatoreingang vorzusehen.

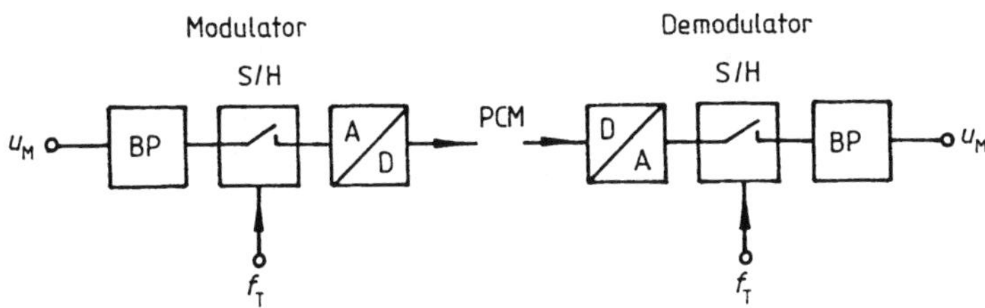

Bild 6.10 Prinzip der PCM-Modulation und -Demodulation

Pulscodedemodulator

Der Kern des Pulscodedemodulators, auch *Decodierer* genannt, ist ein D/A-Wandler, dessen Ausgangsspannungen von einer Sample-and-Hold-Schaltung zu schmalen Impulsen umgeformt werden, die den auf der Sendeseite abgetasteten Augenblickswerten entsprechen. Der ausgangsseitige Bandpaß filtert durch Mittelung aus der entstandenen Impulsfolge das demodulierte Signal heraus und unterdrückt die unerwünschten Frequenzen außerhalb der Netzbandbreite. Anstelle der Folge schmaler Impulse kann auch mit einer Treppenkurve gearbeitet werden. Wie sich theoretisch zeigen läßt, treten dann aber Verzerrungen des Frequenzgangs auf, die durch Korrekturschaltungen ausgeglichen werden müssen.

Quantisierungsfehler

Bei der Pulscodemodulation werden alle Spannungswerte, die innerhalb eines Intervalles liegen, durch dasselbe Codewort dargestellt. Der Demodulator bildet hieraus eine Spannung, die der Intervallmitte entspricht. Deshalb kann im ungünstigsten Fall ein Fehler entstehen, der gleich einem halben Intervall ist. Er erzeugt einen Quantisierungsfehler, der bei Audiosignalen sich in einem Quantisierungsgeräusch äußert, das besonders bei geringen Aussteuerungen stört.
Hochwertige PCM-Systeme benutzen deshalb eine ungleiche Intervallteilung. Bei geringen Spannungswerten ist sie fein, bei hohen gröber.

Codec

Integrierte Bausteine, die zugleich als PCM-Modulatoren und Demodulatoren eingesetzt werden können, nennt man *Codec* als Abkürzung für Codierer – Decodierer.
Bild 6.11a zeigt als Beispiel den Baustein SM61C der Firma Siemens mit der notwendigen äußeren Beschaltung. Er arbeitet mit 8 Bit nach der CCITT-Norm G711/G732 und läßt sich auf beide dort vorgesehenen Gesetze der nichtlinearen Quantisierung (A, verwendet in Europa und μ, verwendet in USA) umschalten. Dies geschieht durch Umcodierung des 8-Bit-Codes in einen 13-Bit-Code, der einem linearen D/A-Wandler zugeführt wird. Es können mit demselben D/A-Wandler im Zeitmultiplex 2 Kanäle sowohl moduliert als auch demoduliert werden. Bild 6.11b zeigt den zeitlichen Ablauf. Die Taktfrequenz ist 2,048 MHz, auf jeden der mit 0 bis 31 bezeichneten Zeitschlitze entfallen 8 Taktimpulse.
Als Eingangs- und Ausgangsfilter werden vom gleichen Hersteller kompatible integrierte Schaltungen (SM 153 und SM 153B) angeboten.

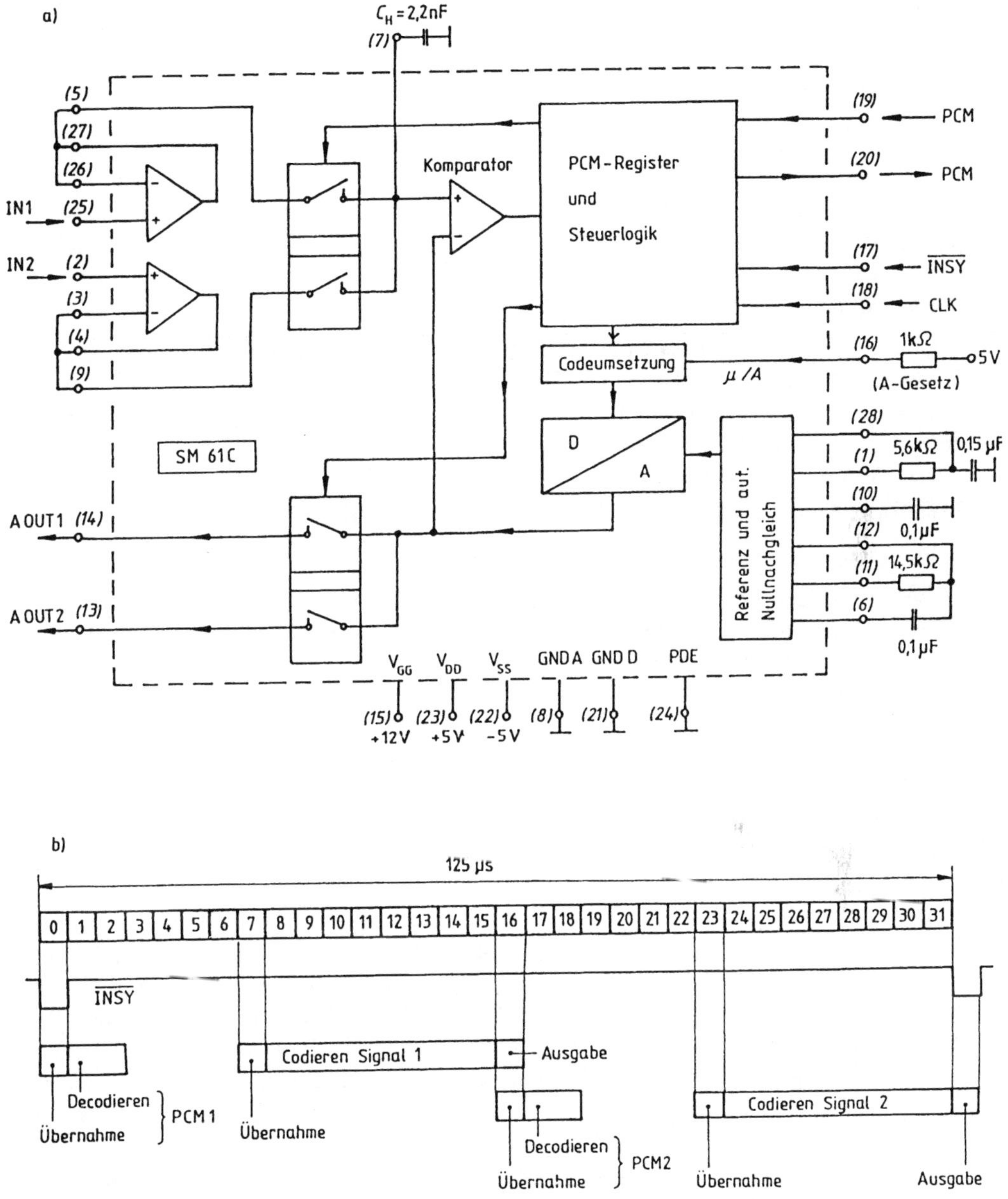

a)

C_H = 2,2 nF (7)
(5) (27) (26) IN1 (25) IN2 (2) (3) (4) (9)
Komparator
PCM-Register und Steuerlogik
(19) PCM
(20) PCM
(17) INSY
(18) CLK
(16) 1 kΩ 5V (A-Gesetz)
Codeumsetzung
μ/A
D A
SM 61C
Referenz und aut. Nullnachgleich
(28) (1) 5,6 kΩ 0,15 μF
(10) (12) 0,1 μF
(11) 14,5 kΩ
(6) 0,1 μF
A OUT1 (14)
A OUT2 (13)
V_{GG} V_{DD} V_{SS} GND A GND D PDE
(15) +12V (23) +5V (22) −5V (8) (21) (24)

b)

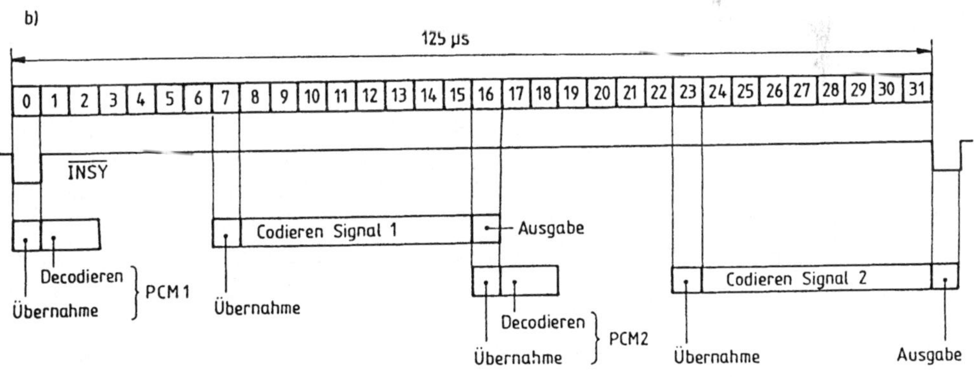

Bild 6.11 PCM-Codec SM 61 C (Siemens)
a) Schaltung b) Zeitlicher Ablaufplan

7 Digitale Schaltnetze

7.1 Grundbegriffe

Positive und negative Logik

Digitale Schaltungen verarbeiten nur Binärzeichen. Das sind solche Signale, die nur zwei Werte annehmen, die meist mit 1 und 0 bezeichnet werden. Sie lassen sich durch zwei Spannungswerte darstellen, von denen unter Berücksichtigung des Vorzeichens der höhere *High* (H) und der niedrigere *Low* (L) heißt.
Die Zuordnung 1 zu H und 0 zu L heißt positive Logik, die Zuordnung 0 zu H und 1 zu L negative Logik. Im folgenden soll nur von der positiven Logik Gebrauch gemacht werden.

Begriff des Schaltnetzes

Unter einem Schaltnetz versteht man eine digitale Schaltung mit n Eingängen und m Ausgängen, die eindeutig und ohne Berücksichtigung früherer Werte in vorgeschriebener Weise aus einem Satz $x_1, x_2 \dots x_n$ der Eingangskombination einen Ausgangssatz $y_1, y_2 \dots y_m$ erzeugt.
Die Vorschrift kann expliziert durch eine Wahrheitstafel gegeben sein oder durch Schaltungsgleichungen der Booleschen Algebra.

7.2 Schaltkreisfamilien

Schaltnetze (und auch Schaltwerke) werden heute in der Regel mit marktgängigen integrierten Schaltkreisen aufgebaut, die in Schaltkreisfamilien zusammengefaßt werden können. Im Handel sind die TTL-(Transistor-Transistor-Logik), die CMOS-(Complementary Metal-Oxide-Silicon) und die ECL-(Emitter-Coupled Logic) Familien, deren Eigenschaften in Bild 7.1 und Bild 7.2 einander gegenübergestellt sind. Alle Schaltungen einer Familie lassen sich grundsätzlich ohne weitere Bauelemente zusammenschalten.

TTL-Familien

Die Standard-TTL-Familie 74XX benutzt gesättigte bipolare Transistoren zur Verknüpfung. Ein High-Pegel am Eingang läßt einen Strom von 20 bis 40 μA in die Schaltung hineinfließen, während bei einem Low-Pegel ein Strom von 1 bis 1,6 mA vom Schaltkreiseingang in die ansteuernde Schaltung herausfließt. Der Ausgang läßt sich in High-Zustand mit 0,4 mA belasten und er kann im Low-Zustand bis zu 16 mA aufnehmen, ohne daß die garantierten Ausgangspegel unter- bzw. überschritten werden.
Die in Bild 7.1 am Beispiel eines Inverters dargestellte übliche sogenannte *Totem-Pole-Schaltung* weist am Ausgang zwei Transistoren T_3 und T_4 auf, die wechselseitig gesättigt werden und so den Ausgang über 130 Ω an die Versorgungsspannung bzw. direkt an

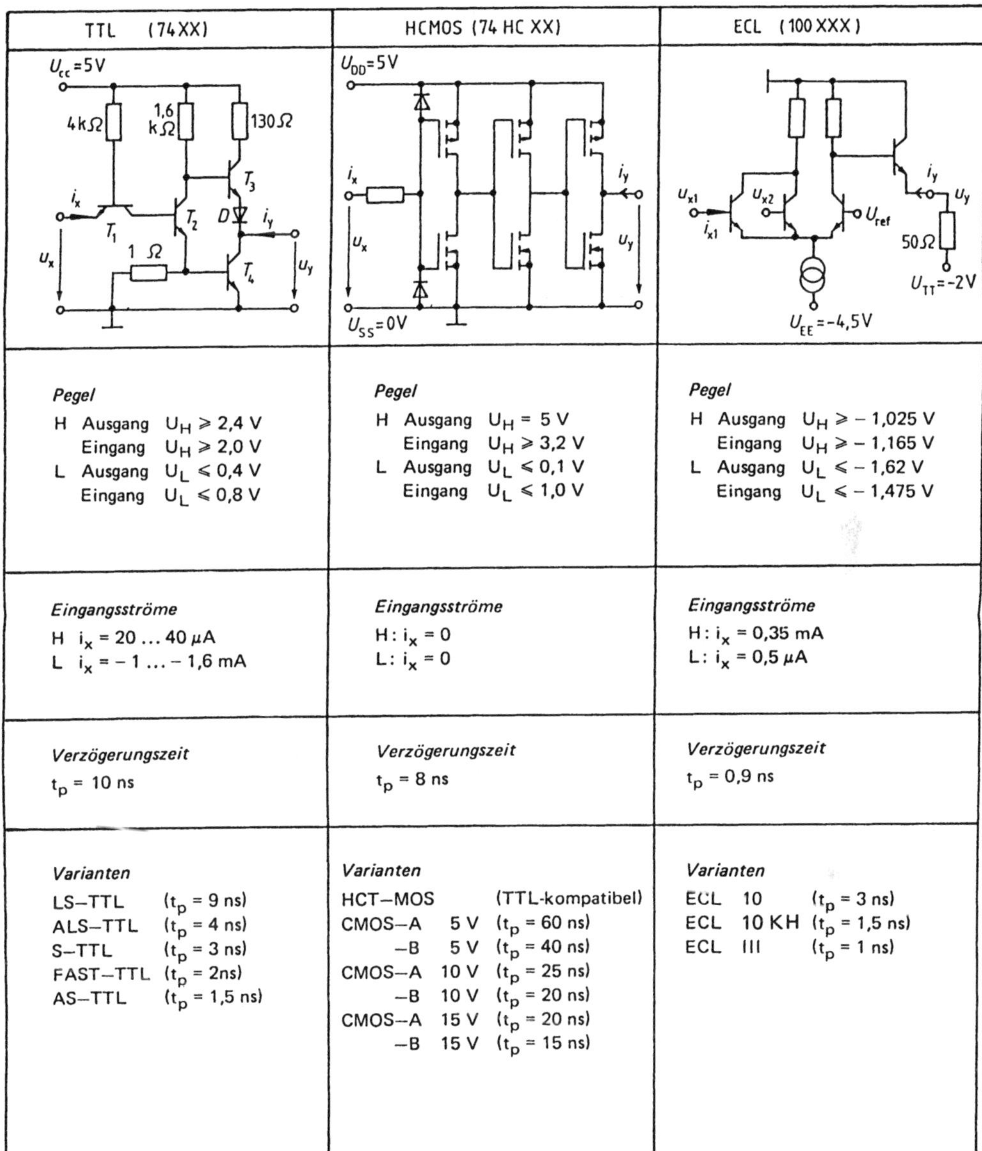

TTL (74XX)	HCMOS (74 HC XX)	ECL (100XXX)
Pegel H Ausgang $U_H \geqslant 2{,}4$ V Eingang $U_H \geqslant 2{,}0$ V L Ausgang $U_L \leqslant 0{,}4$ V Eingang $U_L \leqslant 0{,}8$ V	*Pegel* H Ausgang $U_H = 5$ V Eingang $U_H \geqslant 3{,}2$ V L Ausgang $U_L \leqslant 0{,}1$ V Eingang $U_L \leqslant 1{,}0$ V	*Pegel* H Ausgang $U_H \geqslant -1{,}025$ V Eingang $U_H \geqslant -1{,}165$ V L Ausgang $U_L \leqslant -1{,}62$ V Eingang $U_L \leqslant -1{,}475$ V
Eingangsströme H $i_x = 20 \ldots 40\,\mu$A L $i_x = -1 \ldots -1{,}6$ mA	*Eingangsströme* H: $i_x = 0$ L: $i_x = 0$	*Eingangsströme* H: $i_x = 0{,}35$ mA L: $i_x = 0{,}5\,\mu$A
Verzögerungszeit $t_p = 10$ ns	*Verzögerungszeit* $t_p = 8$ ns	*Verzögerungszeit* $t_p = 0{,}9$ ns
Varianten LS–TTL (t_p = 9 ns) ALS–TTL (t_p = 4 ns) S–TTL (t_p = 3 ns) FAST–TTL (t_p = 2ns) AS–TTL (t_p = 1,5 ns)	*Varianten* HCT–MOS (TTL-kompatibel) CMOS–A 5 V (t_p = 60 ns) –B 5 V (t_p = 40 ns) CMOS–A 10 V (t_p = 25 ns) –B 10 V (t_p = 20 ns) CMOS–A 15 V (t_p = 20 ns) –B 15 V (t_p = 15 ns)	*Varianten* ECL 10 (t_p = 3 ns) ECL 10 KH (t_p = 1,5 ns) ECL III (t_p = 1 ns)

Bild 7.1 Übersicht über die Schaltkreisfamilien TTL, CMOS und ECL

Masse legen. Bei einigen sogenannten *Open-Collector-Schaltkreisen* fehlt der Transistor T_3, damit man mehrere Ausgänge zusammenschalten kann, wie im Beispiel Bild 7.3 dargestellt. Es wird ein externer Widerstand 1 kΩ (Pull-up-Widerstand) zur Versorgungsspannung benötigt.

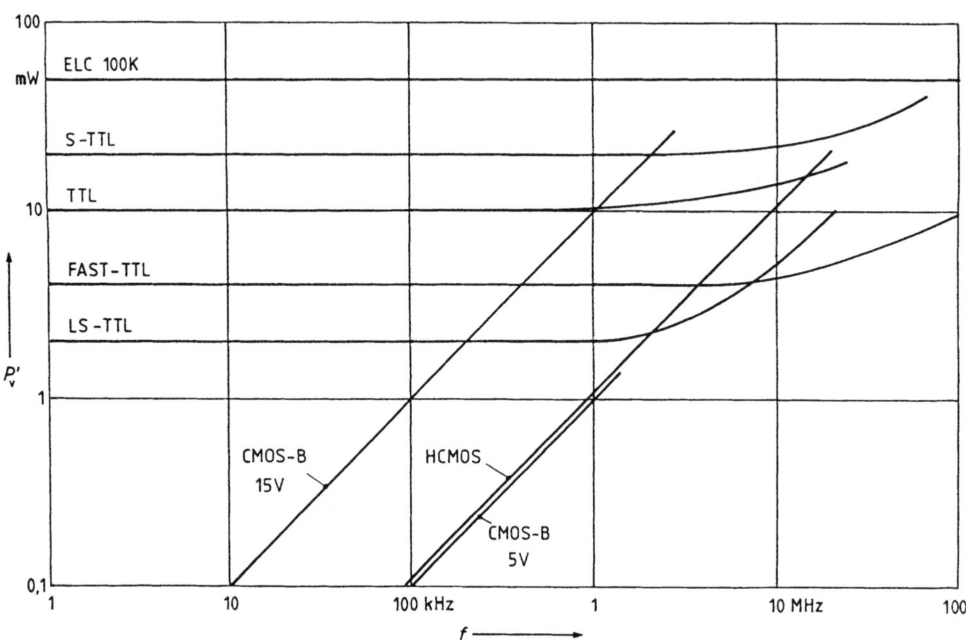

Bild 7.2 Zusammenhang zwischen Verlustleistung je Gatterfunktion P_V' und Schaltgeschwindigkeit f bei wichtigen Schaltkreisfamilien

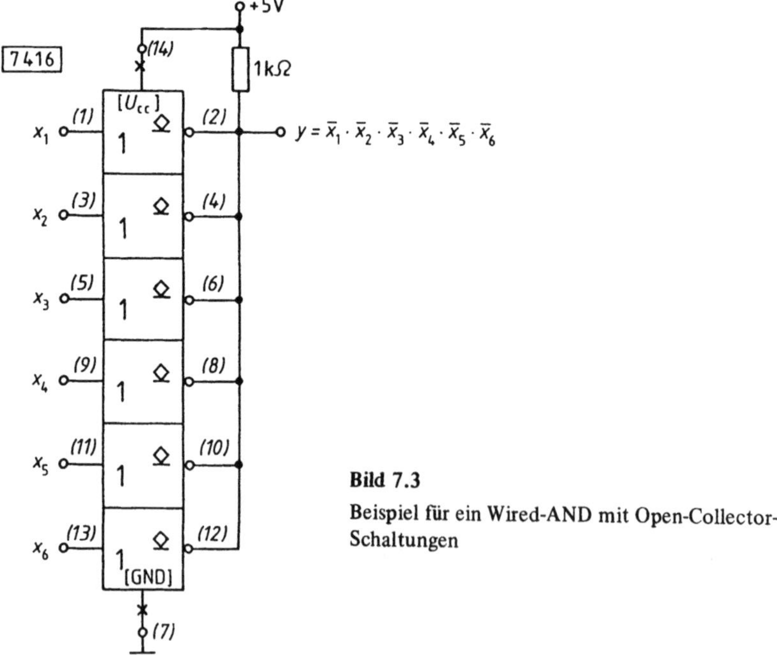

Bild 7.3
Beispiel für ein Wired-AND mit Open-Collector-Schaltungen

Weil der gemeinsame Ausgangspunkt nur dann das Potential H annimmt, wenn alle Schaltkreise H sind, verwirklicht die Zusammenschaltung eine UND-Funktion. Man spricht von einer *Wired-AND-Verknüpfung.* Sie erspart einen gesonderten Schaltkreis, ist dafür aber etwas langsamer als die Totem-Pole-Schaltung. Open-Collector-Schaltkreise werden durch eine Raute mit Basisstrich gekennzeichnet, um darzustellen, daß der Low-Pegel gegenüber einem H-Zustand der parallelgeschalteten Ausgänge dominiert.

Neben Totem-Pole und den Open-Collector-Ausgängen gibt es bei TTL auch *Tri-State-Ausgänge,* die in einen dritten hochohmigen Zustand geschaltet werden und dann denjenigen Ausgangswert annehmen, den die angeschlossene Leitung von einem anderen parallelgeschalteten Ausgang aufgeprägt erhält. Man benutzt solche Elemente in Bussystemen.

Ungesättigte Transistoren schalten schneller vom leitenden in den nichtleitenden Betrieb als gesättigte. Dieser Umstand wird in den Schottky- und Low-Power-Schottky-TTL-Familien ausgenutzt. In ihnen wird eine Schottky-Diode zwischen Kollektor und Basis der Schaltkreistransistoren leitend, sobald das Kollektorpotential unter das Basispotential zu sinken droht und verhindert so die Sättigung.

Man kann durch diese Maßnahme entweder bei gleicher Leistung die Geschwindigkeit steigern (*Schottky-TTL,* 74SXX) oder bei gleicher Geschwindigkeit die Leistung senken (*Low-Power-Schottky-TTL,* 74LSXX).

In jüngster Zeit wurden die TTL-S-Familie zur *Advanced-TTL-S-Familie* (*AS-TTL*) und die TTL-LS-Familie zur *Advanced-TTL-LS-Familie* (*ALS-TTL*) weiterentwickelt. Eine gewisse Sonderstellung nimmt die *FAST* (*Fairchild-Advanced-Schottky-TTL*)-Familie, die bei deutlich niedrigerer Verlustleistung fast die Geschwindigkeit von AS-TTL erreicht.

Alle TTL-Familien können mit den in Tabelle 7.1 angegebenen FAN-OUT-Einschränkungen untereinander zusammengeschaltet werden.

Tabelle 7/1 Zulässiges FAN OUT bei Übergang zwischen TTL-Familien (für FAN IN = 1)

Übergang	FAN OUT	Übergang	FAN OUT
TTL → STTL	8	LSTTL → TTL	5
TTL → ASTTL	20	LSTTL → STTL	4
TTL → LSTTL	20	LSTTL → ASTTL	16
TTL → ALSTTL	20	LSTTL → ALSTTL	20
TTL → FAST	26	LSTTL → FAST	13
STTL → TTL	12	ALSTTL → TTL	5
STTL → ASTTL	40	ALSTTL → STTL	4
STTL → LSTTL	50	ALSTTL → ASTTL	16
STTL → ALSTTL	50	ALSTTL → LSTTL	20
STTL → FAST	32	ALSTTL → FAST	13
ASTTL → TTL	12	FAST → TTL	12
ASTTL → STTL	40	FAST → STTL	10
ASTTL → LSTTL	50	FAST → ASTTL	40
ASTTL → ALSTTL	50	FAST → LSTTL	50
ASTTL → FAST	32	FAST → ALSTTL	150

CMOS-Familien

Die CMOS-Familien benutzen ausschließlich geschaltete P-Kanal- und N-Kanal-Feldeffekttransistoren vom Anreicherungstyp. Der Eingangsstrom ist statisch Null, lediglich beim Schalten fließt ein kurzzeitiger Umladestrom. Die Ausgangstransistoren schalten wechselseitig entweder die Versorgungsspannung U_{DD} oder die Bezugsspannung U_{SS} (in der Regel $U_{SS} = 0$) auf den Ausgang durch.
Als Hauptvertreterin ist in Bild 7.1 die *HCMOS*- (*High-Speed-CMOS*)Familie dargestellt, die bei hoher Geschwindigkeit stärker belastbar ist als die älteren Familien CMOS A und CMOS B. Die Familie HCT-CMOS hat TTL-gleiche Pegel und ist im Gegensatz zu HCMOS bei sonst ähnlichen Eigenschaften voll TTL-kompatibel.

ECL-Familien

Es handelt sich hier um eine nicht gesättigte Logik mit einem Differenzverstärker als Kern, in dem ein Konstantstrom zwischen den emittergekoppelten Transistoren umgeschaltet wird. Wegen der hohen Schaltgeschwindigkeit sind Eingänge und Ausgänge über reflexionsfrei abgeschlossene homogene Leitungen, z. B. Mikrostreifenleitungen, zu verbinden. Der Abschlußwiderstand liegt, um Leistung zu sparen, nicht an der Versorgungsspannung U_{EE}, sondern an einer höheren Hilfsspannung $U_{TT} = -2$ V.
Die in Bild 7.1 herausgestellte Familie 100K (Bezeichnungen 100 XXX) ist die modernste. Sie bietet ein gutes Leistungs-Geschwindigkeits-Verhältnis.

7.3 Zuordner

Ein Zuordner hat n Eingänge $x_1, x_2 \dots x_n$ und einen Ausgang y. Der Ausgang soll nur dann $y = 1$ werden, wenn eine bestimmte zugeordnete Eingangskombination anliegt.
Die Grundschaltung des Zuordners besteht aus einem AND mit n Eingängen, denen die Variablen x_ν direkt (für $x_\nu = 1$) oder über einen Inverter (für $x_\nu = 0$) zugeführt werden. Bild 7.4a zeigt ein Beispiel, in dem die AND-Verknüpfung durch ein NAND mit nachfolgendem Inverter realisiert ist.
Übersteigt n die Anzahl der zur Verfügung stehenden AND-Eingänge, wird ein Zuordnerbaum nach Bild 7.4b verwendet, der die benötigte AND-Schaltung nachbildet. Er beginnt mit einem Satz NAND-Schaltungen, deren Ausgänge von NOR-Schaltungen zusammengefaßt werden. Die Schaltung verjüngt sich über weitere NAND-NOR-Paare bis zum Ausgang y, wobei das letzte NOR zu einem Inverter entarten kann.

7.4 Codierer und 1-aus-n-Decodierer

Codierer

Ein Codierer setzt Buchstaben, Ziffern oder andere Zeichen in den entsprechenden Code um. Für jedes zu codierende Zeichen ist ein Eingang vorgesehen. Liegt er auf 1 und alle anderen Eingänge auf 0, erscheint an allen Ausgängen das zugeordnete Codezeichen. Ein Codierer mit n Eingängen muß mindestens $m = \text{ld}\, n$ Ausgänge haben, wenn jedem Zeichen ein anderer Code zugeordnet werden soll.

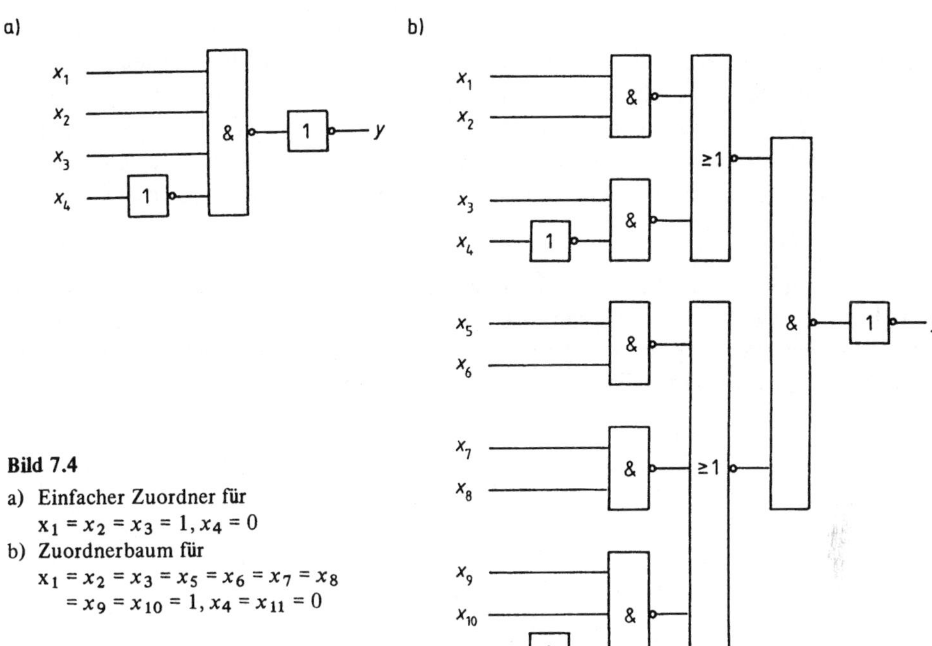

Bild 7.4

a) Einfacher Zuordner für $x_1 = x_2 = x_3 = 1, x_4 = 0$

b) Zuordnerbaum für $x_1 = x_2 = x_3 = x_5 = x_6 = x_7 = x_8 = x_9 = x_{10} = 1, x_4 = x_{11} = 0$

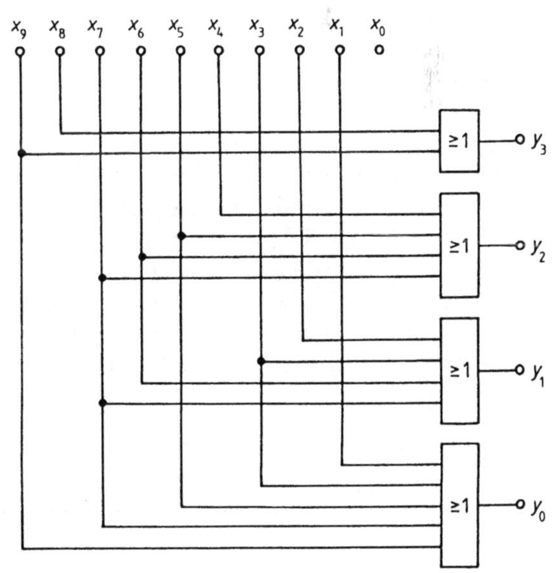

Bild 7.5

BCD-Codierer

Einfache Codierer bestehen aus m OR-Schaltungen, mit denen die m Stellen des Codewortes gebildet werden. Jeder Eingang des Codierers wird mit einem Eingang derjenigen OR-Schaltung verbunden, an deren Ausgang er eine 1 erzeugen muß. Bild 7.5 zeigt als Beispiel einen BCD-Codierer, der die zehn Ziffern 0 bis 9 in die Codeworte 0000 bis 1001 umsetzt. Hierbei entspricht der Eingang x_0 der Ziffer 0, der Eingang x_1 der Ziffer 1 und so fort. Der Ausgang y_3 gehört zur höchsten, der Ausgang y_0 zur niedrigsten Stelle.

1-aus-n-Decodierer

Die Umkehrung des Codierers ist der 1-aus-n-Decodierer. Liegt an den Eingängen ein m-stelliges Codewort an, so wird derjenige Ausgang auf 1 geschaltet, der ihm zugeordnet ist. Alle anderen Ausgänge gehen auf 0. 1-aus-n-Decodierer lassen sich nach Bild 7.6 durch einen Satz eingangsseitig parallelgeschalteter Zuordner konstruieren.

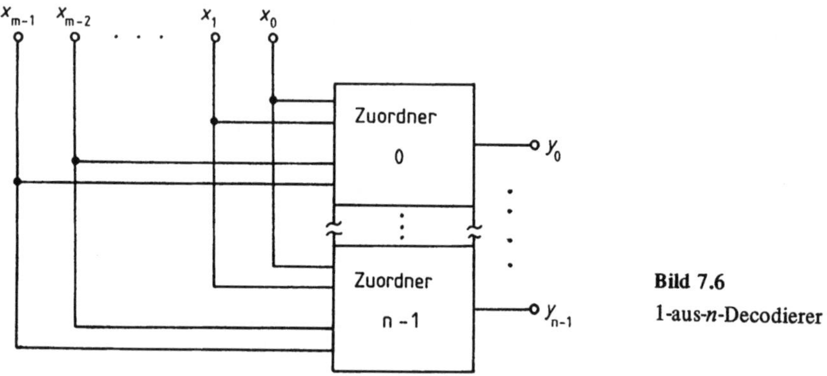

Bild 7.6
1-aus-n-Decodierer

Als integrierte Schaltungen sind handelsüblich 1-aus-n-Decodierer für $n = 4$ (z. B. 74 HC 139), $n = 8$ (z. B. 74 HC 138) und $n = 10$ (z. B. 74 HC 42). In der Regel sind zusätzliche Enable-Eingänge vorgesehen. Nur wenn an ihnen ein bestimmtes Enable-Wort anliegt, ist die Decodierfunktion freigegeben, sonst werden alle Ausgänge auf 0 gelegt. Hiermit lassen sich die Schaltungen kaskadieren. Bild 7.7 zeigt als Beispiel die Anwendung des Bausteins 74 HC 138 zur Decodierung der Dualzahlen von 0 bis 15. Das Enablewort ist $E_1 = 1$, $\overline{E}_2 = \overline{E}_3 = 0$. Die linke Schaltung decodiert alle Eingangsorte mit $x_3 = 0$, die rechte alle mit $x_3 = 1$. Wegen der Ausgangsinvertierung wird ein ausgewählter Ausgang nicht auf $y = 1$ sondern auf $y = 0$ geschaltet, während alle anderen Ausgänge 1 sind.

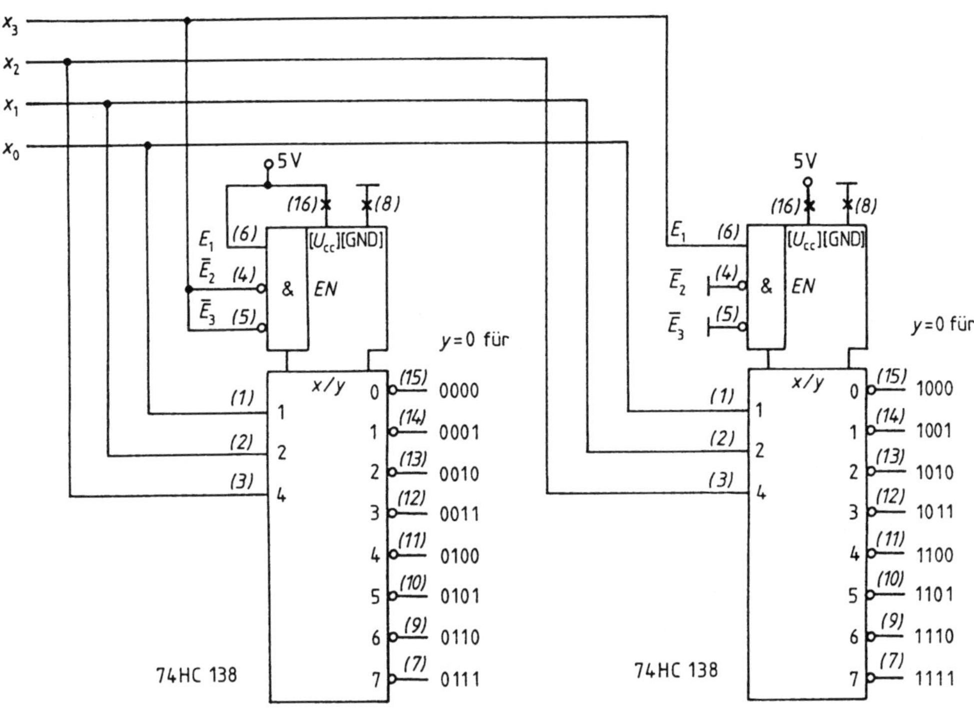

Bild 7.7 Decodierung der Dual-Zahlen von 0 bis 15 mit dem 1-aus-8-Decoder 74 HC 138

7.5 Vergleicher

Vergleicher sind Schaltungen, die aus zwei Dualzahlen $A = a_n a_{n-1} \dots a_1 a_0$ und $B = b_n b_{n-1} \dots b_1 b_0$ mit den höchstwertigen Stellen a_n bzw. b_n und den niederwertigsten Stellen a_0 bzw. b_0 ein Ausgangswort erzeugen, das angibt, ob $A > B$, $A = B$ oder $A < B$ ist. Das Ergebnis läßt sich am bequemsten über drei Ausgänge W, Y, Z mit folgender Bedeutung anzeigen:

$$W = 1,\ Y = 0,\ Z = 0:\quad A > B$$
$$W = 0,\ Y = 1,\ Z = 0:\quad A = B$$
$$W = 0,\ Y = 0,\ Z = 1:\quad A < B.$$

Einige integrierte Schaltungen, z. B. 74 HC 85 haben Erweiterungseingänge, die eine Kaskadierung wie in Bild 7.8 gestatten. Die erste Stufe ist durch *M1* = 0, *M2* = 1 und *M3* = 0 auf den Normalmodus *M2* eingestellt. Sie vergleicht die vier niederwertigen Stellen der Dualzahlen und steuert mit dem Ergebnis den Modus der nachfolgenden Stufe. Bei Gleichheit ist es wieder der Normalmodus *M2*, so daß die höherwertigen Bits für sich allein das Ergebnis bestimmen. Wurde in der Vorstufe $A > B$ gefunden, arbeitet die betrachtete Stufe im Modus *M1*, für $A < B$ im Modus *M3*. In beiden Modi wird grundsätzlich $y = 0$. Bei *M1* wird $W = 1$, $Z = 0$, wenn $A \geqslant B$ ist, in *M3* wird $W = 0, Z = 1$, wenn $A \leqslant B$ ist. Es erscheint so an den Ausgängen W, Y, Z der Kaskade das alle Stellen berücksichtigende Vergleichsergebnis.

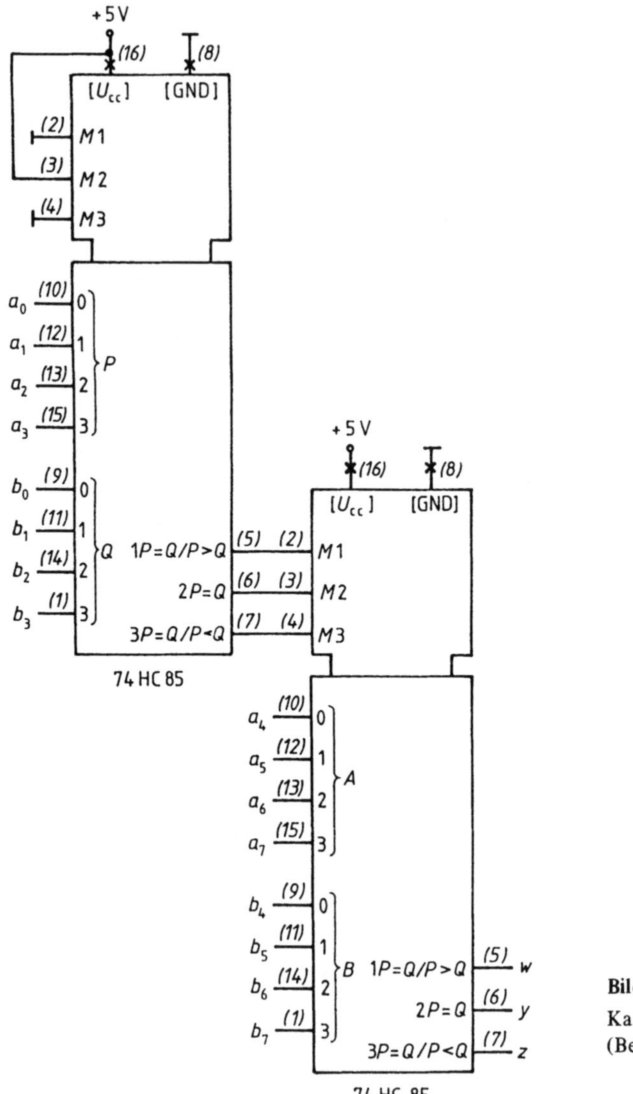

Bild 7.8
Kaskadierung von Vergleichern (Beispiel: 74 HC 85)

7.6 Addierer und Subtrahierer

Ein Addierer ist eine Schaltung, die aus 2 Dualzahlen $A = a_n a_{n-1} \ldots a_0$ und $B = b_n b_{n-1} \ldots b_0$ die Summe $C = c_n c_{n-1} \ldots c_0$ und ein Übertrag $c_ü$ bildet. Man nennt einen Addierer aus historischen Gründen auch *Volladdierer,* weil er früher aus Teilschaltungen, den *Halbaddierern* zusammengesetzt werden mußte. Heute stehen Addierer in integrierter Form für 1-, 2- und 4-stellige Dualzahlen zur Verfügung. Man kann sie leicht kaskadieren, um zu höheren Stellenzahlen zu kommen.

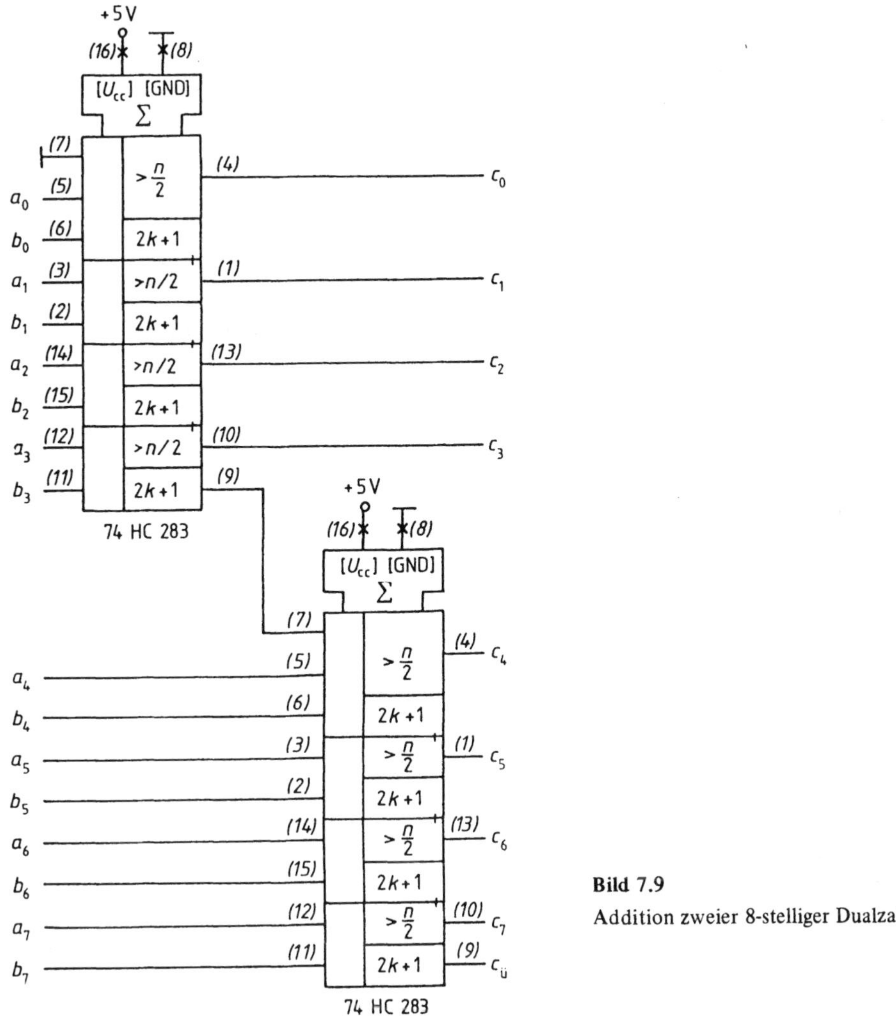

Bild 7.9
Addition zweier 8-stelliger Dualzahlen

Bild 7.9 zeigt eine Anordnung zur Addition achtstelliger Zahlen mit zwei 4-Bit-Addierern 74 HC 283.

Mit Addierern kann auch subtrahiert werden. Man wandelt dazu den Subtrahenden in den sogenannten Zweierkomplement-Darstellung in eine negative betragsgleiche Zahl um und addiert beide Werte.

Die Zweierkomplement-Darstellung ist einfach: Die erste, sonst höchstwertige Stelle, zeigt das Vorzeichen an. Eine 1 bedeutet negatives Vorzeichen, eine 0 positives Vorzeichen oder Null. Der negative Wert einer Zahl wird durch Inversion aller Bits und Additionen einer 1 gebildet. Ergibt die Addition einen Überlauf über die Vorzeichenstelle hinweg, so fällt er weg.

▶ **Beispiel**

$$\begin{aligned} 126 &= 0111\ 1110 \\ -126 &= (1000\ 0001) + 1 = 1000\ 0010 \\ -(-126) &= (0111\ 1101) + 1 = 0111\ 1110 \\ 126 + (-126) &= 0111\ 1110 + 1000\ 0010 = 0000\ 0000 = 0 \end{aligned}$$

Sowohl beim Addieren als auch beim Subtrahieren muß dafür Sorge getragen werden, daß der zulässige Wertebereich nicht überschritten wird, weil sonst der Addierer ein falsches Ergebnis ausgibt.
Arbeitet man nur mit positiven Zahlen, zeigt der Überlauf aus der höchsten Stelle ein ungültiges Ergebnis an. Verwendet man die Zweierkomplement-Darstellung, ist das Kriterium für Überschreitung des zulässigen Zahlenbereichs die Antivalenz der Überläufe in die Vorzeichenstelle und aus der Vorzeichenstelle. Wenn, wie im Beispiel der Schaltung 74 HC 283 nur einer dieser beiden Überläufe zur Verfügung steht, addiert man die Vorzeichenstelle in einer gesonderten Schaltung und vergleicht dort die Überläufe am Eingang und Ausgang in eine Exclusive-OR-Schaltung. Bei Nichtübereinstimmung zeigt sie mit 1 an, daß der zulässige Zahlenbereich überschritten ist. ◀

7.7 Multiplizierer

Das Produkt zweier Dualziffern a_ν und b_ν ist dann 1, wenn a_ν und b_ν zugleich 1 sind. Sonst ist es 0. Die Ziffern-Multiplikation ist also eine AND-Verknüpfung. Die Multiplikation zweier mehrstelliger Dualzahlen $a_n a_{n-1} \dots a_0$ und $b_n b_{n-1} \dots b_0$ läßt sich auf Ziffern-Multiplikationen $a_\nu b_\mu$ und Additionen nach folgendem Schema zurückführen:

$$\begin{array}{cccccccc}
 & a_n a_{n-1} & \dots & a_1 a_0 \quad \times & b_n b_{n-1} & \dots & & b_1 b_0 \\
\hline
 & & & (a_n b_0) & (a_{n-1} b_0) & \dots & (a_1 b_0) & (a_0 b_0) \\
 & & (a_n b_1) & (a_{n-1} b_1) & \dots & \dots & (a_0 b_1) & \\
 & & & & \dots & & & \\
 & (a_n b_n) & \dots & (a_0 b_n) & & & & \\
\hline
d_{2n+1} & d_{2n} & \dots & d_n & \dots & & d_1 & d_0
\end{array}$$

Die Ziffern d_ν des Ergebnisses sind

$$\begin{array}{llllll}
d_0 & = a_0 b_0 & & & & \\
d_1 & = a_0 b_1 & + a_1 b_0 & & & \\
d_2 & = a_0 b_2 & + a_1 b_1 & & + a_2 b_0 & + ü_1 \\
\dots & \dots & \dots & & \dots & \dots \\
d_n & = a_0 b_n & + a_1 b_{n-1} & & + a_n b_0 & + ü_{n-1} \\
d_{n+1} & = & a_1 b_n & & + a_n b_1 & + ü_n \\
\dots & \dots & \dots & & \dots & \dots \\
d_{2n} & = & & & a_n b_n & + ü_{2n-1} \\
d_{2n+1} & = & & & & ü_{2n}
\end{array}$$

Man kann nach diesen Gleichungen Schaltungen für die einzelnen Ziffern des Produktes bilden.
Es gibt integrierte Schaltungen, die bis zur Stellenzahl 16 x 16 Multiplikationen durchführen. Als Beispiel sei der 8 x 8-Multiplizierer 67 558 der Firma Monilithic Memories betrachtet, vgl. Bild 7.10. Er ist in der Lage, 8stellige Dualzahlen $A = a_7 \dots a_0$ und $B = b_7 \dots b_0$ in gewöhnlicher oder Zweierkomplement-Darstellung zu multiplizieren. Der gewünschte Modus wird über die Eingänge a_M und b_M eingestellt, wobei jeweils eine 1 auf Zweierkomplement-Rechnung umschaltet. Mit $R_n = 1$ bzw. $R_s = 1$ kann das Ergebnis in der gewöhnlichen bzw. der Zweierkomplement-Darstellung gerundet werden. Das höchstwertige Bit des Ergebnisses steht auch invertiert zur Verfügung, weil, wie hier nicht näher erläutert werden soll, dadurch die Kaskadierung im Zweierkomplement-Modus erleichtert wird.

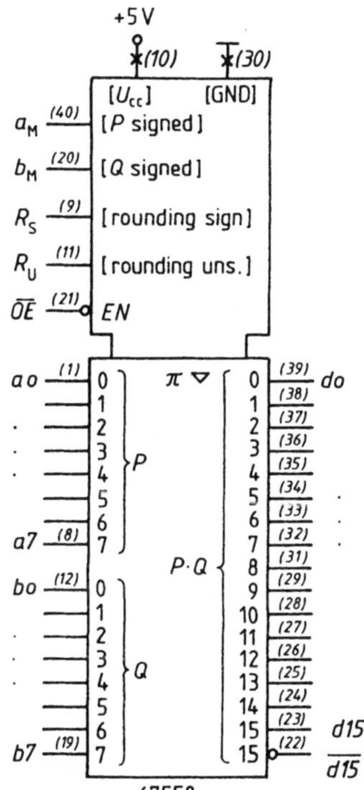

Bild 7.10
Multiplizierer für zwei 8-stellige Dualzahlen (67 555 Fa. Monolithics Memories)

7.8 Paritätsprüfer

Bei der fehlergesicherten Datenübertragung wird jedes Datenwort durch ein Zusatzbit, das Paritätsbit, auf eine gerade Anzahl von 1-en ergänzt. Auf der Empfangsseite wird geprüft, ob alle eintreffenden (ergänzten) Datenworte eine gerade Anzahl von 1-en aufweisen. Ist dies nicht der Fall, war die Übertragung fehlerhaft.
Man kann auch auf eine ungerade Anzahl von 1-en ergänzen und prüfen.

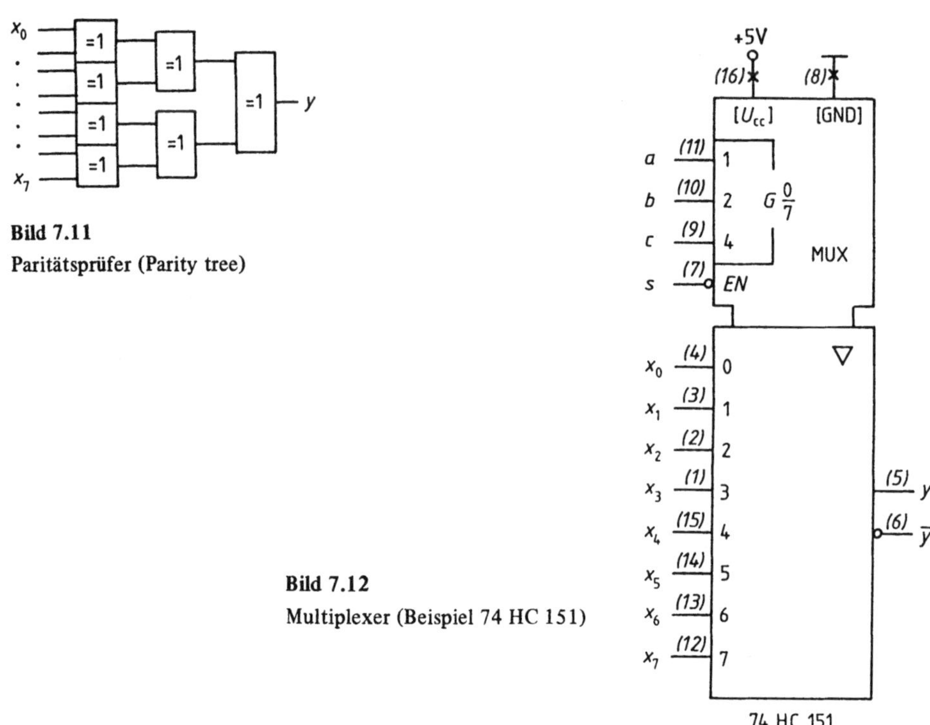

Bild 7.11
Paritätsprüfer (Parity tree)

Bild 7.12
Multiplexer (Beispiel 74 HC 151)

Das Paritätsbit wird durch einen Baum von Antivalenz-Schaltungen (*Parity tree*) nach Bild 7.11 erzeugt. Es gibt auch integrierte Paritätsprüfer für verschiedene Wertlängen, z. B. die Schaltung 74 HC 688, die 8-Bit-Worte vergleicht und einen Erweiterungseingang zur Kaskadierung besitzt.

7.9 Multiplexer und Demultiplexer

Multiplexer

Ein Multiplexer wählt aus n Dateneingängen einen aus und schaltet ihn zum Ausgang durch. Die nicht ausgewählten Eingänge haben keinen Einfluß auf das Ausgangssignal. Es gibt integrierte Multiplexer für 2, 4, 8 und 16 Eingänge. Bild 7.12 zeigt als Beispiel die Schaltung 74 HC 151. Das Ausgangssignal steht auch invertiert zur Verfügung. Über einen Strobe-Eingang lassen sich die Ausgänge auf $y = 0, \bar{y} = 1$ unabhängig von den Eingängen schalten.

Demultiplexer

Ein Demultiplexer schaltet einen Dateneingang wahlweise auf einen von n Ausgängen durch. Decodierer erfüllen die Demultiplexerfunktion, wenn man den Eingangscode als Auswahlkriterium benutzt und den Enable-Eingang als Dateneingang.

7.10 Allgemeines Schaltnetz, Codeumsetzer

Das allgemeine Schaltnetz mit n Eingängen, m Ausgängen und vorgeschriebener Wahrheitstafel läßt sich mit integrierten Schaltungen auf vier verschiedene Weisen verwirklichen.

1. Durch Zusammenbau aus üblichen integrierten Bausteinen mit fester Funktion
2. Durch einen programmierbaren Festwertspeicher (Programmable Read Only Memory, PROM)
3. Durch eine programmierbare Logikschaltung (Programmable Logic Array, PLA)

Die Möglichkeiten Nr. 2 und 3 sollen näher erläutert werden.

PROM

Ein PROM, vgl. Bild 7.13, hat n Eingänge, genannt Adreßeingänge und m Ausgänge. In einem festen UND-Feld werden alle möglichen 2^n Minterme (Konjunktionen der Eingangsvariablen und ihrer Negationen) $\bar{x}_0\bar{x}_1 \ldots \bar{x}_n$ bis $x_0x_1 \ldots x_n$ gebildet.
Eine Matrix führt diese Minterme über ausbrennbare Verbindungen den Eingängen eines ODER-Blocks zu, dessen Ausgänge über $\overline{CS} = 1$ hochohmig geschaltet werden können. Dieses ODER-Feld wird nun so programmiert, daß von außen (durch Anlegen von Überspannungen nach einem vom Hersteller spezifizierten Verfahren) alle diejenigen Verbindungen ausgebrannt werden, die zur Bildung der Ausgangsfunktion nicht benötigt werden.
Ein PROM arbeitet so, als ob mit der Adresse $x_0 \ldots x_n$ der feste Inhalt $y_0 \ldots y_m$ einer Speicherzelle aufgerufen werden würde. Daher rührt die Bezeichnung Festwertspeicher oder Read Only Memory.

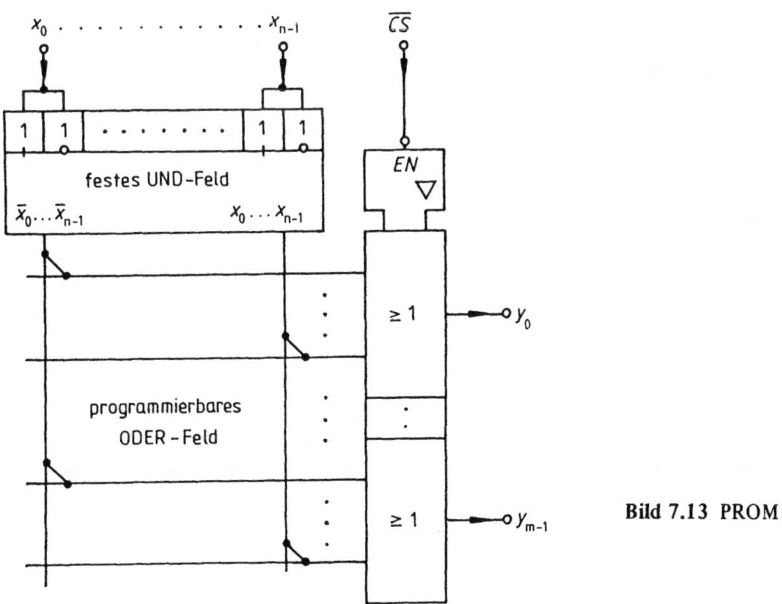

Bild 7.13 PROM

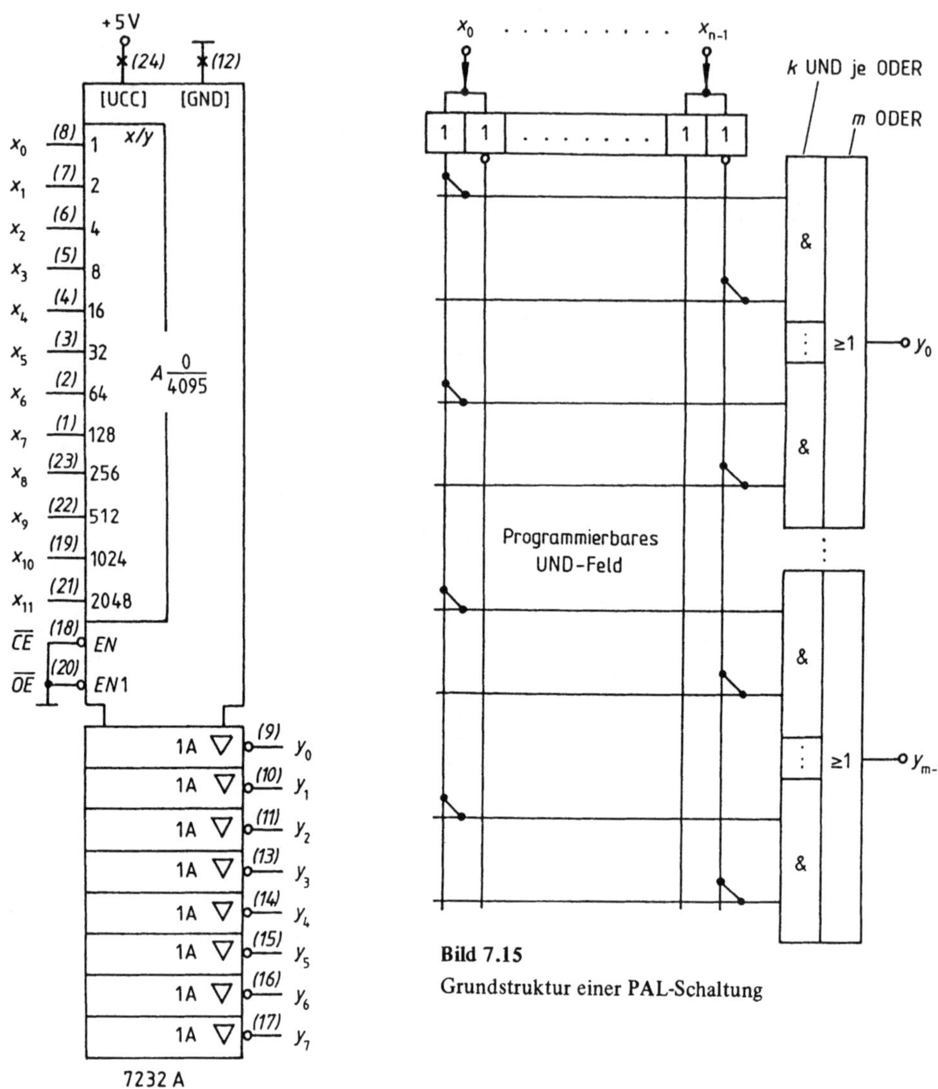

Bild 7.14 EPROM (Beispiel 2732 A)

Bild 7.15 Grundstruktur einer PAL-Schaltung

Eine Weiterentwicklung ist der wiederprogrammierbare Festwertspeicher (REPROM, Reprogrammable Read Only Memory), dessen Verbindungen im ODER-Feld durch auf- und entladbare MOS-Strecken hergestellt werden. Diese Strecken werden während der Programmierung geladen und damit leitend gemacht. Durch UV-Bestrahlung lassen sich die Ladungen wieder löschen.

Im Beispiel Bild 7.14 wirkt das REPROM 2732A (Intel) als allgemeines Schaltnetz mit den Eingängen $x_0 \dots x_{11}$ und den Ausgängen $y_0 \dots y_7$. Die Freigabe-Eingänge $\overline{CE}$ und $\overline{OE}$ liegen auf 0. Würden sie auf 1 liegen, wären die Ausgänge hochohmig.

Die gewünschte Schaltfunktion wird in folgender Weise programmiert:

1. Bestrahlung mit UV-Licht. Dadurch werden alle Ausgänge auf 1 eingestellt.
2. Anlegen einer Spannung von 22V an Anschluß 20 ($\overline{OE}$), während Anschluß $\overline{CE}$ = 1 ist.
3. Anlegen einer Eingangskombination $x_0 \dots x_n$ und der gewünschten Ausgangskombination $y_0 \dots y_m$.
4. Anlegen eines 50 ms langen Impulses $\overline{CE}$ = 0 an Anschluß 18.

Es werden alle Eingangskombinationen aufgerufen, für die am Ausgangswort eine 0 enthalten ist. Die Verzögerungszeit zwischen Anlegen der Eingangskombination $x_0 \dots x_n$ und dem Erscheinen des Ergebnisses $y_0 \dots y_m$ beträgt 250 ns. Sie ist also Größenordnungen höher als bei typischen Verknüpfungsschaltungen in CMOS oder TTL.

PLA

Eine programmierbare Logikschaltung unterscheidet sich von einem programmierbaren Festwertspeicher dadurch, daß nicht mit einem festen, sondern einem programmierbaren UND-Feld gearbeitet wird, während das ODER-Feld entweder programmierbar (FPLA, Field Programmable Logic Array) oder fest verdrahtet (PAL, Programmable Array Logic) ist.
Mit PLA-Schaltungen können meist dann preiswertere Lösungen als mit PROM-Schaltungen gefunden werden, wenn in den Ausgangsspalten der Wahrheitstafel das Verhältnis der 0- und 1-Werte stark unsymmetrisch ist, also wenn entweder nur wenige 1-en oder nur wenige 0-en vorhanden sind.
Wir betrachten in Bild 7.15 die Grundstruktur einer PAL-Schaltung. Die n Eingangsgrößen $x_0 \dots x_{n-1}$ werden direkt und invertiert auf Spaltenleitungen gegeben, von denen ausbrennbare Verbindungen zu UND-Schaltungen mit je $2n$ Eingängen führen, deren Ausgänge disjunktiv zum Ergebnis $y_0 \dots y_{m-1}$ verknüpft sind.
Kenngrößen einer PAL-Schaltung sind

- n Anzahl der Eingänge
- m Anzahl der ODER-Schaltungen und damit der Ausgänge
- k Anzahl der UND-Schaltungen je ODER-Schaltung

Mit jeder PAL-Schaltung können somit m verschiedene Schaltkreisfunktionen der Struktur

$$y = A_0 + A_1 + \dots + A_x \dots A_k \qquad (7.10/1)$$

verwirklicht werden, wobei A_x eine beliebige UND-Verknüpfung der Eingangsvariablen $x_0 \dots x_{n-1}$ und ihrer Inversionen $\bar{x}_0 \dots \bar{x}_{n-1}$ ist.
Soll beispielsweise die Schaltungsfunktion

$$y = x_0 x_1 x_2 \bar{x}_3 x_4 x_5 \bar{x}_6 x_7 x_8 x_9 x_{10} x_{11} + x_1 \bar{x}_2 x_3 x_4 x_5 + x_1 x_2 x_3 + \bar{x}_1 x_2$$

verwirklicht werden, benötigen wir eine PAL-Schaltung mit mindestens n = 12 Eingängen und k = 4 UND-Schaltungen je ODER-Schaltung. Ein geeigneter Typ ist die LS-TTL-kompatible Schaltung PAL 12H6 der Firma Monolithics Memories, vgl. Bild 7.16, mit n = 12, k = 4/2, m = 2. Sie hat eine Verzögerungszeit von t_p = 25 ns. Es wird einer der beiden Ausgänge mit k = 4 benötigt. In Bild 7.17 ist mit einem Kreuz (x) eingezeichnet, welche Verbindungen erhalten bleiben müssen. Gelöscht werden müssen die Verbindun-

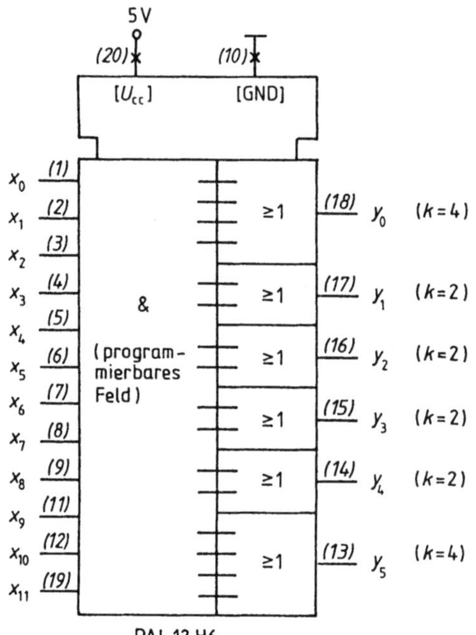

Bild 7.16
Beispiel einer PAL-Schaltung
(APL 12 H6 Monolithic Memories)

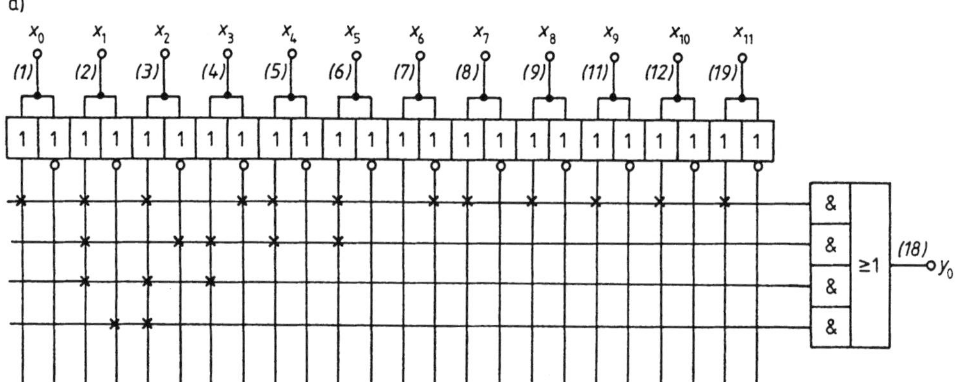

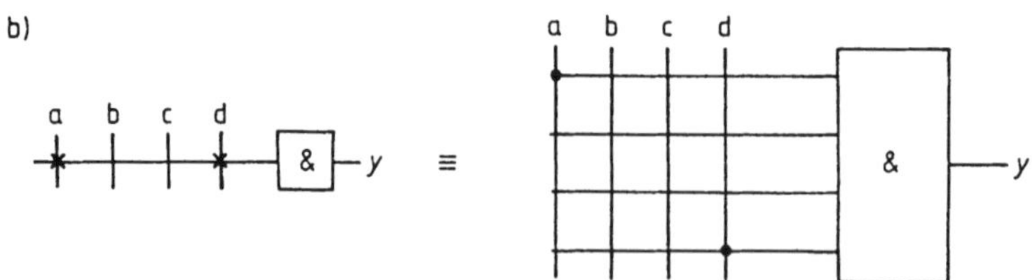

Bild 7.17 Verbindungsschema einer PAL-Schaltung
a) Beispiel
b) Abkürzende Kennzeichnung der Verbindungen

gen aller unmarkierten Kreuzungen. Nicht benutzt UND-Funktionen bleiben mit allen x- und $\bar{x}$-Spaltenleitungen verbunden und ergeben dadurch immer 0.
Man löscht die nicht gewünschten Verbindungen durch Anlegen von Überspannungen an bestimmten Signaleingängen (x_0 bis x_{15}) und Ausgängen (y_0, y_1) nach einem vom Hersteller genau angegebenen Programm.

7.11 Übergangsschaltungen

Verwendet man in Schaltnetzen verschiedenartige Schaltkreisfamilien, benötigt man Übergangsschaltungen. In Bild 7.18 und 7.19 sind die Verbindungsmöglichkeiten zwischen TTL und CMOS dargestellt.
ECL-Schaltungen werden über spezielle integrierte TTL/ECL- und ECL/TTL-Umsetzer (10124 und 10125) gekoppelt.
Verschiedene Schaltungsfamilien sollten aus Gründen der gegenseitigen Störbeeinflussung möglichst nicht auf der gleichen Leiterplatte untergebracht werden. Dies betrifft insbesondere die Kombination mit ECL-Familien, die nur geringe statische und dynamische Störabstände besitzen.

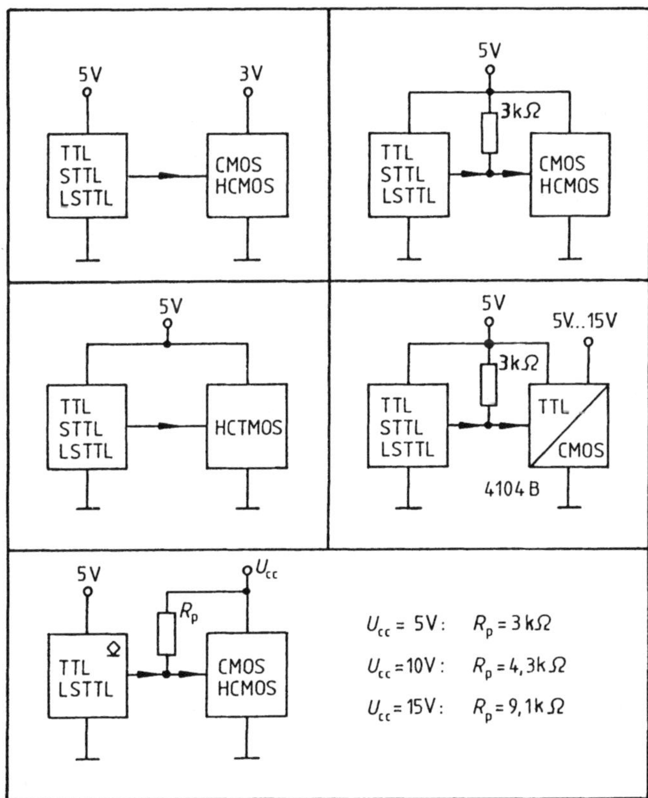

Bild 7.18 Übergangsschaltungen von TTL auf CMOS

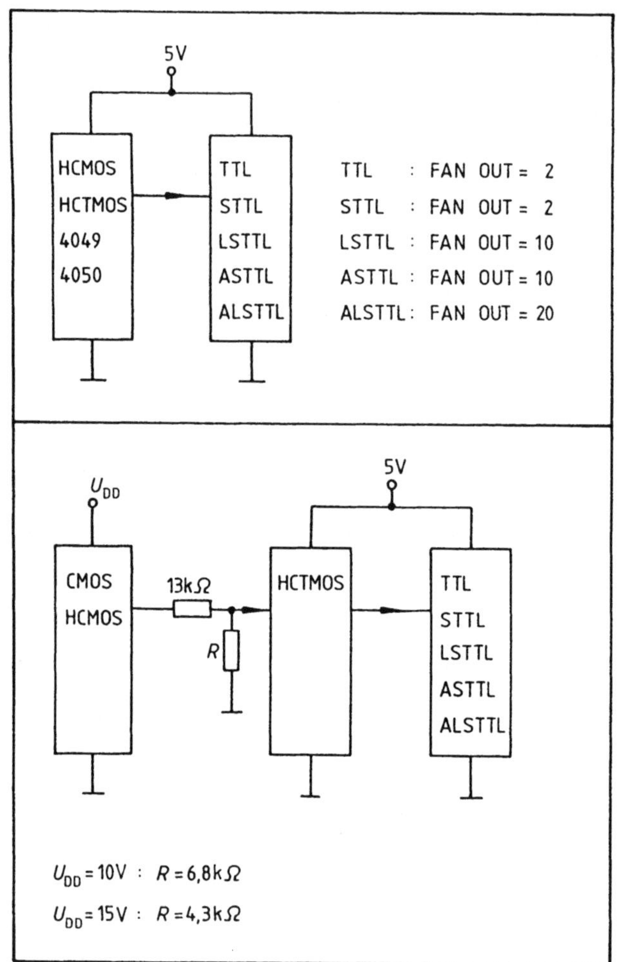

Bild 7.19
Übergangsschaltungen von CMOS auf TTL

8 Digitale Schaltwerke und Zeitglieder

8.1 Grundbegriffe

Schaltwerke entstehen aus Schaltnetzen durch Rückführung eines Ausganges auf einen Eingang. Das Ausgangsergebnis hängt dann nicht nur von der momentan angelegten Eingangskombination, sondern auch vom vorherigen Wert des zurückgeführten Ausgangs ab, d. h. von der Vorgeschichte. Ein Schaltwerk kann so Information speichern.
Die wichtigsten elementaren Schaltwerke sind:

Flip-Flops (Speicherung eines einzelnen Bits),

Register (Speicherung einer Bitkombination),

Schieberegister (Speicherung mit parallelem Eingang und seriellem Ausgang oder umgekehrt),

Zähler (zählender Speicher)

Random-Access-Memory oder RAM (Speicherung in adressierbare Zellen),

First-In-First-Out oder FIFO-Memory (Speicherung mit voneinander unabhängigen seriellen Ein- und Ausgängen).

Verwandt mit den Schaltwerken sind Zeitglieder, die verzögern oder Impulse und Impulsfolgen, deren Dauer und Abstand wählbar ist, erzeugen.

8.2 Flip-Flops

RS-Flip-Flop

Ein RS-Flip-Flop hat zwei Eingänge S und R sowie zwei Ausgänge Q und Q^*. Es kann die Kombinationen $S, R = 1, 0$ und $S, R = 0, 1$ wie folgt speichern:

$t = t_n$				$t = t_{n+1}$			
S	R	Q	Q^*	R	S	Q	Q^*
1	0	1	0	0	0	1	0
0	1	0	1	0	0	0	1

Bild 8.1 zeigt das Schaltungssymbol und zwei Schaltungsvarianten. Legt man an die Eingänge $R = 1$, $S = 1$, werden die Ausgänge $Q = 0$, $Q^* = 0$, jedoch bleibt dieser Zustand nicht gespeichert, wenn man anschließend auf $R = 0, S = 0$ zurückschaltet.
In der Schaltung 8.1c kann man die Eingangsinverter auch weglassen und dafür mit den inversen Signalen $\overline{R}$, $\overline{S}$ ansteuern. RS-Flip-Flops sind nicht integriert erhältlich und müssen nach Bild 8.1 aus Gattern zusammengesetzt werden.

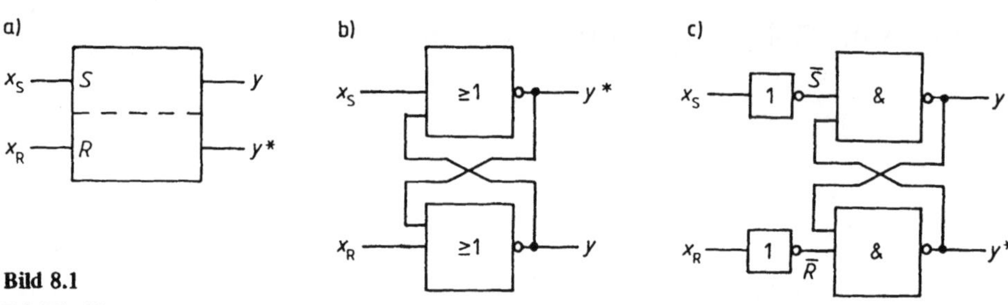

Bild 8.1
RS-Flip-Flop
a) Symbol
b) Aufbau aus NOR-Gattern
c) Aufbau aus NAND-Gattern und Invertern

Taktzustandsgesteuertes D-Flip-Flop

Im taktzustandsgesteuerten D-Flip-Flop oder Latch wird die an einem Dateneingang D anliegende Information an einen Ausgang Q übertragen, während an einem Takteingang T eine 1 anliegt. Sie bleibt erhalten, wenn T auf 0 zurückgeht:

$t = t_n$		$t = t_{n+1}$	
D T	Q	D T	Q
1 1 0 1	1 0	X 0 X 0	1 0

Wenn während $T = 1$ das Dateneingangssignal D sich ändert, folgt ihm das Ausgangssignal Q nach. Eingespeichert wird derjenige Eingangswert, der unmittelbar vor dem Sprung von $T = 1$ auf $T = 0$ vorhanden war.

Die einzuspeichernde Information darf sich während einer bestimmten Vorbereitungszeit (Set-Up-Time) t_s vor und einer bestimmten Haltezeit (Hold-Time) t_H nach dem Taktübergang nicht ändern.

Bild 8.2a zeigt das Symbol eines taktzustandsgesteuerten D-Flip-Flops, Bild 8.2b als praktisches Beispiel die integrierte Schaltung 74HC75, die vier paarweise getaktete D-Flip-Flops enthält. Der Takt $T_{1,2}$ liest die Informationen x_1 und x_2, der Takt $T_{3,4}$ die Informationen x_3 und x_4 ein. Die gespeicherten Werte stehen auch invertiert (y*) zur Verfügung.

Im Betrieb mit $U_{CC} = 5$ V ist die Verzögerungszeit $t_p = 27$ ns, die Vorbereitungszeit $t_s = 20$ ns, die Haltezeit, $t_H = 0$ ns. Der Impuls $T = 1$ muß mindestens 16 ns lang anliegen.

Taktflankengesteuertes D-Flip-Flop

Das taktflankengesteuerte (edge-triggered) D-Flip-Flop unterscheidet sich vom taktzustandsgesteuerten dadurch, daß der Ausgang während $T = 1$ nicht mitläuft. Es wird, je nach Typ, diejenige Information gespeichert, die während der steigenden (positive edge triggered) oder der fallenden (negative edge triggered) Flanke am Dateneingang anliegt.

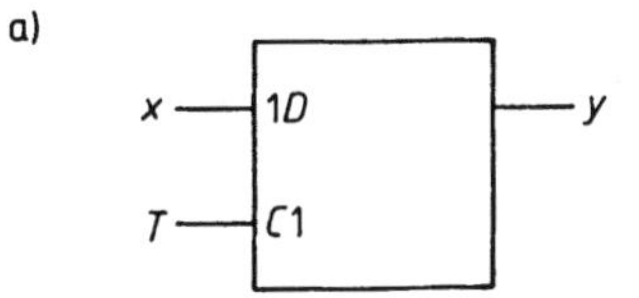

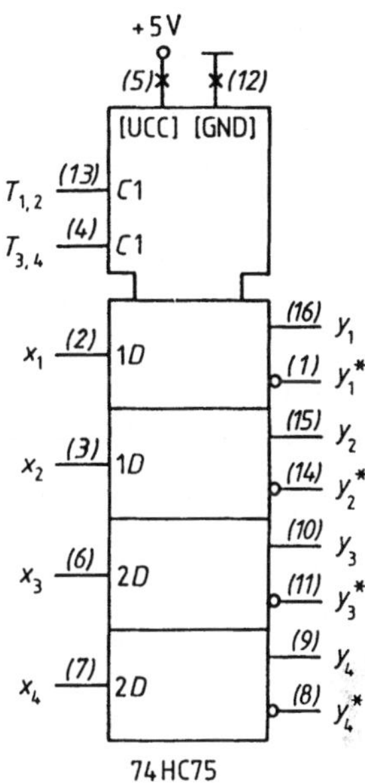

Bild 8.2

Taktzustandsgesteuertes D-Flip-Flop
a) Symbol
c) Taktzustandsgesteuertes D-Register 74 HC 273

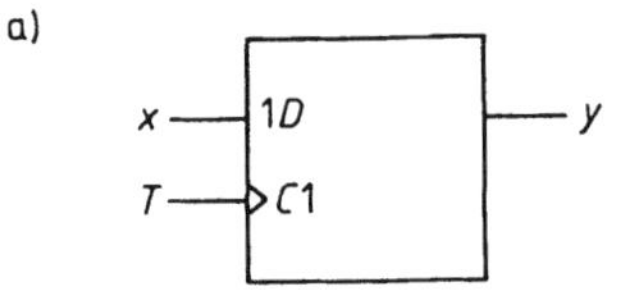

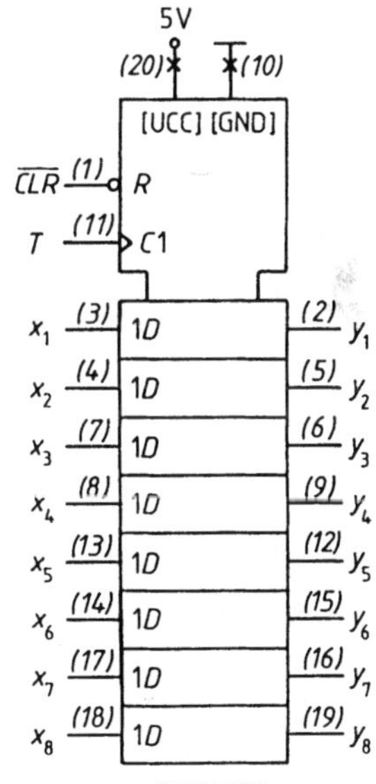

Bild 8.3

Taktflankengesteuertes D-Flip-Flop
a) Symbol
b) Taktflankengesteuertes D-Flip-Flop, 74 HC 273

Bestimmte Vorbereitungszeiten t_s und Haltezeiten t_H sind auch hier einzuhalten. Bild 8.3a zeigt das Symbol für ein D-Flip-Flop mit positiver Flankensteuerung, Bild 8.3b als praktisches Beispiel die integrierte Schaltung 74 HC 273, in der acht Flip-Flops zu einem Register zusammengefaßt sind. Es läßt sich taktunabhängig mit $\overline{CLR}$ = 0 zurücksetzen.

Im Betrieb mit $U_{CC} = 5$ V ist die Verzögerungszeit $t_p = 27$ ns, die Vorbereitungszeit $t_s = 20$ ns, die Haltezeit $t_H = 0$ ns. Die Anstiegszeit der Taktflanke muß unter $t_r = 0{,}5\ \mu s$ liegen.

Master-Slave-JK-Flip-Flop

Das Master-Slave-JK-Flip-Flop liest über zwei Eingänge J und K bei der steigenden Flanke eines Taktimpuls am Eingang T Information in ein Zwischenspeicher-Flip-Flop (Master) und gibt sie mit der fallenden Taktflanke an ein Ausgabe-Flip-Flop (Slave) weiter. (Man sagt, das Flip-Flop arbeite retardiert.) Die an den J- und K-Eingängen liegenden Signale dürfen sich während $T = 1$ nicht ändern. Eingekoppelte unerwünschte Störspannungen in diesem Zeitraum führen zu Funktionsfehlern.

Bild 8.4a zeigt das Symbol für ein JK-Flip-Flop, dessen Master mit steigender Taktflanke gesetzt wird und dessen Slave mit fallender Taktflanke die Information an den Ausgang weitergibt. Ist t_n das Ende der steigenden und t_{n+1} das Ende der steigenden Taktflanke, dann gilt:

$t = t_n$				$t = t_{n+1}$			
T	x_J	x_K	y	T	x_J	x_K	y
1	0	0	y_n	0	X	X	y_n
1	1	0	X	0	X	X	1
1	0	1	X	0	X	X	0
1	1	1	$\bar{y}_n$	0	X	X	$\bar{y}_n$

Im Gegensatz zum D-Flip-Flop existieren also nicht nur zwei, sondern vier verschiedene Speichermöglichkeiten. Bei gleichen Eingangswerten $x_J = x_K$ richtet sich das Ergebnis nach dem vorher vorhandenen Flip-Flop-Zustand, bei $x_J \neq x_K$ nur nach den augenblicklich anliegenden Eingangssignalen.

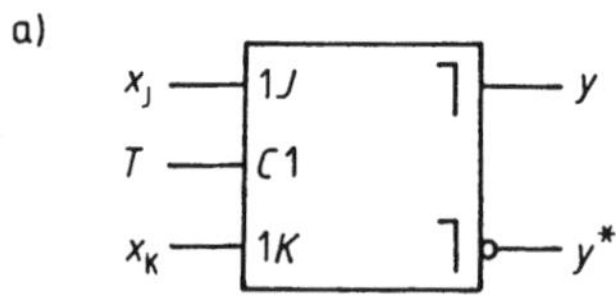

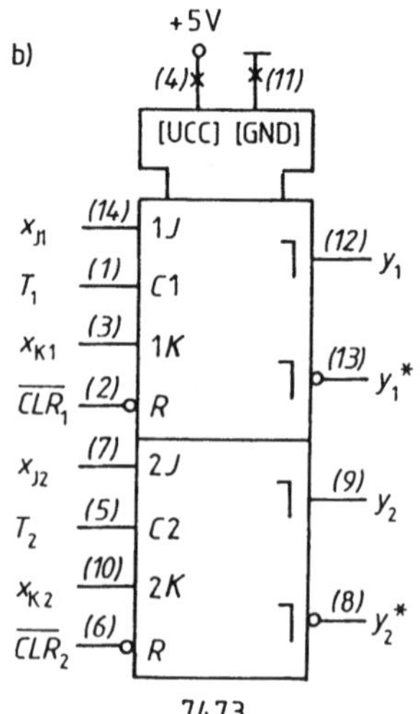

Bild 8.4

Taktzustandsgesteuertes Master-Slave-JK-Flip-Flop

a) Symbol

b) Integriertes Taktzustandsgesteuertes Master-Slave-JK-Flip-Flop 7473

Als Beispiel ist in Bild 8.4b das doppelte TTL-Master-Slave-Flip-Flop 7473 dargestellt. Es läßt sich taktunabhängig mit $\overline{CLR_1} = 0$ bzw. $\overline{CLR_2} = 0$ zurücksetzen.

Master-Slave-JK-Flip-Flop mit Eingangsverriegelung

Um Störungen während des Taktzustandes $T = 1$ auszuschließen, wurden Master-Slave-JK-Flip-Flops entwickelt, die unmittelbar nach der steigenden Taktflanke die J, K-Eingänge sperren. Dieser Effekt heißt englisch datalockout. Er erlaubt beliebige Änderungen von J und K zwischen zwei steigenden Taktflanken. In den Master wird nur die Information übernommen, die bei der steigenden Flanke vorhanden ist. Er gibt sie bei über den Slave bei der nächsten fallenden Flanke an den Ausgang weiter. Es liegt eine reine Zweiflankensteuerung vor. Ein Beispiel für ein solches Flip-Flop ist die integrierte TTL-Schaltung 74111.

Taktflankengesteuertes JK-Flip-Flop

Auch das JK-Flip-Flop mit Einflankensteuerung (edge-triggered) ist gegen Störungen während des Taktzustandes $T = 1$ unempfindlich. Es berücksichtigt nur diejenigen JK-Werte, die während des durch Vorbereitungszeit t_s und Haltezeit t_H gebildeten Datenfensters bei einer fallenden (negative edge-triggered) oder steigenden (positive edge-triggered) Flanke vorhanden sind. Unmittelbar nach dieser Flanke ändert sich der Ausgang. Es ist also keine Retardierung vorhanden. Die Eigenverzögerung der Schaltkreise wird zur Zwischenspeicherung ausgenutzt. Deshalb muß die triggerende Flanke relativ schnell sein. Ihre Abfall- bzw. Anstiegszeit darf bestimmte spezifizierte Werte nicht überschreiten, die bei TTL in der Größenordnung von 50 ns liegen.

In Bild 8.5a ist das Symbol eines taktflankengesteuerten JK-Flip-Flops dargestellt. Bild 8.5b zeigt den Baustein 74LS73 als Beispiel.

a)

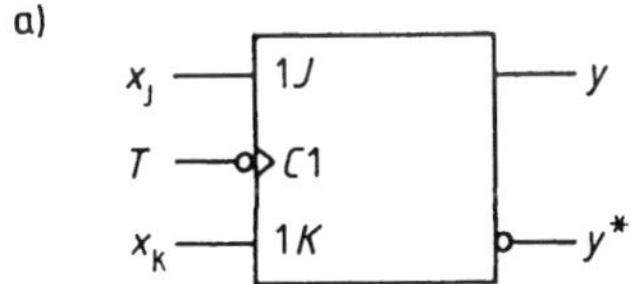

b)

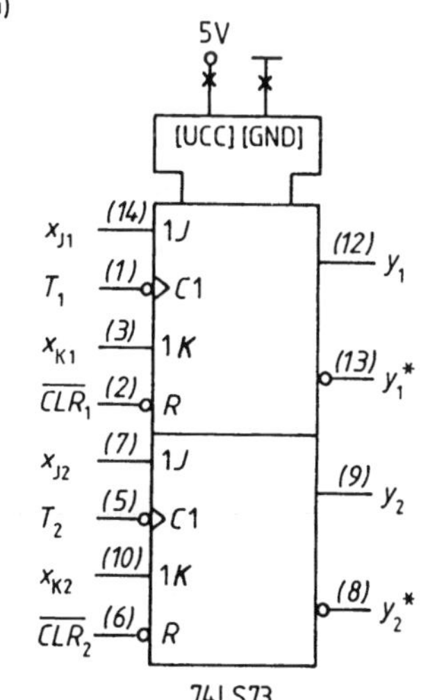

Bild 8.5

Taktflankengesteuertes JK-Flip-Flop
a) Symbol
b) Integriertes taktflankengesteuertes JK-Flip-Flop

8.3 Schieberegister

Schieberegister sind nach dem in Bild 8.6 dargestellten Schema entweder aus taktflankengesteuerten D-Flip-Flops oder aus JK-Flip-Flops zusammengesetzt. Ein im Schieberegister stehendes Wort wird mit jedem Takt um eine Stelle nach rechts geschoben. Dabei muß jede Stufe die Information ihrer Vorgängerin übernehmen, bevor deren Ausgang sich geändert hat. Bei Master-Slave-Flip-Flops ist diese Bedingung automatisch erfüllt, weil die Übernahme der Änderung um die Breite des Taktimpulses vorausgeht. Bei einflankengesteuerten Flip-Flops ist zu fordern, daß die Verzögerungszeit t_P größer ist als die Haltezeit (Holdtime) t_H. In Datenblättern werden Mindestverzögerungszeiten allerdings nicht garantiert. Erfahrungsgemäß arbeiten Schieberegister mit einflankengesteuerten TTL- und HC-MOS-Flip-Flops dennoch zuverlässig, wenn sie Taktflanken-Anstiegs- und Abfallzeiten unter 50 ns haben.

a)

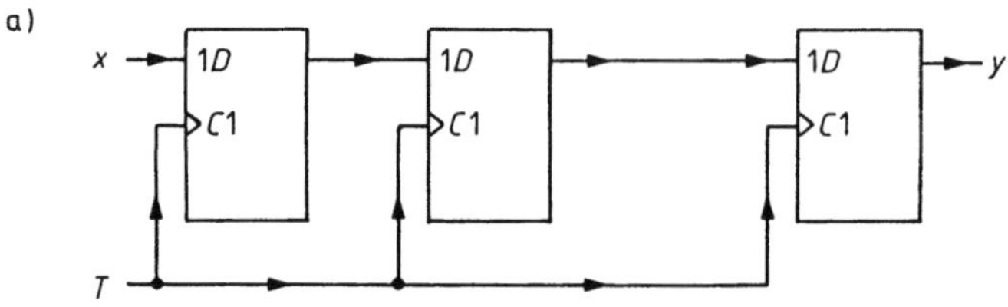

b)

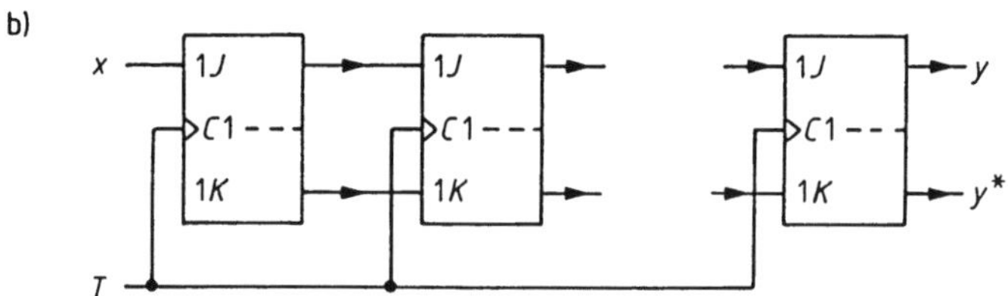

Bild 8.6
Schieberegister
a) Aufbau mit D-Flip-Flops
b) Aufbau mit JK-Flip-Flops

Das integrierte Schieberegister 74HC165, vgl. Bild 8.7, hat Paralleleingänge $x_0 \dots x_7$, über die die einzelnen Schieberegisterstufen eingestellt werden können, wenn man $S/\overline{L} = 0$ macht. Dadurch kann man es als Parallel-Serien-Wandler verwenden. Im Schiebebetrieb muß $S/\overline{L} = 1$ und $INH = 0$ sein. Die Schaltung gibt dann die zuvor eingelesene Parallelinformation an den Ausgängen y und (invertiert) $\bar{y}$ ab, wobei am Eingang x liegende Daten über die erste Stufe nachgezogen werden. Es wird bei steigender Flanke des Taktes T geschoben. Die maximale Schiebegeschwindigkeit beträgt 30 MHz.

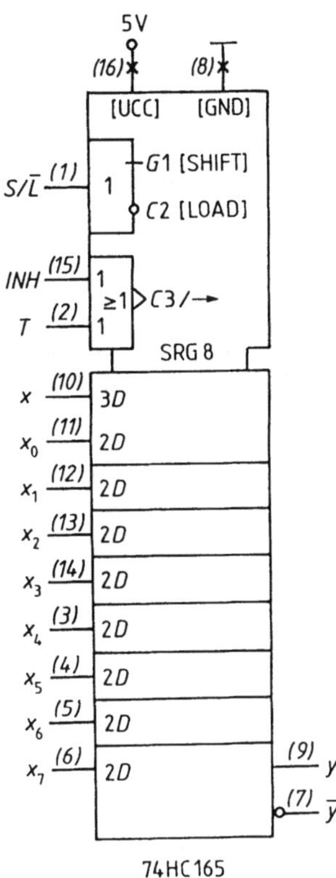

Bild 8.7 Integriertes Schieberegister 74 HC 165 zur Parallel-Serien-Wandlung

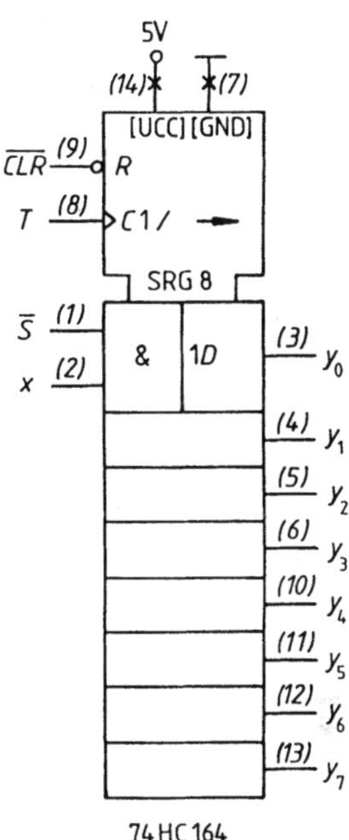

Bild 8.8 Integriertes Schieberegister 74 H 164 zur Serien-Parallel-Wandlung

Das integrierte Schieberegister 74HC164, vgl. Bild 8.8, eignet sich zur Serien-Parallel-Wandlung, weil die Ausgänge aller Stufen herausgeführt sind. Es hat zwei konjunktiv verknüpft serielle Eingänge $x, \bar{s}$ von denen der eine als Eingangssperre verwendet werden kann. Alle Stufen können mit $\overline{CLR} = 0$ gelöscht werden. Es wird bei steigender Flanke des Taktes T geschoben. Die maximale Schiebegeschwindigkeit beträgt 30 MHz.

8.4 Zähler

Zähler sind Schaltwerke, die an ihren Ausgängen anzeigen, wieviele Impulse an ihrem Eingang eingelaufen sind.

Man unterscheidet nach Art des verwendeten Anzeigecodes zwischen *Dualzählern* (ungenau auch Binärzähler, binary counter, genannt) und *BCD- (binary coded decimal) Zählern,* die sich von den Dualzählern dadurch unterscheiden, daß jeweils eine Gruppe von vier Stufen im Dualcode eine Dezimalziffer darstellt. Eine solche Vierergruppe durchläuft also die Codeworte 0000 bis 1001 und fängt dann wieder bei 0000 an. In Tabelle 8/1 sind beide Anzeigeweisen einander gegenübergestellt.

Asynchrone Dualzähler

Die einfachste Art, Dualzähler zu bauen, zeigt Bild 8.9a. Die erste Stufe ändert nach jedem zu zählenden Impuls den Zustand. Jede der nachfolgenden Stufen zählt dann weiter, wenn die Vorstufe einen Impuls abgegeben hat, d. h., wenn sie zweimal – bei der ansteigenden und bei der fallenden Flanke – ihren Zustand gewechselt hat. Die einlaufenden Impulse werden so stufenweise im Verhältnis 1:2 untersetzt, was genau der Dualcodierung entspricht.

Den Nachteil dieser einfachen Bauweise zeigt Bild 8.9b: Die Verzögerungszeiten t_P der Flip-Flops addieren sich von Stufe zu Stufe auf. Soll der Zähler nach einem einlaufenden Impuls x nicht nur in der ersten, sondern in einer folgenden Stufe einen Wechsel hervorrufen, so muß die Gesamtlaufzeit bis zu dieser Stufe abgewartet werden, bis das richtige Ergebnis erscheint. Dazwischen erscheinen zeitweise falsche Ausgangswerte. Im dargestellten Beispiel der Zählfolge 0111, 1000 werden jeweils für die Dauer der Verzögerungszeit t_P die falschen Zwischenzählerstände 0110, 0100, 0000 ausgegeben.

a)

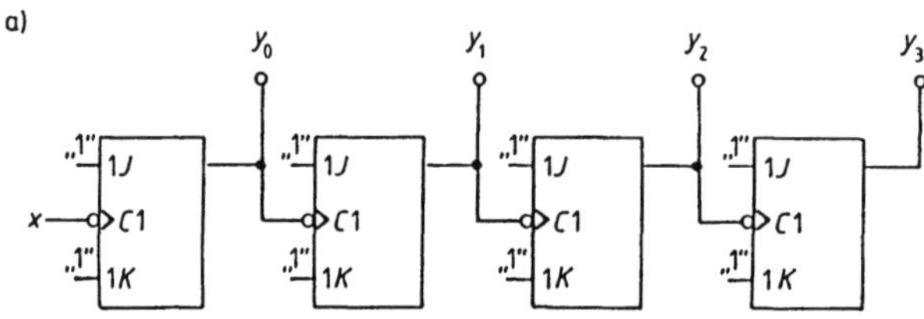

b)

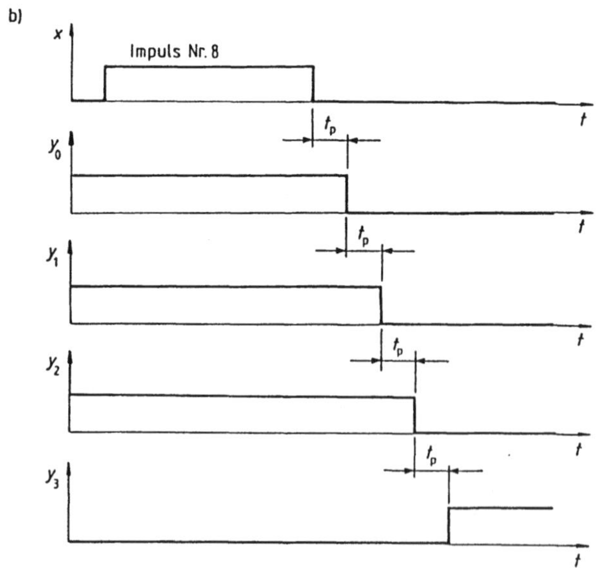

Bild 8.9

Asynchroner Dualzähler

a) Aufbau mit JK-Flip-Flops

b) Zeitlicher Verlauf der Eingangs- und Ausgangssignale

Duale Asynchronzähler (ripple counter) werden für bis zu 14 Stellen als integrierte TTL- und CMOS-Schaltungen angeboten, z. B. 74HC4060. Sie sollten aber nur angewandt werden, wenn die erwähnten temporären Zwischenzählerstände unbeachtlich sind und es lediglich auf die endgültigen Zählerstände ankommt. Es gibt integrierte Schaltungen, die intern einen Asynchronzähler mit einem Auffangregister verbinden, der das Zählergebnis zu den Zeitpunkten aufnimmt, in denen die temporären Zwischenzustände schon abgeklungen sind.
Ein Beispiel ist die Schaltung 74LS590.

Synchron-Zähler

In synchronen Zählern schalten alle Stufen gleichzeitig, ohne daß temporär falsche Zählergebnisse erscheinen. Man erreicht dies dadurch, daß die zu zählenden Impulse alle JK-Flip-Flops gleichzeitig takten. Ob bei der triggernden Flanke eine Stufe schalten soll oder nicht, bestimmt eine Verknüpfungsschaltung, die den augenblicklichen Zählerstand auswertet und die JK-Eingänge entsprechend speist.
Das Baumuster eines synchronen Dualzählers zeigt Bild 8.10. J- und K-Eingänge jeder Stufe sind verbunden und werden von der Konjunktion der Ausgänge aller vorhergehenden Stufen gespeist. Eine Stufe kippt danach immer dann mit der fallenden Taktflanke in den entgegengesetzten Zustand, wenn alle vorhergehenden Stufen auf 1 standen. Dies entspricht genau dem Aufbau des Dualcodes, vgl. Tabelle 8/1.
In integrierter Form gibt es Dual- und BCD-Zähler mit Zusatzanschlüssen zur vollsynchronen Kaskadierung. Als Beispiel ist in Bild 8.11 der BCD-Zähler 74HC160 dargestellt. Er kann in 2 Modi arbeiten. Im Zählmodus ($C/\overline{L} = 1$) erhöht jede steigende Flanke am Eingang x/T den Zählerstand um 1, im Lademodus ($C/\overline{L} = 0$) stellt sie den Zähler ent-entsprechend den Eingängen x_0, x_1, x_2, x_3 ein, ohne daß gezählt wird. Mit $\overline{CLR} = 0$ wird der Zählerstand $Z = 0$ unabhängig von x/T erzwungen.
Weiter ist ein Übertragsausgang CT (count terminal) vorhanden, der beim Zählerendstand 9 einen Impuls abgibt.
Im Zählmodus wird nur dann weitergezählt, wenn sowohl ENT als auch ENP auf 1 liegen. Mit $ENP = 0$ wird der Zähler angehalten, mit $ENT = 0$ wird darüber hinaus auch die Überlaufanzeige unterdrückt. Die zeitlichen Verläufe der einzelnen Signale sind in Bild 8.12 dargestellt. Z bedeutet den Zählerstand.

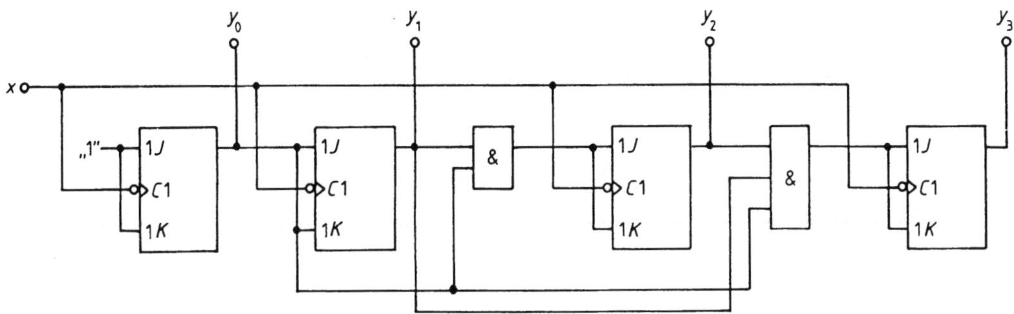

Bild 8.10 Synchroner Dualzähler mit JK-Flip-Flops

Tabelle 8/1
Dual- und BCD-Code-Anzeige von Zählern

Impuls Nr.	Dual-Code	BCD-Code
–	0000 0000	0000 0000
1	0000 0001	0000 0001
2	0000 0010	0000 0010
3	0000 0011	0000 0011
4	0000 0100	0000 0100
5	0000 0101	0000 0101
6	0000 0110	0000 0110
7	0000 0111	0000 0111
8	0000 1000	0000 1000
9	0000 1001	0000 1001
10	0000 1010	0001 0000
11	0000 1011	0001 0001
12	0000 1100	0001 0010
13	0000 1101	0001 0011
14	0000 1100	0001 0100
15	0000 1111	0001 0101
16	0001 0000	0001 0110
17	0001 0001	0001 0111
⋮	⋮	⋮
98	0110 0010	1001 1000
99	0110 0011	1001 1001

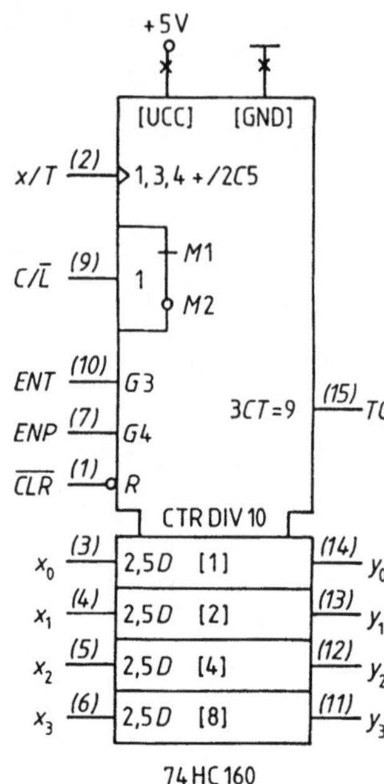

Bild 8.11 Integrierter synchroner BCD-Zähler 74 HC 160

Man kaskadiert synchrone BCD-Zähler vom Typ 75HC160 wie in Bild 8.13 dargestellt. Die zweite und höhere Stufen müssen immer dann ihren Zählerstand erhöhen, wenn die erste Stufe und alle andern vorhergehenden Stufen auf 9 standen. Man trennt beide Bedingungen durch Benutzung der Eingänge *ENT* (Vorbereitung) und *ENP* (Schalten wenn 1. Stufe auf 9 steht) und erreicht so ein synchrones Schalten aller integrierten Bausteine.

Ringzähler

Ein Ringzähler besteht aus einem Schieberegister, in dem eine 1 zyklisch umläuft. An sich könnte man dazu Eingang und Ausgang des Schieberegisters verbinden und eine einzelne voreingestellte 1 durchschieben. In der Praxis kommt ein solches System allerdings nicht in Frage, weil Störungen einzelner Bitstellen nicht mehr verschwinden und auf Dauer mit umlaufen.

Die in Bild 8.14 am Beispiel des TTL-Schieberegisters 74164 dargestellte Version vermeidet diesen Nachteil. Am Eingang wird nur dann eine 1 nachgeschoben, wenn alle Stufen bis auf die letzte auf 0 stehen.

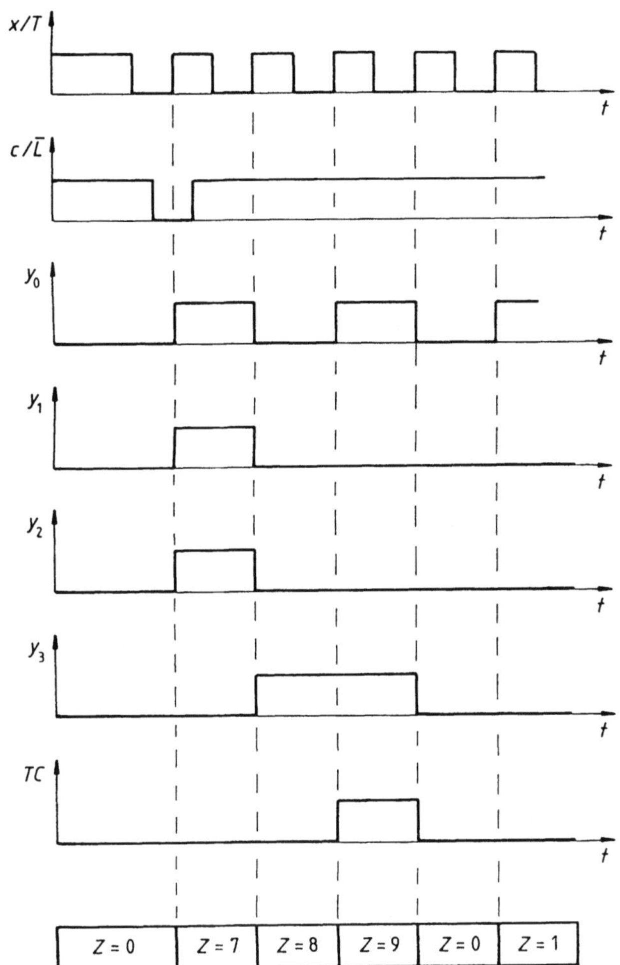

Bild 8.12
Zeitlicher Verlauf der Eingangs- und Ausgangssignale des BCD-Zählers 73 HC 160 bei Voreinstellung auf den Zählerstand $Z = 7$ durch $x_0 = x_1 = x_2 = 1, x_3 = 0$ und für $ENT = ENP = 1$.

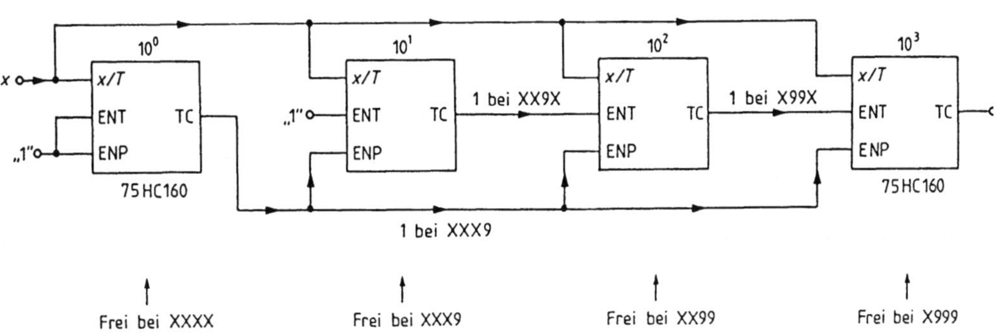

Bild 8.13 Kaskadierung von synchronen BCD-Zählern 74 HC 160

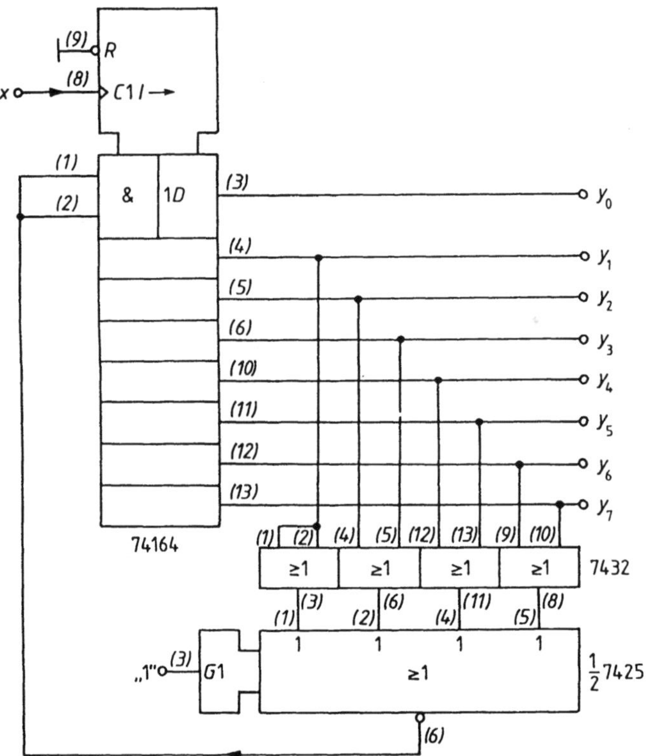

Bild 8.14 Ringzähler

8.5 Frequenzuntersetzer

Begriff

Frequenzuntersetzer mit dem Untersetzungsverhältnis $1:n$ geben von jeweils n einlaufenden Impulsen nur einen weiter. Dabei kann sich die Impulsbreite gegebenenfalls ändern. Manchmal wird gefordert, daß bei äquidistanten Eingangsimpulsen auch die Ausgangsimpulse äquidistant sind, jedoch ist diese Forderung nicht implizit in dem Begriff Frequenzuntersetzer eingeschlossen.

Frequenzuntersetzer $1:2^n$

Besonders einfach lassen sich Frequenzuntersetzer realisieren, wenn der Divisor eine ganzzahlige Potenz von 2 sein, d. h. von der Form 2^n sein soll. Man schaltet in diesem Fall n Frequenzhalbierer nach Bild 8.15 in Kette. Es sind taktflankengetriggerte D-Flip-Flops (Bild 8.15a) oder JK-Flip-Flops (Bild 15b) verwendbar. Jede Stufe schaltet bei der triggernden Flanke des Takts in den entgegengesetzten Zustand. Dadurch kommt jeweils eine Untersetzung 1:2 zustande.

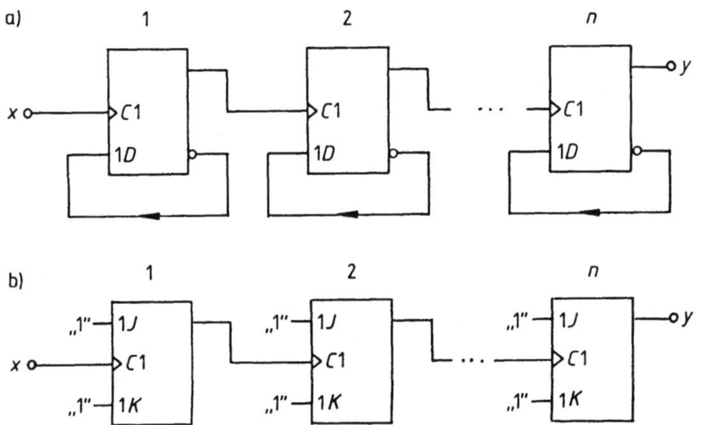

Bild 8.15 Frequenzuntersetzer 1 : 2^n
a) mit flankengesteuerten D-Fli-Flops
b) mit JK-Flip-Flops

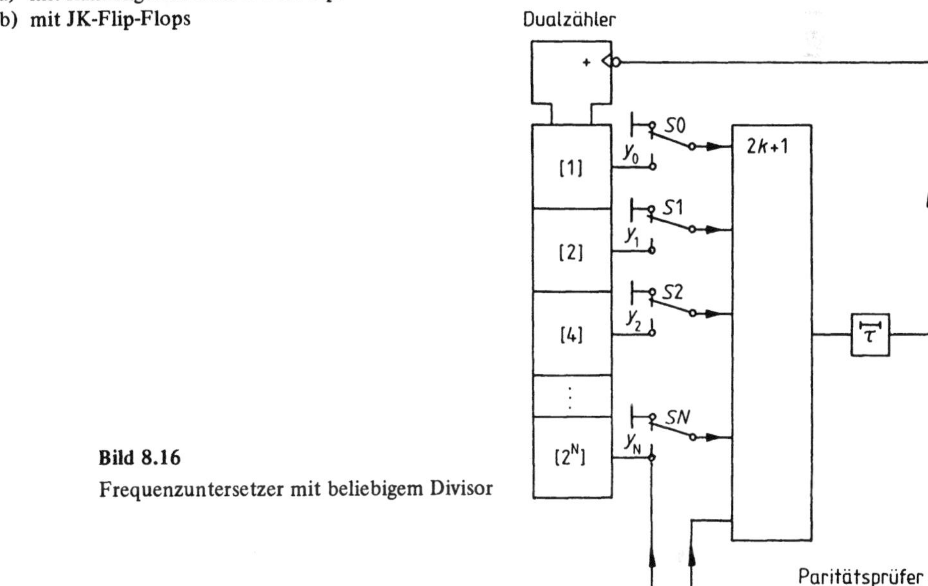

Bild 8.16
Frequenzuntersetzer mit beliebigem Divisor

Allgemeine Frequenzuntersetzer

Von den zahlreichen bekannten Frequenzuntersetzerschaltungen mit beliebigem Divisor zeichnet sich der von F. Bayer [14] angegebene außer durch geringen Aufwand auch dadurch aus, daß er bei äquidistanten Eingangsimpulsen stets ein Ausgangssignal mit einem Impuls-Lücken-Verhältnis von 1 : 1 liefert. Die Schaltung ist in Bild 8.16 dargestellt. Die Ausgänge y_0 bis y_N eines $(1 + N)$-stufigen, in der Regel synchronen, Dualzählers können wahlweise mit den sonst auf 0 liegenden Eingängen eines Paritätsprüfers verbunden werden, dessen Ausgang den Takteingang des Zählers über eine Verzögerungsschaltung (kann bei ausreichender Eigenverzögerung des Paritätsprüfers entfallen) speist. Einem Eingang des Paritätsprüfers wird die zu untersetzende Taktfrequenz f zugeführt. Wenn zu Beginn der Zähler auf Null steht, wird die Parität durch den Taktimpuls verletzt und durch die Taktlücke erfüllt.

Der Takt läuft also durch den Paritätsprüfer zum Zähler verzögert, aber sonst unverändert durch, bis solche Zählerstände erscheinen, die an den angeschalteten Ausgängen eine ungerade Anzahl von 1en abgeben. Jetzt wird, um die Zeit τ verzögert, der Takt invertiert, die triggernde Flanke also um eine halbe Periodendauer vorgezogen. Dadurch verkürzt sich die Dauer des Zählerstandes, der für die Taktinvertierung verantwortlich war, um eine halbe Periodendauer. Das gleiche geschieht, wenn die Parität der benutzten Zählerausgänge wieder gerade wird.

Die Gesamtzählzeit sinkt um soviele Halbtakte, wie paritätsändernde Zählerstände vorkommen. Man muß nun solche Verbindungen zwischen Zähler und Paritätsprüfer suchen, die die gewünschte Anzahl der Verkürzungen (gleichmäßig auf beide Hälften der Ausgangsperiode verteilt) erzeugen.

In Tabelle 8/2 sind die mit dem Paritätsprüfer zu verbindenden Zählerausgänge für einen gewünschten Frequenzdivisor T angegeben. Ab $T = 17$ sind nur noch Primzahlen berücksichtigt.

Bild 8.17 zeigt als Beispiel zwei in Kette geschaltete Zähler mit den Divisoren $T_1 = 13$ und $T_2 = 14$, die insgesamt eine Frequenzuntersetzung mit $T = 182$ bewirken. Die Parität

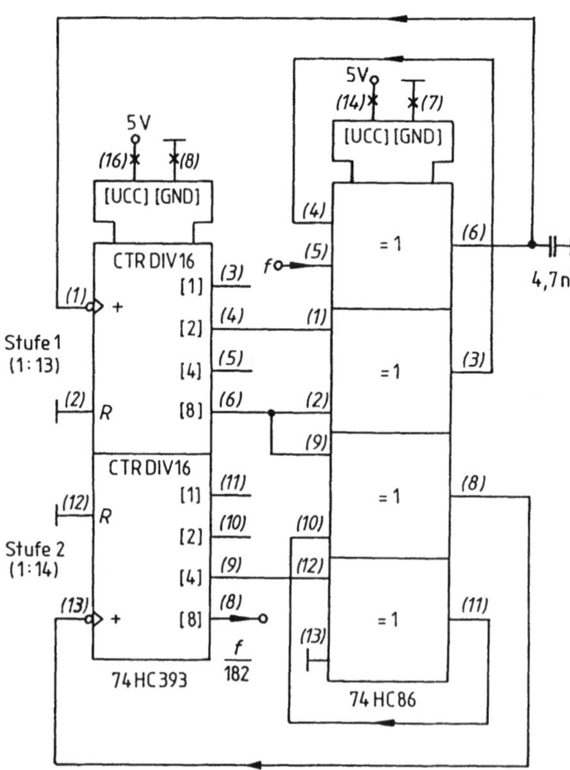

Bild 8.17
Beispiel für einen Frequenzuntersetzer 1 : 182

Tabelle 8/2 Anschlußplan der Zählerausgänge beim Bayer-Frequenzuntersetzer

Divisor	Ausg.	Zum Paritätsprüfer	Divisor	Ausg.	Zum Paritätsprüfer	Divisor	Ausg.	Zum Paritätsprüfer
2	y_0	–	43	y_5	y_0, y_1, y_2, y_3, y_5	151	y_7	y_0, y_2, y_3, y_4, y_7
3	y_1	y_1	47	y_5	y_0, y_1, y_5	157	y_7	y_0, y_2, y_5, y_7
4	y_1	–	53	y_5	y_1, y_2, y_3, y_5	163	y_7	y_0, y_1, y_2, y_5, y_7
5	y_2	y_0, y_2	59	y_5	y_2, y_3, y_5	167	y_7	y_0, y_1, y_2, y_4, y_7
6	y_2	y_1	61	y_5	y_3, y_5	173	y_7	y_0, y_1, y_2, y_3, y_5
7	y_2	y_2	67	y_6	y_0, y_4, y_6	179	y_7	y_0, y_1, y_3, y_5, y_7
8	y_2	–	71	y_6	y_0, y_3, y_6	181	y_7	$y_0, y_1, y_3, y_4, y_5, y_7$
9	y_3	y_0, y_3	73	y_6	y_0, y_2, y_3, y_6	191	y_7	y_0, y_1, y_7
10	y_3	y_0, y_2	79	y_6	y_0, y_2, y_6	193	y_7	y_1, y_7
11	y_3	y_0, y_1, y_3	83	y_6	y_0, y_1, y_2, y_4, y_6	197	y_7	y_1, y_4, y_5, y_7
12	y_3	y_1	89	y_6	y_0, y_1, y_3, y_6	199	y_7	y_1, y_4, y_7
13	y_3	y_1, y_3	97	y_6	y_1, y_6	211	y_7	y_1, y_2, y_3, y_5, y_7
14	y_3	y_2	101	y_6	y_1, y_3, y_4, y_6	223	y_7	y_1, y_2, y_7
15	y_3	y_3	103	y_6	y_1, y_3, y_6	227	y_7	y_2, y_5, y_7
16	y_3	–	107	y_6	y_1, y_2, y_3, y_4, y_6	229	y_7	y_2, y_4, y_5, y_7
17	y_4	y_0, y_4	109	y_6	y_1, y_2, y_4, y_6	233	y_7	y_2, y_3, y_4, y_7
19	y_4	y_0, y_2, y_4	113	y_6	y_2, y_6	239	y_7	y_2, y_3, y_7
23	y_4	y_0, y_1, y_4	127	y_6	y_6	241	y_7	y_3, y_7
29	y_4	y_2, y_4	131	y_7	y_0, y_5, y_7	251	y_7	y_4, y_5, y_7
31	y_4	y_4	137	y_7	y_0, y_3, y_4, y_7	257	y_8	y_0, y_8
37	y_5	y_0, y_2, y_3, y_5	139	y_7	y_0, y_3, y_4, y_5, y_7	263	y_8	y_0, y_5, y_8
41	y_5	y_0, y_1, y_2, y_5	149	y_7	$y_0, y_2, y_3, y_4, y_5, y_7$	269	y_8	y_0, y_4, y_6, y_8

Tabelle 8/3 Rückführungen von Scramblern und Descramblern mit $n + 1$ Stufen, die eine Periodenlänge von $2^{n+1} - 1$ haben und nur 2 Rückführungen benötigen

Stufenzahl	Rückgeführte Ausgänge des Schieberegisters ($y_0 \ldots y_n$)	Periodenlänge $2^{n+1} - 1$
2	y_1, y_0	3
3	y_2, y_0	7
4	y_3, y_0	15
5	y_4, y_1	31
6	y_5, y_0	63
7	y_6, y_0	127
9	y_8, y_3	511
10	y_9, y_2	1023
11	y_{10}, y_1	2047
15	y_{14}, y_0	32767
17	y_{16}, y_2	131071
18	y_{17}, y_6	262143
20	y_{19}, y_2	1048575
21	y_{20}, y_1	2097151
22	y_{21}, y_0	4194303
23	y_{22}, y_4	8388607
25	y_{24}, y_2	33554431
28	y_{27}, y_2	268435455

wird in beiden Stufen durch 2 kaskadierte Antivalenzschaltungen geprüft. (In Stufe 2 wäre an sich nur eine erforderlich; die zweite soll nur verzögern.) Der Kondensator $C = 4{,}7$ nF unterdrückt Störspikes, die wegen des Asynchronbetriebs der Zähler entstehen.

8.6 Scrambler und Descrambler

Scrambler sind Einrichtungen, die in einem gegebenen Datenstrom lange 0- und 1-Folgen in scheinbar zufällige Impulsfolgen auflösen und so dafür sorgen, daß im zeitlichen Mittel gleichviel Nullen und Einsen übertragen werden. Descrambler stellen aus einem solchen verwürfelten Signal das ursprüngliche wieder her.

Das Schaltungsprinzip eines Scramblers geht aus Bild 8.18 hervor. Zwei Parallelausgänge eines Schieberegisters (der letzte y_n und ein weiterer y_m) werden über zwei Antivalenzschaltungen mit dem Eingangssignal x verknüpft und auf den seriellen Eingang durchgeführt. Das so gebildete Signal ist zugleich die Ausgangsimpulsfolge z. Der Takt T muß synchron zu den einlaufenden Impulsen x erscheinen. Bei unverändertem x ist z eine Quasizufallsimpulsfolge der Länge $2^{n+1} - 1$, sofern die Rückführungen nach Tabelle 8/2 gewählt werden. (Es sind auch andere Rückführungen möglich.)

Die Gleichung

$$z = x \oplus y_n \oplus y_m \tag{8.6/1}$$

beschreibt den Zusammenhang zwischen x und z. Bilden wir auf beiden Seiten die Antivalenz zu $z \oplus x$, so erhalten wir

$$x = z \oplus y_n \oplus y_m \tag{8.6/2}$$

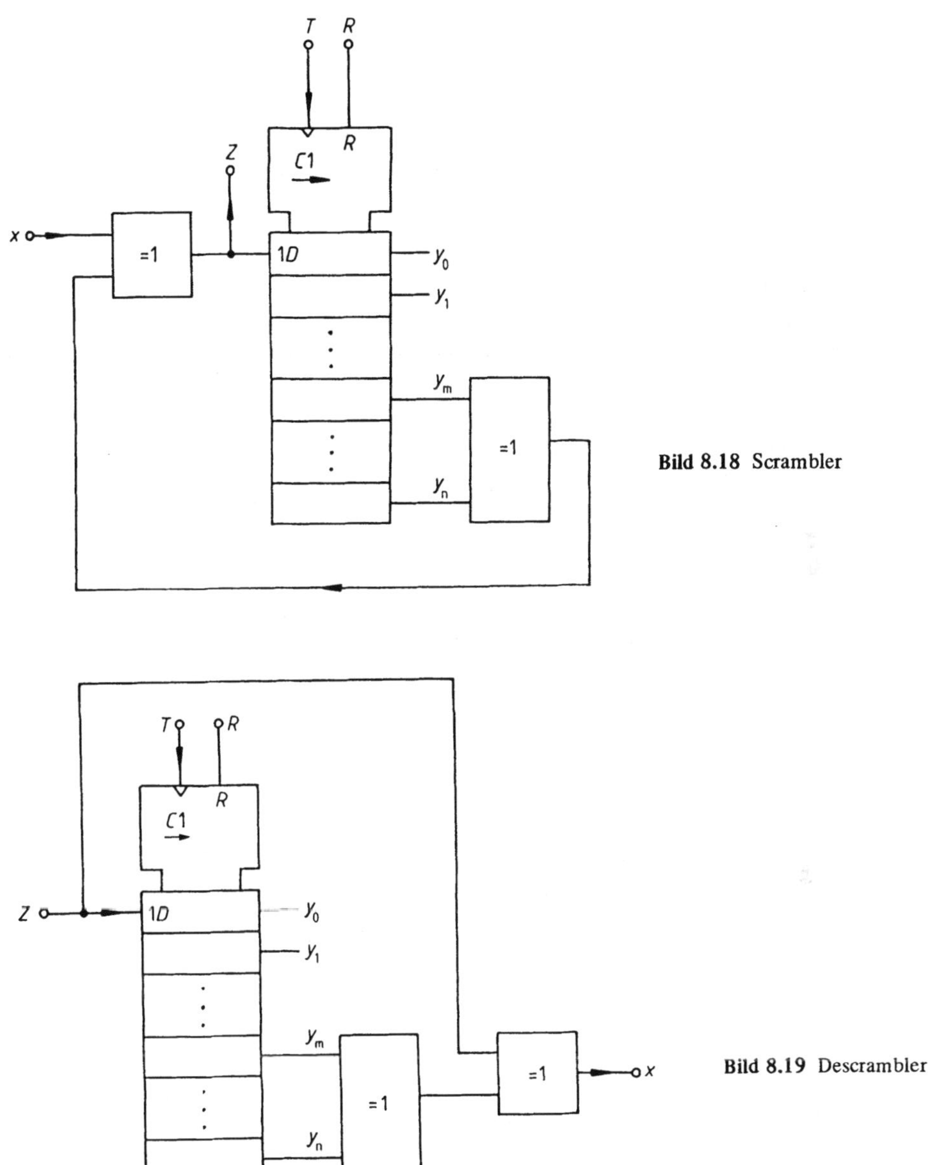

Bild 8.18 Scrambler

Bild 8.19 Descrambler

Auf Grund von (8.6/2) läßt sich im Descrambler, wie in Bild 8.19 dargestellt, das ursprüngliche Signal x aus der Impulsfolge z wiedergewinnen.

Scrambler und Descrambler werden in Übertragungssystemen angewandt, wo ein gleichhäufiges Auftreten von Nullen und Einsen, etwa aus Gründen der Synchronisation oder eines konstanten arithmetischen Mittelwerts, notwendig ist. Zu Beginn müssen beide Schieberegister gleichen Inhalt haben. Meist setzt man den Inhalt durch ein spezielles Synchronisationszeichen (das ungescrambelt eingefügt wird) periodisch auf Null.

8.7 Halbleiterspeicher

Unter einem RAM (Random Access Memory) versteht man einen Halbleiterspeicher, der sich vom Register durch die Adressierbarkeit der speichernden Zellen unterscheidet. In sie können Daten geschrieben und aus ihnen Daten gelesen werden.
Normalerweise verwendet man preisgünstige integrierte Schaltungen in NMOS-Technologie, die bis zu 0,5 W pro Baustein Leistung aufnehmen. Wesentlich leistungsärmer, aber teurer sind CMOS-Typen. Extrem schnelle RAM's werden in Bipolartechnik (TTL und ECL) hergestellt.
Ein RAM mit m Adreßleitungen erlaubt die Auswahl von 2^m verschiedenen Speicherzellen. Werden in ihnen jeweils n Bits gleichzeitig gespeichert, die über n Datenleitungen geschrieben und gelesen werden können, so spricht man von einem $2^m \times n$-RAM.
Viele RAM's lassen sich in einen leistungssparenden Standby-Betrieb umschalten, wenn kein Datentransfer stattfinden muß und die gespeicherten Daten nur gehalten werden sollen.
RAM's lassen sich über einen Anschluß $R/\overline{W}$ (Read/Write) in den Lese- oder Schreibbetrieb umschalten und einen Anschluß $\overline{CS}$ (Chip-Select) aktiv schalten. Im inaktiven Betrieb sind die Datenleitungen hochohmig.

Statische RAM's

Statische RAM's halten ihre Daten in $2^m \times n$ Flip-Flops, solange Betriebsspannung anliegt. Beim Abschalten gehen alle Daten verloren. Als Beispiel ist in Bild 8.20 das 2048 x 8-RAM TMS 4016 (Texas Instruments) dargestellt. Eine Besonderheit ist der Anschluß $\overline{OE}$ (Output Enable). Mit $\overline{OE} = 1$ können die Datenausgänge auch dann noch hochohmig gehalten werden, wenn der Baustein durch $\overline{CS} = 0$ schon ausgewählt worden ist. Dabei ist die Verzögerungszeit von $\overline{OE}$ zum Ausgang geringer, als diejenige von $\overline{CS}$. Diese Eigenschaft erleichtert in vielen Fällen den Anschluß an Mikroprozessorbusse.
Zum Betrieb eines statischen RAM's müssen bestimmte Zeitbedingungen eingehalten werden. In Bild 8.21 ist für das Beispiel TMS 4016 dargestellt, wie lange man beim Lesen ($R/\overline{W} = 1$) nach Anlegen der Adresse, der Bausteinauswahl ($\overline{CS}$) und der Ausgangsfreigabe ($\overline{OE}$) warten muß, bis an den Datenausgängen die gewünschten gültigen Werte erscheinen. Die entsprechenden Zugriffszeiten heißen $t_{a(A)}$, $t_{a(\overline{CS})}$ und $t_{a(\overline{OE})}$. Während der ganzen Lesezykluszeit $t_{c(RD)}$ müssen die Adressen *A0* ... *A11* stabil bleiben.
In einem Schreibzyklus nach Bild 8.22 müssen die Adressen *A0* ... *A11* gleichfalls während der ganzen Zykluszeit $t_{c(\overline{W})}$ stabil bleiben. Die Signale $\overline{CS}$ und $R/\overline{W}$ sollten, wie dargestellt, ineinander geschachtelt sein. Dabei darf der Schreibbefehl $R/\overline{W}$ erst eine bestimmte Set-up-Zeit $t_{su(A)}$ nach Anliegen der gültigen Adressen erscheinen und muß mindestens die Holt-Zeit $t_{h(A)}$ vor einer Adreßänderung wieder auf 1 gehen. Der Schreibbefehl muß weiter mindestens die Zeit $t_{w(\overline{W})}$ dauern.
Auf dem Datenbus müssen die gültigen Daten mindestens die Set-up-Zeit $t_{su(D)}$ und die Hold-Zeit $t_{h(D)}$ nach dem Ende des Schreibbefehls $R/\overline{W} = 0$ bereitgestellt werden.
Während des Schreibens muß nicht unbedingt $\overline{OE} = 1$ gemacht werden. Es darf auch $\overline{OE} = 0$ sein, jedoch werden vom RAM dann Daten auf den Ausgang gelegt, wenn $R/\overline{W} = 1$ und $\overline{CS} = 0$ ist, während sonst in dieser Zeitspanne die Ausgänge hochohmig sind.

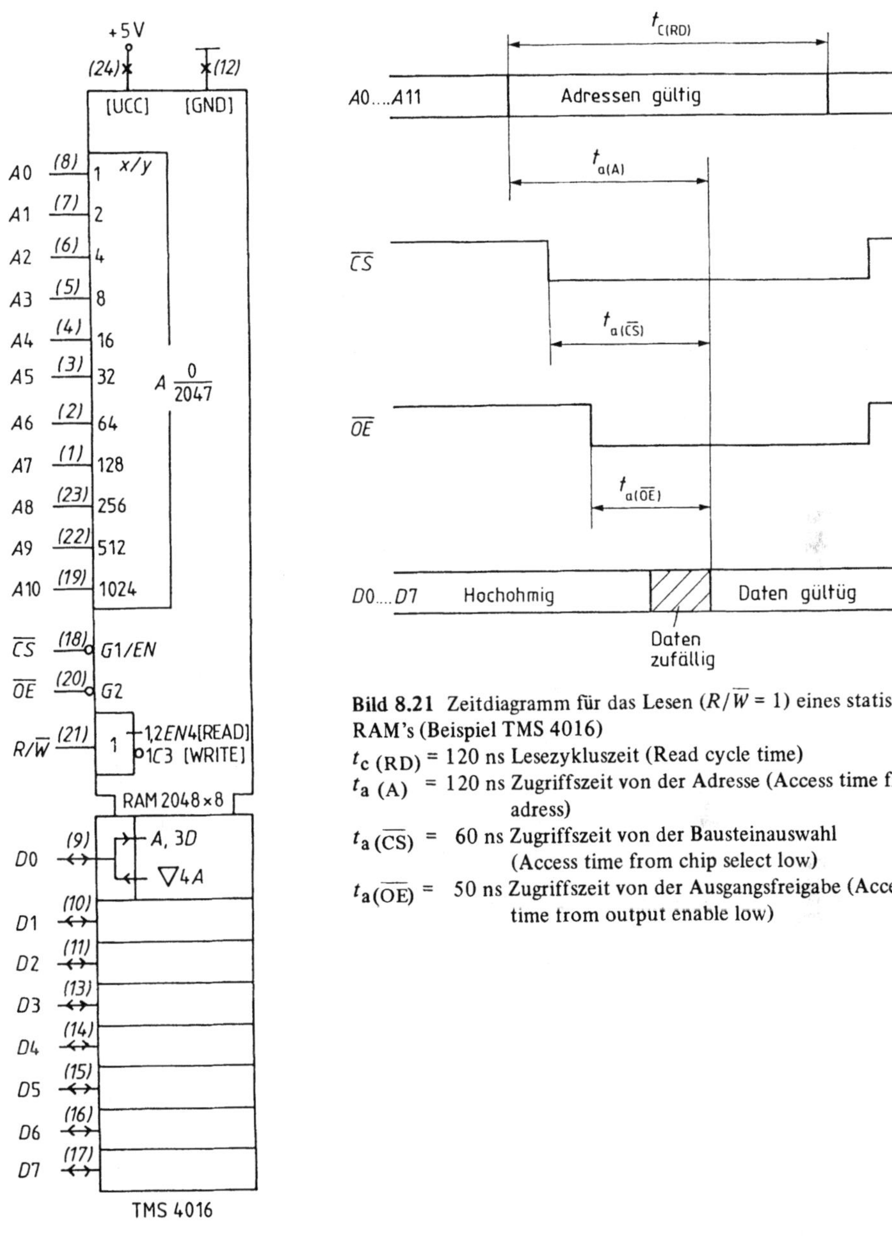

Bild 8.21 Zeitdiagramm für das Lesen ($R/\overline{W} = 1$) eines statischen RAM's (Beispiel TMS 4016)

$t_{c\,(RD)}$ = 120 ns Lesezykluszeit (Read cycle time)

$t_{a\,(A)}$ = 120 ns Zugriffszeit von der Adresse (Access time from adress)

$t_{a\,(\overline{CS})}$ = 60 ns Zugriffszeit von der Bausteinauswahl (Access time from chip select low)

$t_{a(\overline{OE})}$ = 50 ns Zugriffszeit von der Ausgangsfreigabe (Access time trom output enable low)

Bild 8.20
Statisches RAM TMS 4016 (Texas Instruments)

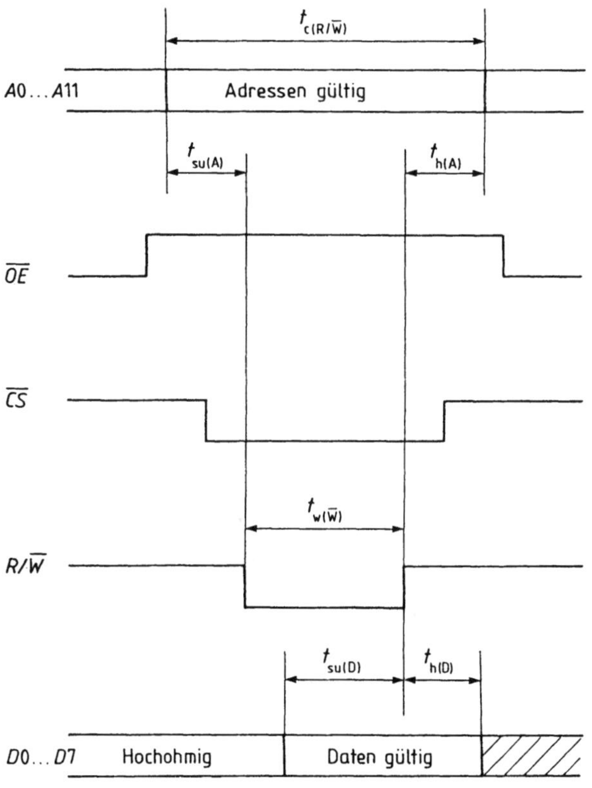

Bild 8.22 Zeitdiagramme für das Schreiben ($R/\overline{W} = 0$) eines statischen RAM's (Beispiel TMS 4016)
$t_{c(R/\overline{W})}$ = 120 ns Schreibzykluszeit (Write cycle time)
$t_{su(A)}$ = 20 ns Vorbereitungszeit (set up time) der Adressen
$t_{h(A)}$ = 0 Haltezeit (hold time) der Adressen
$t_{w(\overline{W})}$ = 60 ns Wartezeit des Schreibimpulses (Wait time)
$t_{su(D)}$ = 50 ns Vorbereitungszeit (set up time) der Daten
$t_{h(D)}$ = 5 ns Haltezeit (hold time der Daten

Dynamische RAM's

Dynamische RAM's speichern Daten nicht in Flip-Flop's, sondern in Kondensatoren, deren Ladung ständig aufgefrischt werden muß. Dieser Refresh-Vorgang geschieht bei einigen Typen intern, bei anderen muß er durch Software oder Zusatzschaltungen bewerkstelligt werden.

Bild 8.23 zeigt als Beispiel die internen Funktionseinheiten des dynamischen 8Kx8-RAM 2186A von Intel.

Die Speicherkondensatoren sind matrixartig in Spalten und Reihen angeordnet, die durch zugehörige Decoder ausgewählt werden können. Die Zellen werden reihenweise beschrieben und gelesen. Dies geschieht über statische Zwischenspeicher, die gerade den Inhalt einer Reihe aufnehmen können. Bei jedem Lesen wird der Zelleninhalt zerstört, aber sofort automatisch nachgeladen. Dabei läuft der Datenverkehr über den Datenverteiler.

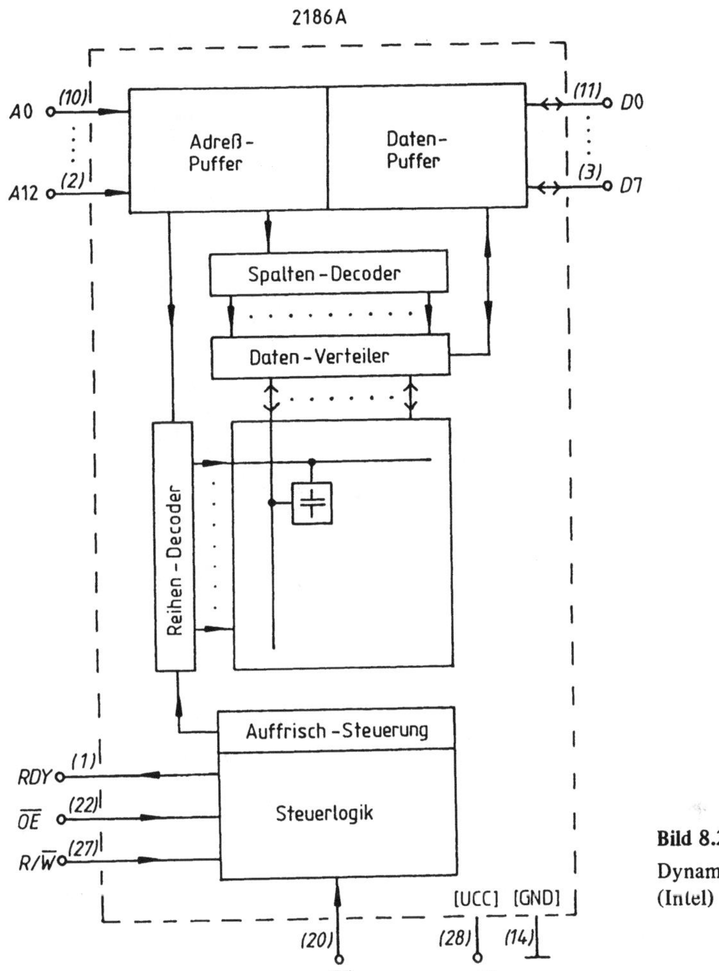

Bild 8.23
Dynamisches RAM 2186A (Intel)

Der Auffrischvorgang besteht darin, daß eine interne Auffrisch-Steuerung alle Reihen nacheinander liest, die Daten aber nicht nach außen weitergibt, sondern nur intern zurückschreibt.

Während einer Auffrischung wird mit *RDY* = 0 nach außen gemeldet, daß im Augenblick nicht auf den Speicher zugegriffen werden kann.

Eine Variante ist das 8Kx8 RAM 2187, das die gleiche Anschlußbelegung hat bis auf Stift 1. Hier ist ein Refresh-Eingang vorhanden, über den der Anwender den Auffrisch-Vorgang dann einleiten kann, wenn es von der Aufgabenstellung her am günstigsten ist.

Obwohl die Handhabung von dynamischen RAM's wesentlich komplizierter ist als diejenige von statischen, lohnt sich ihr Einsatz wegen ihres wesentlich niedrigeren Preises.

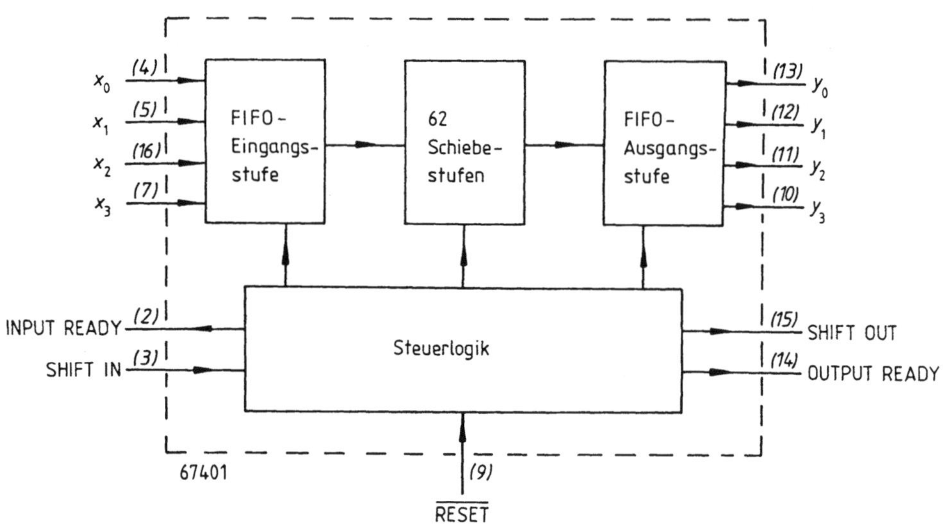

Bild 8.24 FIFO 67401 (Monolithic Memories)

FIFO

Ein FIFO (First-In First-Out) ist ein Speicher mit getrennten Ein- und Ausgängen, der nur seriell beschrieben und gelesen werden kann. Bild 8.24 zeigt als Beispiel den Baustein 67401 der Firma Monolithic Memories [15]. Er arbeitet nach dem viel verwendeten Aufrück-Prinzip, bei dem die eingeschriebene Information über eine Kette von Schiebestufen bis zur letzten noch unbesetzten Position vor dem Ausgang aufrückt.

Die Schaltung zeigt mit einer 1 am Ausgang INPUT READY an, daß die FIFO-Eingangsstufe Daten aufnehmen kann. Die an den Eingängen x_0 bis x_3 anliegenden Daten können nun durch ein Signal *SHIFT IN* = 1 eingegeben werden, worauf *INPUT READY* = 0 wird. Schaltet man jetzt *SHIFT IN* auf 0, läuft die Information durch die nachfolgenden Schiebestufen automatisch bis zur letzten noch unbesetzten Stelle durch. Die vor dem Ausgang gestapelten Datensätze können mit *SHIFT OUT* = 1 gelesen werden, bis das FIFO leer ist, was durch *OUTPUT READY* = 0 angezeigt wird. Durch *RESET* = 1 wird die Steuerlogik initialisiert. Es werden dann nur noch neu eingeschriebene Daten berücksichtigt. Der alte Inhalt wird überschrieben.

Bei der Kaskadierung zweier FIFO's muß man $SHIFT\ OUT_1$ mit $INPUT\ READY_2$ und $OUTPUT\ READY_1$ mit $SHIFT\ IN_2$ verbinden.

8.8 Zeitglieder

Zeitglieder sollen digitale Impulse erzeugen, verzögern oder in ihrer Form verändern. Zu ihnen gehören Monoflops (Einzelimpulsgeneratoren), Multivibratoren (Pulsgeneratoren), Verzögerungsschaltungen, Flankendetektoren und Schmitt-Trigger.

Monoflop

Ein Monoflop ist ein Flip-Flop mit einem stabilen Zustand, das durch einen kurzen Triggerimpuls in einen zweiten, labilen Zustand gebracht werden kann, in dem es während einer bestimmten Haltezeit t_H verweilt. Während der Haltezeit eintreffende Triggerimpulse sind beim normalen Monoflop wirkungslos. Beim sogenannten retriggerbaren Monoflop initialisieren sie jedoch erneut den labilen Zustand, der dann erst um die Zeit t_H nach dem letzten Triggerimpuls endet.

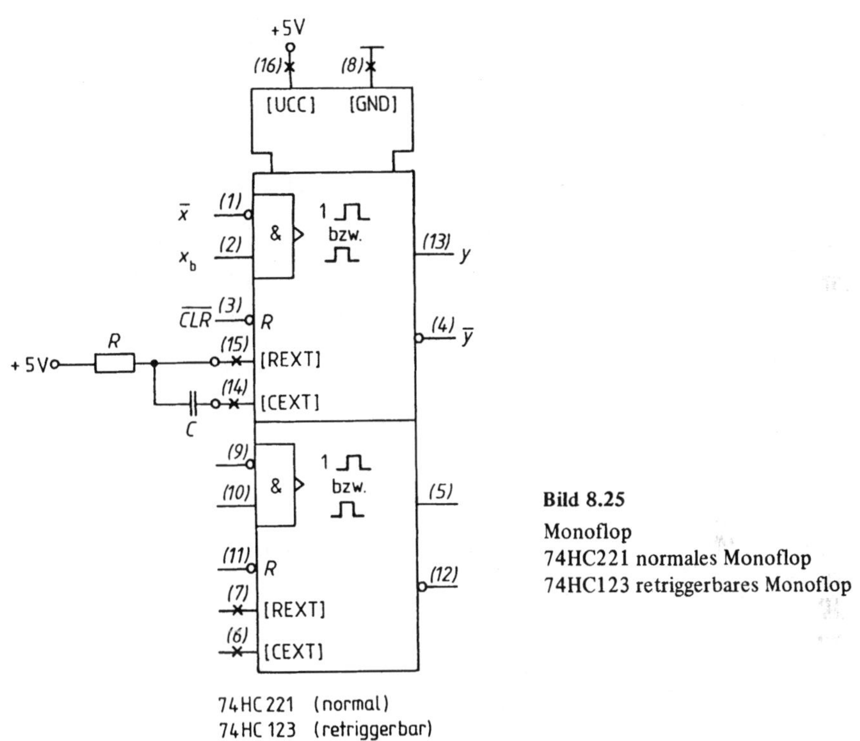

Bild 8.25
Monoflop
74HC221 normales Monoflop
74HC123 retriggerbares Monoflop

Bild 8.25 zeigt als Beispiele die flankengetriggerten Monoflops 74HC221 (normal und 74HC123 (retriggerbar) mit der notwendigen äußeren Beschaltung. Die Haltezeit ist bei beiden Typen $t_H = R \cdot C$, wobei aber $t_H > 0{,}4\ \mu s$ sein muß. Triggerbedingung ist der Übergang von 0 auf 1 der Konjunktion $\bar{x}_a \cdot x_b$. Ein Rücksetzsignal $\overline{CLR} = 0$ beendet den Ausgangsimpuls vorzeitig. Das Zeitdiagramm Bild 8.26 erläutert die unterschiedliche Arbeitsweise des normalen Monoflops 74HC221 und des retriggerbaren Monoflops 74HC123 im einzelnen.

Multivibrator

Multivibratoren sind Anordnungen, die mit instabilen Flip-Flops periodische Pulse erzeugen. Sie kippen zwischen zwei instabilen Zuständen hin und her und heißen deshalb auch Kippschwinger.

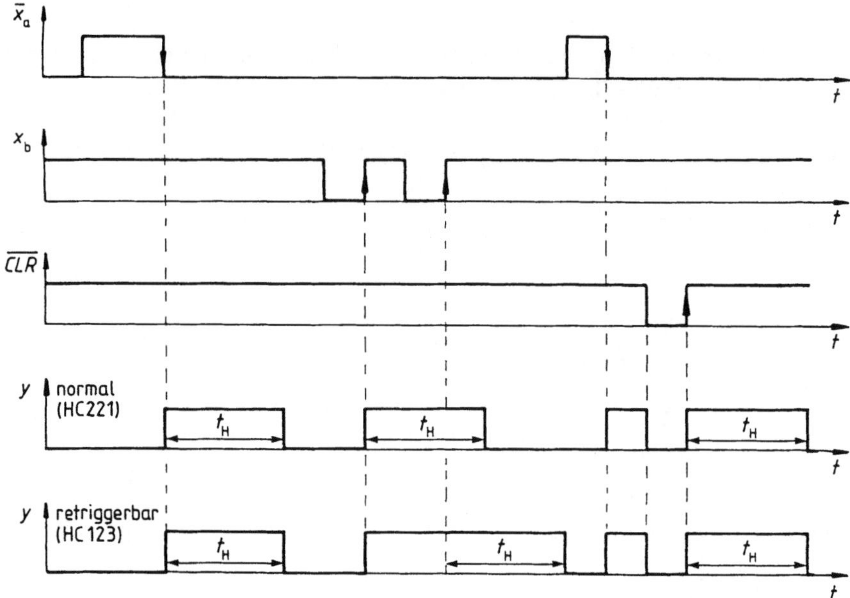

Bild 8.26 Zeitdiagramme für die Monoflops Bild 8.25

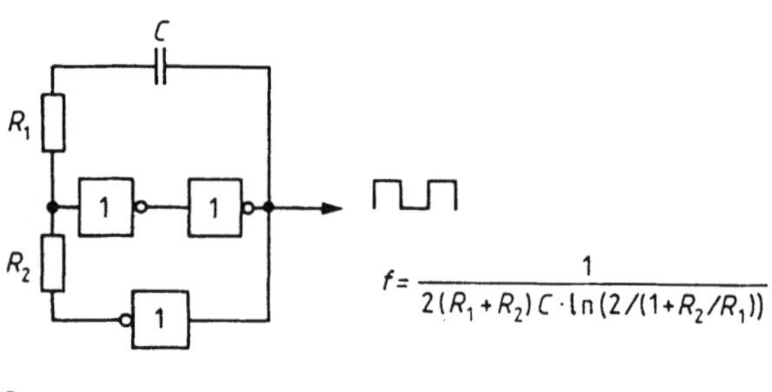

Bild 8.27 Multivibrator mit 3 HCMOS-Invertern

Bild 8.27 zeigt eine Schaltung mit HCMOS-Invertern, Bild 8.28 eine solche, die zwei sich gegenseitig anstoßende Monoflops benutzt und die nach dem Einschalten durch eine am Kondensator 10 nF (Stift 3) ansteigende Spannung erstmals angetriggert wird.

Verzögerungsschaltungen

In digitalen Systemen sind oft Impulse um Zeiten zu verzögern, die in der Größenordnung von einigen Eigenverzögerungszeiten der verwendeten Schaltkreisfamilie liegen. Man verwendet dann Inverterketten, die zusätzlich durch eine Kapazität C belastet werden können.

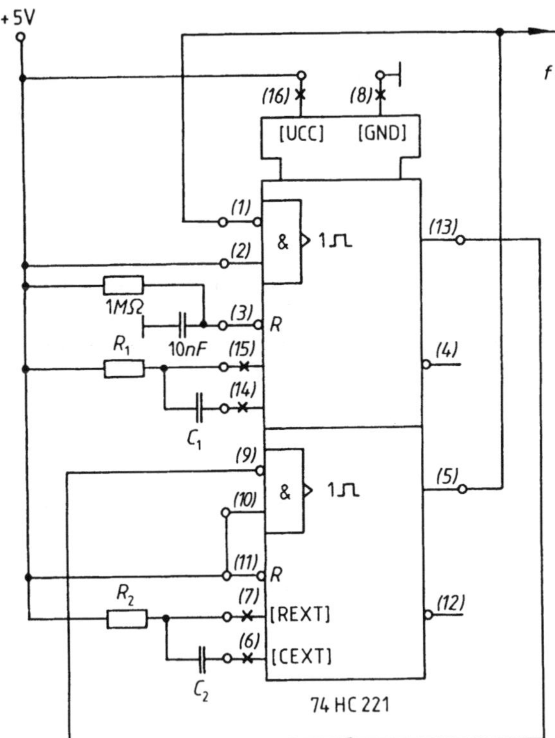

Bild 8.28
Multivibrator mit 2 Monoflops
Frequenz: $f = 1/(R_1\,C_1 + R_2\,C_2)$
Tastgrad: $R_1\,C_1/(R_1\,C_1 + R_2\,C_2)$

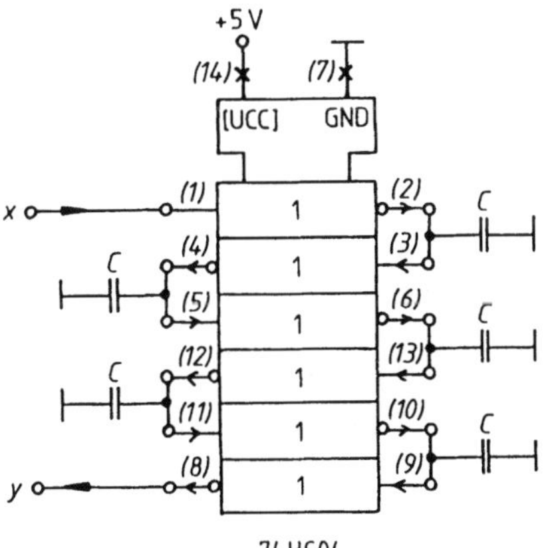

Bild 8.29
Verzögerungsschaltung mit Inverter 74HCO4

Bild 8.29 zeigt ein Beispiel für HCMOS-Inverter 74HC04. Die je Inverter/Kondensator-Kombination zu erwartende Verzögerung ist

$$t_p = 7{,}5\ \text{ns} + 0{,}042\ \frac{\text{ns}}{\text{pF}} \cdot C \qquad (8.9/1)$$

Bei $C = 250$ pF und kapazitiv unbelastetem Ausgang ist insgesamt mit der Verzögerung

$$t_p = 5 \cdot \left(7{,}5\ \text{ns} + 0{,}042\ \frac{\text{ns}}{\text{pF}}\ 250\ \text{pF}\right) + 7{,}5\ \text{ns} = 97{,}5\ \text{ns}$$

zu rechnen.

Für längere Verzögerungszeiten eignen sich Monoflops.

Flankendetektoren

Flankendetektoren geben einen kurzen Impuls ab, sobald am Eingang ein Übergang zwischen zwei Werten aufgetreten ist. Bild 8.30 zeigt je eine Schaltung für steigende, fallende oder beliebige Eingangsflanken. Die notwendigen Verzögerungsschaltungen lassen sich durch Inverterketten mit oder ohne Belastungskondensatoren (vgl. Bild 8.29) verwirklichen.

Schmitt-Trigger

Ein Schmitt-Trigger versteilert steigende und fallende Flanken. Er formt langsam sich ändernde externe Signale in Impulse mit steilen Flanken um, die in digitalen Systemen weiter verarbeitet werden können.

Kennzeichnend sind zwei verschiedene Schaltschwellen, U_{xein} und U_{xaus}, die sich um eine Hysterese ΔU_x unterscheiden.

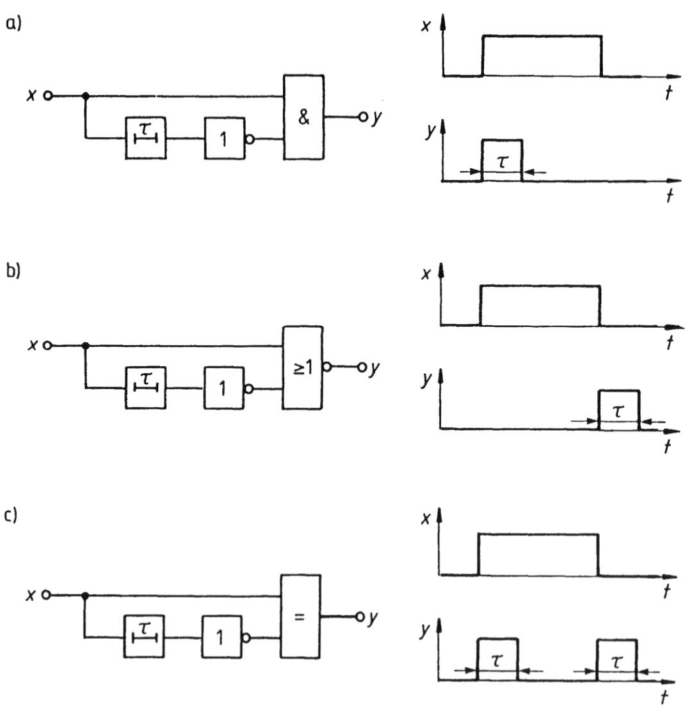

Bild 8.30 Flankendetektoren

a) für steigende Flanken b) für fallende Flanken c) für steigende oder fallende Flanken

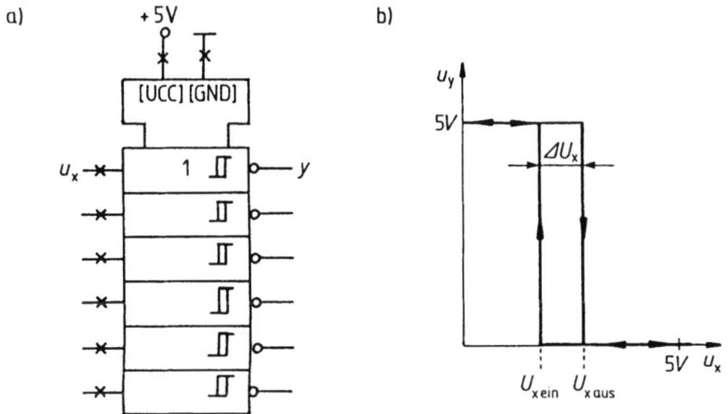

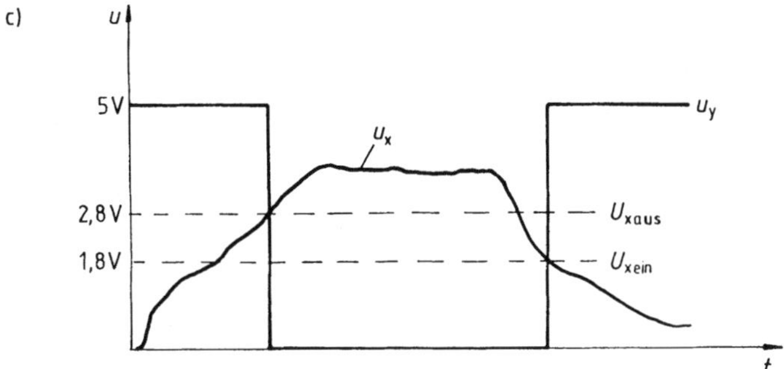

Bild 8.31 Schmitt-Trigger
a) Schmitt-Trigger 74HC14 b) Hysterese-Kennlinie
c) Zeitlicher Verlauf von Eingangs- und Ausgangs-Spannung

Bild 8.31 zeigt den Schmitt-Trigger 74HC14 und seine Funktionsweise. Es sind insgesamt 6 Schaltungen im DIL-Gehäuse untergebracht. Steigt die Eingangsspannung u_x vom Wert 0 beginnend an, so bleibt die Ausgangsspannung u_y auf 5 V (H) bis u_x den Schwellwert $U_{xaus} = 2{,}8$ V erreicht. Bei diesem Wert springt u_y schlagartig auf 0 V und kehrt erst dann wieder auf 5 V zurück, wenn u_x den Schwellwert $U_{xein} = 1{,}8$ V unterschreitet. Die Hysterese ist also $\Delta U_x = 1$ V.

Die Hysterese des Schmitt-Triggers ist ein durchaus erwünschter Effekt. Sie erhöht die Störsicherheit und sorgt dafür, daß bei überlagerten Störschwingungen im Schwellendurchgang die Ausgangsspannung nicht ständig hin- und herschaltet.

9 Mikroprozessoren

9.1 Übersicht

Mikroprozessoren sind besonders hoch integrierte Bausteine, die als rechnende und steuernde Zentraleinheit oder CPU (Central Processor Unit) eines Mikrocomputers verwendet werden.

Bild 9.1 zeigt die Grundanordnung eines Mikroprozessors in einem Mikrocomputer.

Zu Betriebsbeginn muß jeder Mikroprozessor durch einen Rücksetzimpuls (Reset) in einen normierten Anfangszustand versetzt werden. Er sendet dann über bestimmte, *Adreßbus* genannte Anschlußleitungen eine als Anfangsadresse bezeichnete Bitkombination aus und erwartet darauf als Antwort an einem zweiten Leitungssatz, *Datenbus* genannt, ein Befehlswort, das die weitere Arbeitsweise bestimmt. Diese besteht in einer internen Datenverarbeitung oder im Aussenden weiterer Adressen, mit denen entweder über den Datenbus Signale eingelesen oder vom Prozessor verarbeitete Daten ausgegeben werden können. *Steuerbus*signale zeigen unter anderem an, ob eine Ausgabe (Schreiben) oder Eingabe (Lesen) erfolgen soll.

Im internen Verkehr liest der Prozessor aus einem oder mehreren Festwertspeichern (ROM) oder aus RAM's, die an die Busse angeschlossen sind, und er schreibt Daten in die vorhandenen RAM's. Den Verkehr zu äußeren Einheiten, der Peripherie (z. B. Tastatur,

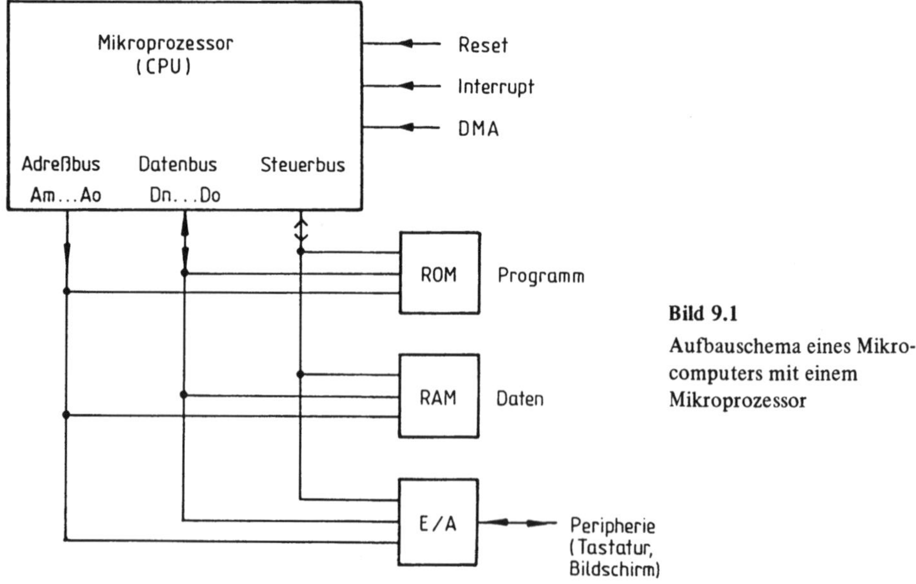

Bild 9.1
Aufbauschema eines Mikrocomputers mit einem Mikroprozessor

Bildschirm), wickelt der Mikroprozessor über spezielle Eingabe/Ausgabe(E/A)-Bausteine ab. Mit einem speziellen DMA (Direct Memory Access)-Signal lassen sich die CPU-Anschlüsse zu den Bussen hochohmig schalten. In diesem Zustand kann eine E/A-Einheit direkt die Kontrolle über die Busse übernehmen und den Datenverkehr zwischen dem Speicherbereich und der Peripherie ohne die CPU regeln.
Man klassifiziert Mikroprozessoren nach der Anzahl der Datenbusleitungen und spricht z. B. von 8-Bit-, 16-Bit-, 32-Bit-Mikroprozessoren.
Bit-Slice-Prozessoren nennt man solche Systeme, deren Datenbusbreite wählbar ist, je nachdem, wieviele Slice-(Scheiben-)Bausteine man verwendet. Damit zusammengestellte Computer benötigen naturgemäß mehr Platz, arbeiten aber besonders schnell. Ihre Technik soll hier wegen ihrer geringen Verbreitung nicht diskutiert werden.
Eine Sonderform des Mikroprozessors ist der *Signalprozessor.* Er ist speziell auf die Bedürfnisse der digitalen Signalverarbeitung ausgelegt. Er kann besonders schnell multiplizieren und addieren und enthält z. T. auch A/D- und D/A-Wandler.
Die Schaltungstechnik der Mikroprozessoren konzentriert sich auf die Frage, wie die Hardware, d. h. Speicher- und E/A-Bausteine an die Busse anzuschließen sind. Im übrigen wird die Funktion des Systems durch die Software, d. h. das Programm festgelegt.
Es sollen im folgenden nur die schaltungstechnischen, nicht die programmtechnischen Gesichtspunkte der Mikroprozessoren berücksichtigt werden.

9.2 Mikroprozessor 8085

Als Beispiel für einen 8-Bit-Mikroprozessor ist in Bild 9.2 der weitverbreitete Baustein 8085 (Intel, Siemens) [18] dargestellt. Der Datenbus ist mit einem Teil des Adreßbus gemultiplext, d. h. es werden gemeinsame Leitungen benutzt. Der Mikroprozessor enthält außer dem Rechenwerk 10 interne Register, deren Inhalt durch Software-Befehle verändert oder ausgetauscht werden kann. Zum Zwischenspeichern von Adressen und Daten werden weitere interne Register benutzt, die im Bild nicht eingezeichnet sind. Die Bedeutung der einzelnen Anschlüsse ist in der Bildunterschrift erklärt. Die normale Taktperiode ist $t_{\text{cycl}} = 320$ ns.

Maschinenzyklen

Zum Abarbeiten von Befehlen benutzt der Mikroprozessor 7 verschiedene Maschinenzyklen:

OF (Opcode Fetch)	Operationscode holen (4 oder 6 Takte)
MR (Memory Read)	Speicher lesen (3 Takte)
MW (Memory Write)	Speicher schreiben (3 Takte)
IOR (I/O-Read)	E/A-Baustein lesen (3 Takte)
IOW (I/O-Write)	E/A-Baustein schreiben (3 Takte)
BI (Bus Idle)	Bus inaktiv (3 Takte, bei HALT u. U. mehr)
INA (Interrupt Acknowledge)	Interrupt abarbeiten

SID
SOD
INTR
INTA
RST 5.5
RST 6.5
RST 7.5
TRAP
x_1
x_2
ser. E/A
Interrupt - Steuerung
Rechen-werk
Interner Datenbus
ST (5 Bit)
A (8 Bit)
B (8 Bit)
C (8 Bit)
D (8 Bit)
E (8 Bit)
H (8 Bit)
L (8 Bit)
SP (16 Bit)
PC (16 Bit)
— Status, Akkumulator
— Registerpaar B, C
— Registerpaar D, E
— Registerpaar H, L
— Stapelzeiger
— Programmzähler
A
AD
D
Zeit - und Ablaufsteuerung
Adreßpuffer
Adreß / Daten - Puffer
+5V
UCC GND
(40) (20)
(1) (2) (3) (4) (5) (6) (7) (8) (9) (10) (11)
(12) (13) (14) (15) (16) (17) (18) (19) (21) (22) (23) (24) (25) (26) (27) (28) (35) (31) (32) (30) (29) (33) (34) (39) (38) (36) (3) (37)
AD0 AD1 AD2 AD3 AD4 AD5 AD6 AD7
A8 A9 A10 A11 A12 A13 A14 A15
READY WR RD ALE S0 S1 IO/M HOLD HLDA RESET IN RESET OUT CLK
Adreß/Daten - Bus
(A0...A7, D0...D7)
Adreßbus
(A8...A15)
Steuerbus

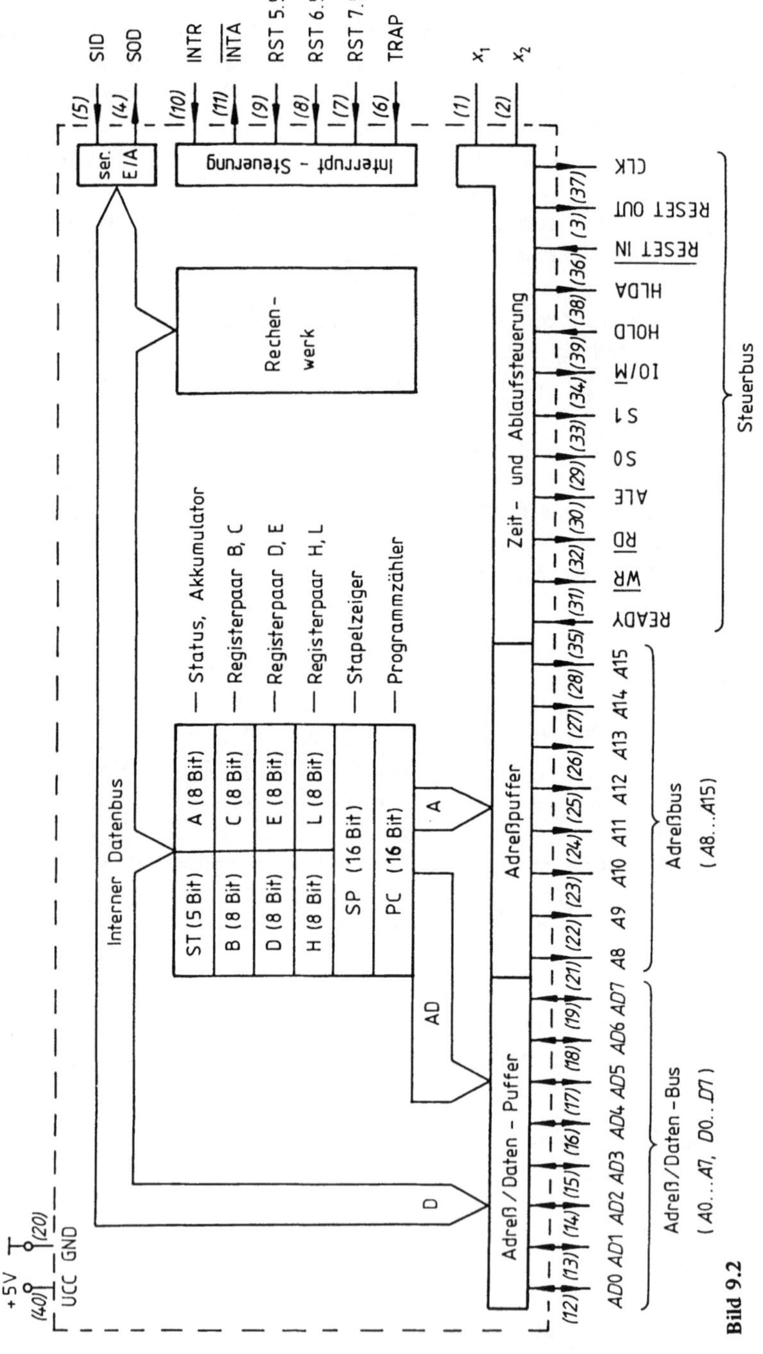

Bild 9.2

Bild 9.2 Mikroprozessor 8085

X1, X2 Anschlüsse für einen Quarz 1 ... 6 MHz. Bei Quarzfrequenzen unter 4 MHZ sind zusätzlich je 20 pF gegen Masse zu schalten. An X1 kann auch ein externer Takt angelegt werden, dessen L-Pegel mindestens 80 ns und dessen H-Pegel mindestens 120 ns andauert. Der Mikroprozessor arbeitet mit der halben Frequenz des Quarzes bzw. des externen Taktes.

CLK Ausgang des Prozessortaktes

AD0 ... AD7 Gemultiplexter Adreß/Datenbus. Die niederwertigen Adreßbit und die Datenbit erscheinen abwechselnd

A8 ... A15 Höherwertige Adreßbits des Adreßbusses

ALE Address-Latch-Enable-Signal. Mit *ALE* = 1 oder der fallenden Flanke von ALE können die niederwertigen acht Adreßbit von *AD0 ... AD7* in ein Zwischenregister übernommen werden.

$\overline{RESET\ IN}$ Mit $\overline{RESET\ IN}$ = 0 wird der Mikroprozessor in den Grundzustand gesetzt.

RESET OUT Mit *RESET OUT* = 1 meldet der Mikroprozessor, daß er gerade zurückgesetzt wird. Dieses Signal ist mit dem Takt synchronisiert und kann zum Rücksetzen anderer Systemeinheiten benutzt werden.

TRAP Eingang für unbedingten (nicht maskierbaren) Interrupt höchster Priorität. *TRAP* = 1 ruft ein bei Adresse 0024_H beginnendes Interrupt-Programm auf.

RST 7.5 Eingang für maskierbaren Interrupt mit zweithöchster Priorität. Eine steigende Flanke ruft ein bei Adresse $3C_H$ beginnendes Interrupt-Programm auf.

RST 6.5 Eingang für maskierbaren Interrupt mit dritthöchster Priorität. *RST 6.5* = 1 ruft ein bei Adresse 34_H beginnendes Interrupt-Programm auf.

RST 5.5 Eingang für maskierbaren Interrupt mit vierthöchster Priorität. *RST 5.5* = 1 ruft ein bei Adresse $2C_H$ beginnendes Interrupt-Programm auf.

INTR Allgemeiner Interrupteingang niedrigster Priorität. Die Anfangsadresse des Interrupt-Programmes muß durch ein RST-Befehls-Codewort nach $\overline{INTA}$ = 0 auf Datenbus hardwaremäßig aufgeprägt werden.

$\overline{INTA}$ Interrupt-Quittung. $\overline{INTA}$ = 0 zeigt die Annahme eines Interrupts an.

$\overline{WR}$ Schreib-(Write)Signal. Bei einem Schreib- oder OUT-Befehl wird $\overline{WR}$ = 0.

$\overline{RD}$ Lese-(Read)Signal. Bei einem Lese- oder IN-Befehl wird $\overline{RD}$ = 0.

$IO/\overline{M}$ Bei einem Speicherbefehl (Memory) und bei einem Operationscode-Abruf wird $IO/\overline{M}$ = 0, bei einem E/A-Befehl (IO) oder einer Interrupt-Quittung wird $IO/\overline{M}$ = 1.

S0, S1 Status-Information
Halt: *S0* = 0, *S1* = 0
Schreiben: *S0* = 1, *S1* = 0
Lesen: *S0* = 0, *S1* = 1
Operationscode-Abruf: *S0* = 1, *S1* = 1

READY Speicher und E/A-Bausteine können mit *READY* = 0 den Mikroprozessor warten lassen.

HOLD Durch HOLD = 1 lassen sich die Adreß-, die Adreß/Datenleitungen sowie die Anschlüsse $\overline{RD}$, $\overline{WR}$ und $IO/\overline{M}$ hochohmig schalten.

HLDA Quittung auf HOLD (Hold-Acknowledge).
HLDA = 1 meldet, daß die Anschlüsse *AD0 ... AD7, A8 ... A15*, $\overline{RD}$, $\overline{WR}$ und $IO/\overline{M}$ hochohmig sind.

SID Serieller Dateneingang. Durch den Befehl RIM kann ein hier anliegendes Bit in den Akkumulator geladen werden.

SOD Serieller Datenausgang. Kann durch den Befehl SIM auf 1 oder 0 gesetzt werden.

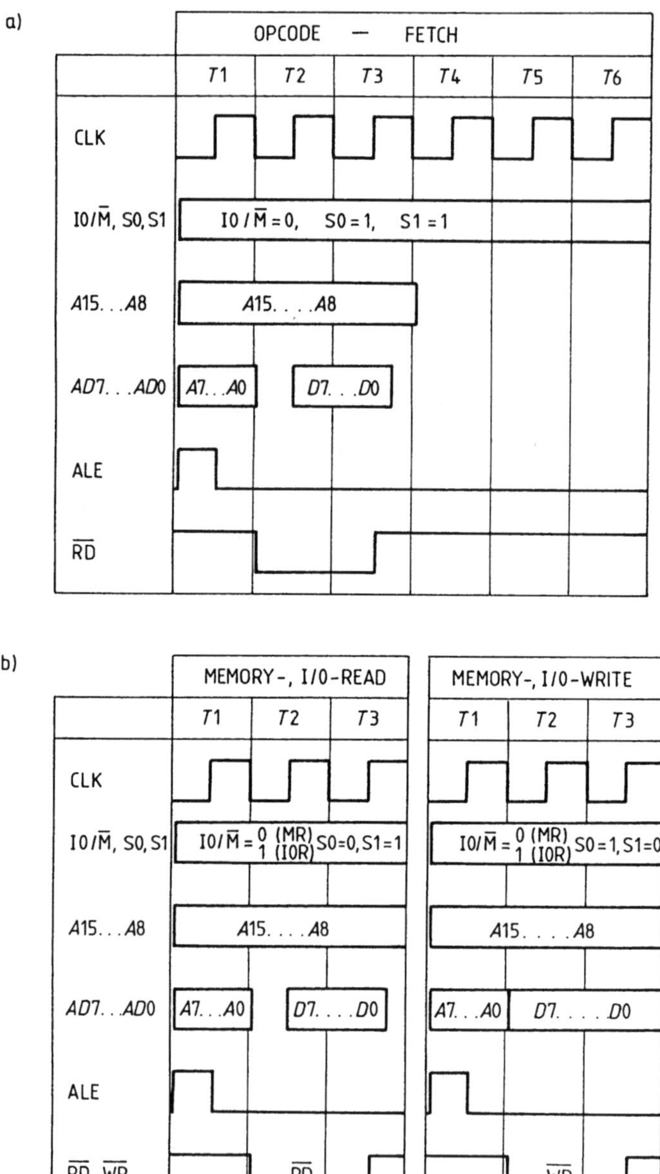

Bild 9.3 Zeitlicher Ablauf der Maschinenzyklen
a) Operationscode einlesen (OPCODE FETCH) b) Lesen, Schreiben

Die wichtigsten gegenseitigen zeitlichen Beziehungen sind in Bild 9.3 schematisch für die Fälle OF, MR, MW, IOR, IOW zusammengestellt. Zwischen T2 und T3 fügt der Mikroprozessor weitere sog. Wartetakte TW ein, solange *READY* = 0 ist. Genau ein Wartetakt ergibt sich bei galvanischer Verbindung von *WAIT* und *READY*. Durch diese Maßnahme kann die Arbeitsgeschwindigkeit des Mikroprozessors an langsame Speicher und E/A-Einheiten angepaßt werden.
Bei einer Taktperiode von 320 ns gelten die folgenden Zeitbedingungen:

Lesen: Ausgabe der Adressen spätestens 110 ns nach Beginn des Taktes T1. Daten müssen jeweils spätestens t_{AD} = 575 ns nach Erscheinen der gültigen Adressen, t_{LDR} = 460 ns nach der fallenden Flanke von *ALE* und t_{RD} = 300 ns nach der fallenden Flanke von $\overline{RD}$ erscheinen und bis zum Ende dieses Signals gehalten werden.

Schreiben: Ausgabe der Adressen spätestens 110 ns nach Beginn des Taktes T1. Die auszugebenden Daten erscheinen spätestens t_{LDW} = 200 ns nach der fallenden Flanke von *ALE*, spätestens t_{DW} = 420 ns vor der steigenden Flanke von $\overline{WR}$ und bleiben mindestens bis zur Zeit t_{WD} = 100 ns nach der steigenden Flanke von $\overline{WR}$ erhalten.

Das Signal $\overline{RD}$ bzw. $\overline{WR}$ erscheint frühestens t_{AC} = 270 ns nach Anliegen der gültigen Adressen und endet frühestens t_{CA} = 120 ns vor deren Verschwinden.

Demultiplexen des Adreß/Datenbusses

Es gibt Spezialspeicher- und E/A-Bausteine, die direkt an die gemultiplexten Busse des Mikroprozessors 8085 anschaltbar sind. Will man jedoch Standard-Bausteine verwenden, muß man von den Leitungen *AD7 ... AD0* das niederwertigere Adreßbyte *A7 ... A0* mit *ALE* in ein Pufferregister übernehmen und dort bis zum Ende des Maschinenzyklus speichern.
Für den Fall, daß mit DMA gearbeitet werden soll, muß das Pufferregister in den hochohmigen Zustand schaltbar sein.
Bild 9.4 zeigt eine Schaltung zur Abtrennung des Halbadreßbusses *A7 ... A0* von den Leitungen *AD7 ... AD0*.
Als Pufferregister dient der Baustein 74HCT373. Ein HC-Typ wäre nicht pegelkompatibel. Die gemultiplexten Leitungen können wie Datenleitungen behandelt werden; man darf an sie jedoch keine Daten anlegen, solange sie noch von Adressen belegt sind.

Anschluß eines statischen Speichers

Bild 9.5 zeigt als Beispiel den Anschluß eines Speichers TMS4016-12 (vgl. auch Bild 8.20) an den Mikroprozessorbus. Die Adreßeingänge *A0 ... A10* sind mit den entsprechenden Adreßbusleitungen zu verbinden. Die verbleibenden Adreßbits *A11 ... A15* bilden zusammen mit dem Steuerbussignal $IO/\overline{M}$ im 1-aus-*n*-Decoder 74HCT138 am Ausgang 0 das Bausteinauswahlsignal $\overline{CS}$ (Chip Select). Der Adreßbereich des Beispiels ist 0100 0xxx xxxx xxxx. Die hier nicht benutzten Ausgänge 1 bis 7 können weitere Speichereinheiten mit den Adreßbereichen 0100 1xxx xxxx xxxx bis 0111 1xxx xxxx xxxx auswählen.

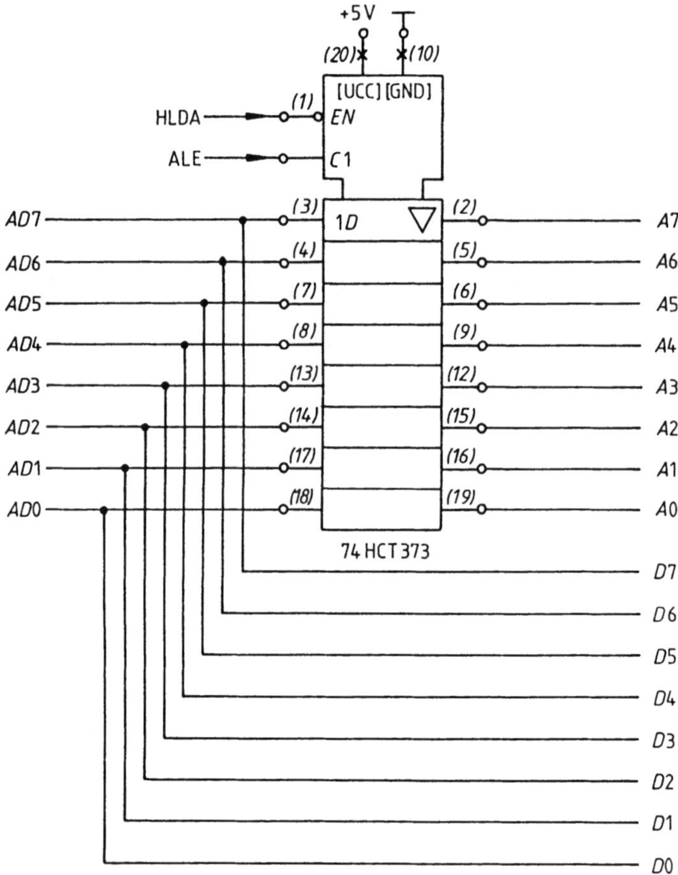

Bild 9.4 Demultiplexen eines Adreß/Datenbusses

Der Anschluß $R/\overline{W}$ wird mit dem Bussignal $\overline{WR}$ gespeist, das für die Schreibeinstellung bei $\overline{WR} = 0$ sorgt. Weil der Baustein aber außerhalb dieser Zeit stets auf Lesen eingestellt ist und sofort Daten auf den Bus geben würde, sobald er ausgewählt ist, muß $\overline{OE}$ mit dem Steuerbussignal $\overline{RD}$ verbunden werden. Jetzt ist sichergestellt, daß der Ausgang am hochohmigen Zustand nur während des Leseimpulses $\overline{RD} = 0$ verläßt.

Die Geschwindigkeitsanforderungen an den Speicher sind beim Lesen

Zugriffszeit nach Anlegen der Adressen: $t_{a(A)} \leqslant t_{AD} - t_p$

Für den Speicher TMS 4016 ist $t_{a(A)} = 120$ ns,
für den Mikroprozessor 8085 ist $t_{AD} = 575$ ns,
für das Pufferregister 74HCT373 ist $t_p = 45$ ns.
Die Bedingung ist erfüllt.

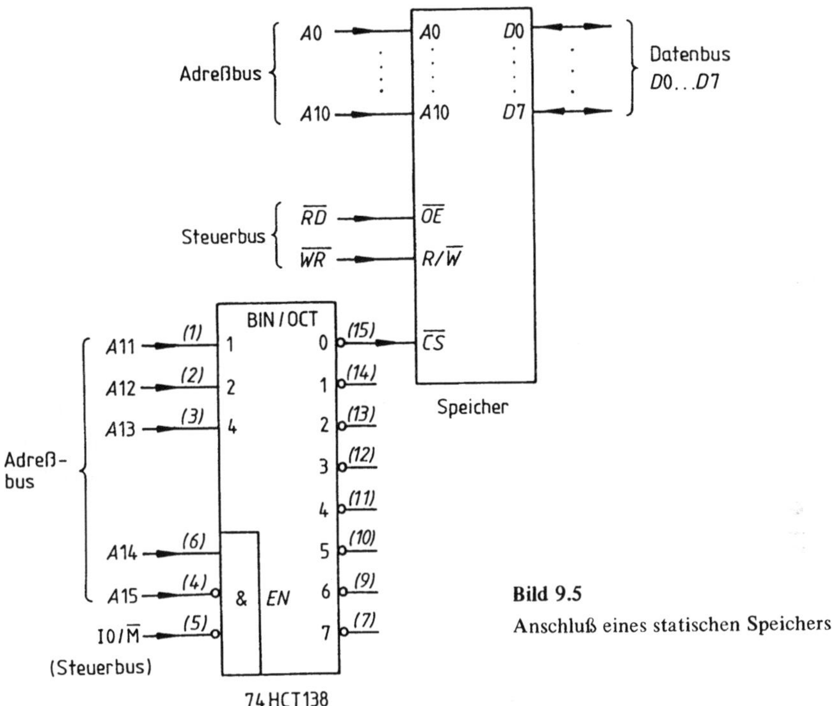

Bild 9.5
Anschluß eines statischen Speichers

Zugriffszeit nach Bausteinauswahl: $t_{a(\overline{CS})} \leq t_{AD} - t_p$

Für den Speicher TMS 4016 ist $t_{a(\overline{CS})} = 60$ ns,
für den Mikroprozessor 8085 ist $t_{AD} = 575$ ns,
für den 1-aus-8-Decoder 74HCT138 ist $t_p = 57$ ns.

Die Bedingung ist erfüllt.

Zugriffszeit nach fallender Flanke $\overline{RD}$: $t_{a(\overline{OE})} \leq t_{RD}$

Für den Speicher TMS 4016 ist $t_{a(\overline{OE})} = 50$ ns,
für den Mikroprozessor 8085 ist $t_{RD} = 300$ ns.

Die Bedingung ist erfüllt.

Die Geschwindigkeitsanforderungen an den Speicher sind beim Schreiben

Vorbereitungszeit der Daten: $t_{su(D)} \leq t_{DW}$

Für den Speicher TMS 4016 ist $t_{su(D)} = 50$ ns,
für den Mikroprozessor 8085 ist $t_{DW} = 420$ ns.

Die Bedingung ist erfüllt.

Haltezeit der Daten: $t_{h(D)} \leq t_{WD}$

Für den Speicher TMS 4016 ist $t_{h(D)} = 5$ ns,
für den Mikroprozessor 8085 ist $t_{WD} = 100$ ns.

Die Bedingung ist erfüllt.

Vorbereitungszeit von $R/\overline{W}$: $t_{su(A)} \leqslant t_{AC} - t_p$

Für den Speicher TMS 4016 ist $t_{su(A)} = 0$ ns,
für den Mikroprozessor 8085 ist $t_{AC} = 270$ ns,
für das Pufferregister 74HCT373 ist $t_p = 45$ ns.

Die Bedingung ist erfüllt.

Haltezeit der Adressen: $t_{h(A)} \leqslant t_{CA}$

Für den Speicher TMS 4016 ist $t_{h(A)} = 0$ ns,
für den Mikroprozessor 8085 ist $t_{CA} = 120$ ns.

Die Bedingung ist erfüllt.

Anschluß eines dynamischen Speichers

Dynamische Speicher werden im Prinzip wie statische Speicher angeschlossen, jedoch muß zusätzlich das Auffrischproblem berücksichtigt werden. Es ist am einfachsten bei asynchronen Speichern – (z. B. 2186A von Intel) zu lösen. Dort wird der Ausgang *RDY* mit dem Mikroprozessoreingang *READY* verbunden.

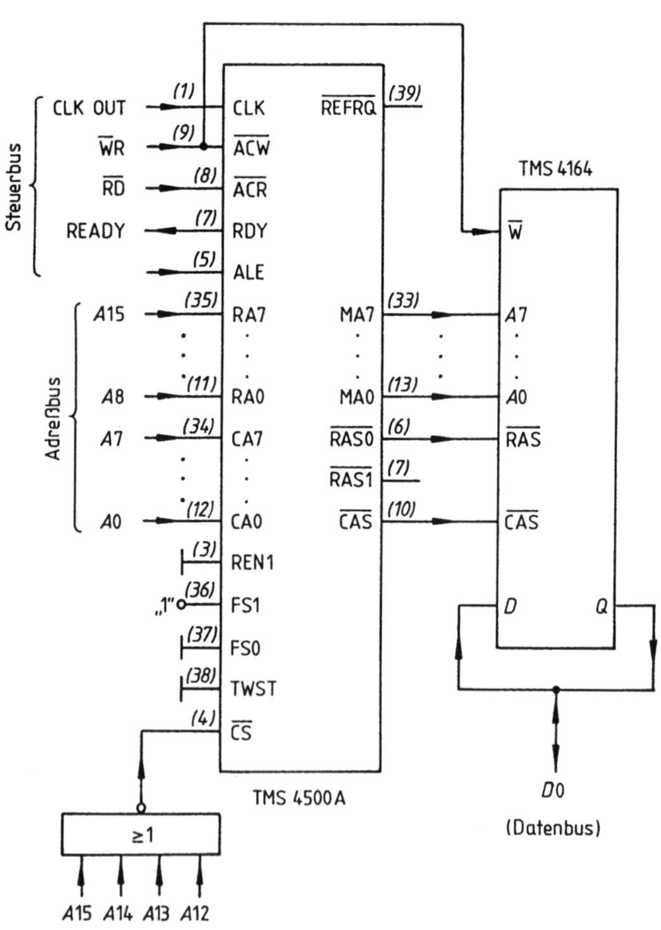

Bild 9.6

Anschluß eines dynamischen Speihers für asynchrone Refresh-Zyklen

Dynamische Speicher, die über keine interne Refresh-Einrichtung verfügen, benötigen zum Anschluß an den Mikroprozessor einen Controller-Baustein. Bild 9.6 zeigt eine entsprechende Anordnung mit dem Controller TMS 4500A und dem 64Kx1 DRAM TMS 4164, die im asynchronen Betrieb arbeitet. Wenn wegen Refresh kein Zugriff möglich ist, wird der Mikroprozessor über *RDY* = 1 zum Warten veranlaßt.
Vom verfügbaren Adreßraum von 64 K werden 60 K ausgenutzt. Die ersten 4 K (0000 0000 0000 0000 bis 0000 1111 1111 1111) sind für den ROM-Bereich reserviert. Für sie wird am dynamischen Speicher TMS 4500A $\overline{CS}$ = 1.
Für ein volles Datenbyte werden 8 in gleicher Weise angesteuerte Speicher des verwendeten Typs benötigt.

Anschluß eines E/A-Bausteins

E/A-Bausteine arbeiten in der Regel nur mit wenigen Adressen, unter denen sie sich vorprogrammieren lassen oder über die der eigentliche E/A-Verkehr abgewickelt wird.
Als Beispiel diene der Parallelschnittstellenbaustein 8255A (Intel, Siemens) in Bild 9.7. Er soll Daten zwischen dem Mikroprozessor-Datenbus und 3 Ein/Ausgabekanälen (Port A, Port B, Port C) in vorher programmierbarer Richtung übertragen. Der Mikroprozessor 8085 verwendet für den E/A-Verkehr (Befehle IN, OUT) nur 8-Bit lange Adressen *A7* ... *A0*. Hiervon werden die vier Adressen, die mit *A0, A1* zu bilden sind, zur Funktionssteuerung des Bausteins 8255A ausgenutzt, und die Adreßleitungen *A2* ... *A7* zu dessen Auswahl. Im Beispiel ist der zugeordnete Adreßbereich 1111 11xx.

9.3 Signalprozessor TMS 32010

Der Signalprozessor TMS 32010 (Texas Instruments) [19] ist speziell auf Anwendungen der Digitalen Signalverarbeitung zugeschnitten. Dazu gehören die digitale Filterung, digitale Modulation und Demodulation, Spracherzeugung und -erkennung, Bilddatenverarbeitung, Spektrumanalyse.
Signalprozessoren beziehen ihre Daten in der Regel von A/D-Wandlern und geben sie an D/A-Wandler ab. Die wesentlichen Unterschiede des Signalprozessors TMS 32010 gegenüber einem Mikroprozessor wie z. B. 8085 bestehen in folgenden Punkten:

- Kurze Befehlszykluszeit (200 ns) durch getrennte innere Befehls- und Datenbusse, die überlappende Arbeitsweise erlauben.
- Internes RAM und ROM
- 16-Bit-Datenwortlänge mit 32-Bit-Arithmetik
- Verkürzte Adressen (12 anstatt 16 Bit)
- Eigener Multiplizierer im Rechenwerk
- Integrierte Wortschieberegister

Ein vereinfachter Blockschaltplan ist in Bild 9.8 dargestellt. Es sind nur zwei Register AR0 und AR1 vorhanden, die voreingestellt werden können und zur Zählung von Programmschleifen dienen. Sie können mit einem Flip-Flop ARP umgeschaltet werden. Der volle Adreßbus *A11* bis *A0* wird zum Abruf von Befehlen aus einem externen ROM benutzt. Das Einlesen und Ausgeben von Daten ist auf 8 Adressen beschränkt, die mit *A2*

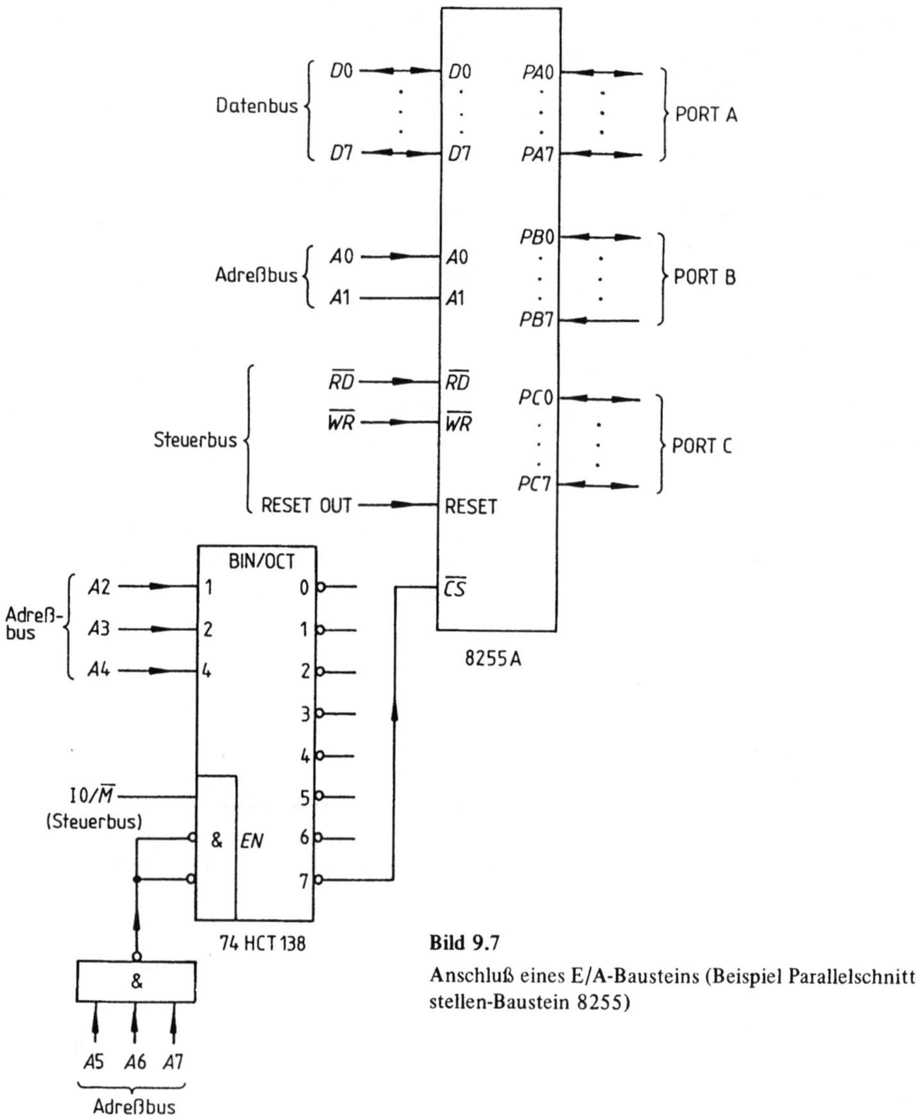

Bild 9.7

Anschluß eines E/A-Bausteins (Beispiel Parallelschnittstellen-Baustein 8255)

bis *A0* gebildet werden. Eine Besonderheit ist der Verzweigungseingang $\overline{BIO}$, über den periphere Einheiten dem Signalprozessor 1-Bit-Informationen übergeben können. Er kann im Pollingverfahren abgefragt werden. Ein Interrupt läßt sich wie bei anderen Mikroprozessoren, mit $\overline{INT} = 0$, auslösen. $\overline{WE}$, $\overline{DEN}$, $\overline{MEN}$ entsprechen den üblichen Lese- und Schreibsignalen, nur daß der Datenlesevorgang ($\overline{DEN}$) und der Befehlsholvorgang ($\overline{MEN}$) getrennt behandelt werden.

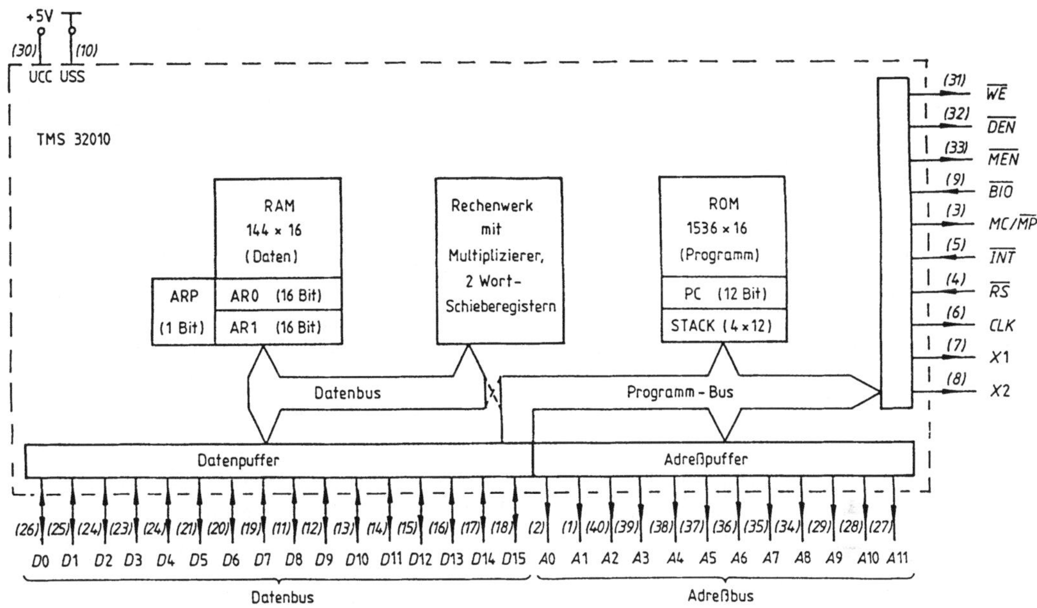

Bild 9.8 Signalprozessor TMS 32010

X1, X2 Anschlüsse für einen Quarz 6,7 ... 20,5 MHz. Zusätzlich sind je 10 pF gegen Masse zu schalten. An X2 kann auch ein externer Takt angelegt werden im HCMOS-Pegel. X1 bleibt dann frei. Der Signalprozessor mit einem Fünftel der Quarzfrequenz bzw. der externen Frequenz.

CLK Ausgang des Prozessortaktes

D0 ... D15 Bidirektionaler Datenbus. Für $\overline{WE}$ = 1 ist der Datenbus hochohmig.

A0 ... A11 Adreßbus. Zur Ansteuerung eines externen Programmspeichers werden die Anschlüsse *A0 ... A11*, zur Adressierung eines Periopheriebausteins (Befehle IN und OUT) die Anschlüsse *A0 ... A2* benutzt.

$MC/\overline{MP}$ Mikrocomputer/Mikroprozessor-Modus. Durch Anlegen von $MC/\overline{MP}$ = 1 wird der externe Befehlsspeicher (ROM) eingeschaltet. Mit ($MC/\overline{MP}$ = 0 wird bei der ROM-Ausführung TMS320M10 das interne ROM hinzugeschaltet, wobei der externe ROM-Bereich auf Adresse 1436 bis 4095 beschränkt wird.

$\overline{WE}$ Schreib-(Write-Enable)Signal. Mit $\overline{WE}$ = 0 werden gültige Ausgangsdaten angezeigt

$\overline{DEN}$ Lese-(Data Enable)Signal. Mit $\overline{DEN}$ = 0 zeigt der Prozessor an, daß er zur Datenaufnahme bereit ist.

$\overline{MEN}$ Programmeingabe (Memory-Enable) Signal. Mit $\overline{MEN}$ = 0 holt der Prozessor Befehle vom Programmspeicher.

$\overline{RS}$ Rücksetz-(Reset)Signal. Mit $\overline{RS}$ = 0 wird der Signalprozessor in den Grundzustand versetzt.

$\overline{INT}$ Eingang für Interrupt. Der Interrupt wird nach einer fallenden Flanke ausgelöst, sobald er durch Software freigegeben ist.

$\overline{BIO}$ Eingang für Verzweigungs-(I/0 Branch Control) Signal. Wird als Verzweigungskriterium beim Befehl BIOZ ausgenutzt. Für $\overline{BIO}$ = 0 findet eine Verzweigung statt.

Anschluß von A/D- und D/A-Wandlern

Soll der Prozessor abgetastete Signalwerte verarbeiten, muß er die hieraus berechneten Ergebniswerte im Abtasttakt auch wieder ausgeben. Dieser Forderung trägt die Anordnung Bild 9.9 Rechnung. Das Eingangssignal u_x wird im Bandpaß BP1 entsprechend dem Abtasttheorem bandbegrenzt und einem A/D-Wandler (mit eingebauter Sample-and-Hold-Schaltung) zugeführt. Dieser wird durch den Signalprozessor TMS 32010 durch OUT-Befehle über $\overline{WE}$ periodisch mit der Abtastfrequenz f_T gestartet. Er zeigt mit *READY* = 1 das Anliegen der richtigen Ausgangsdaten *D15* ... *D0* dem nachgeschalteten FIFO an, das sie übernimmt. Erkennt der Signalprozessor über den Anschluß $\overline{BIO}$, daß das FIFO voll ist, übernimmt er burstartig alle gepufferten Worte durch Lesebefehle ($\overline{DEN}$ = 0), um sie zu verarbeiten. Das Sammeln der Daten in einem vorgeschalteten FIFO verkürzt den Zeitverlust der Einleseroutinen. Die verarbeitenden Daten werden mit dem gleichen Signal $\overline{WE}$, das auch die Abtastung initialisiert, in ein D-Register (Latch) übernommen und von dort aus von einem D/A-Wandler in Analogwerte umgesetzt.

Weil nur 1 Eingabekanal und 1 Ausgabekanal existiert, ist eine Adressierung nicht nötig, d. h. bei IN- und OUT-Befehlen darf eine beliebige der acht möglichen Adressen (*A2 A1 A0* = 000 bis 111) verwendet werden. Sind mehrere Kanäle vorhanden, sind die Signale

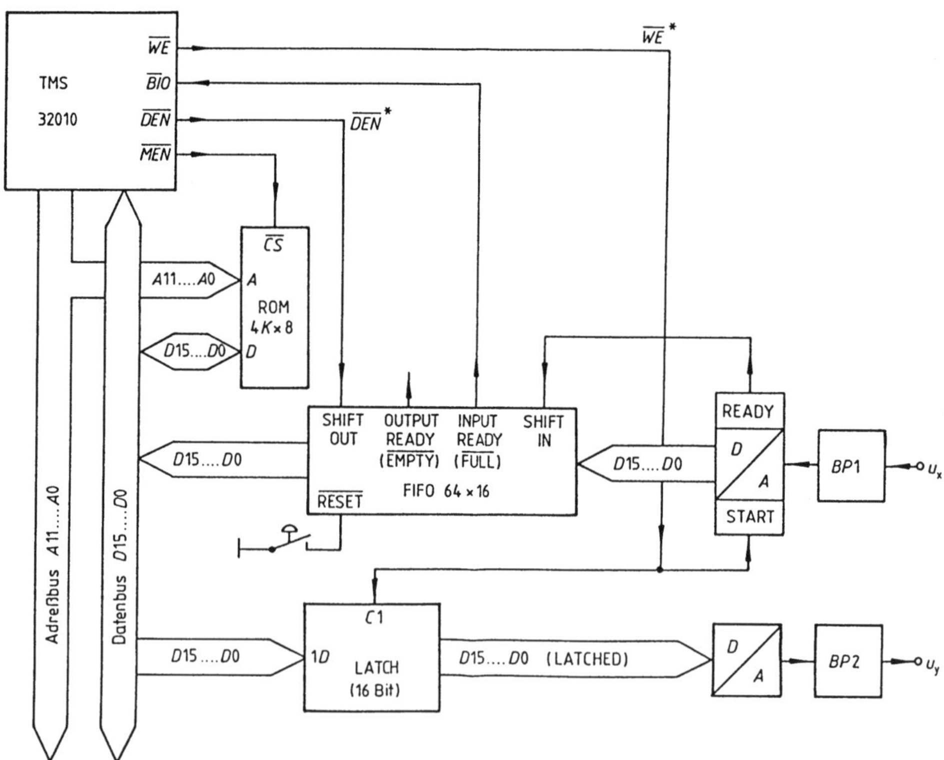

Bild 9.9 Anschluß von A/D- und D/A-Wandlern an den Signalprozessor TSM 32010 zur digitalen Signalverarbeitung.

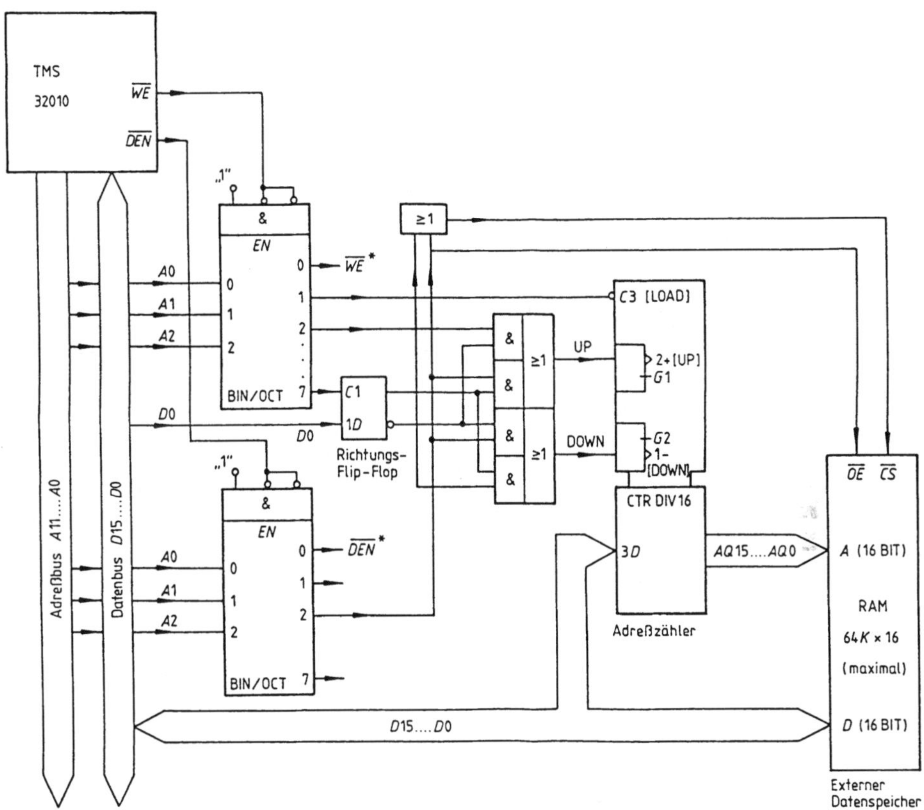

Bild 9.10 Anschluß eines externen Datenspeichers an den Signalprozessor TMS 32010.

$\overline{WE}$ und $\overline{DEN}$ mit *A2, A1, A0* so zu verknüpfen, daß das Ergebnis nur bei einer einzigen Adresse Null wird. Die verknüpften Signale $\overline{WE}$* und $\overline{DEN}$* treten dann an die Stelle von $\overline{WE}$ und $\overline{DEN}$ (wie z. B. im Bild 9.10).
In der Anordnung nach Bild 9.9 enthält das externe ROM 4kx8 das Programm. Es muß also $MC/\overline{MP}$ = 0 gemacht werden.

Anschluß eines externen Datenspeichers

Weil für den E/A-Datenverkehr nur 8 Adressen zur Verfügung stehen, erfordern externe Datenspeicher einen eigenen Adreßzähler, der über den Datenbus voreingestellt werden kann. Bild 9.10 zeigt eine Lösung, bei welcher über die Adresse 1 der Adreßzähler geladen wird. Mit jedem OUT-Befehl wird dieser normalerweise inkrementiert, mit jedem IN-Befehl dekrementiert. Mit einem über Adresse 7 setzbaren Richtungs-Flip-Flop lassen sich die Zählrichtungen bei Bedarf umkehren.
Nach diesem Verfahren können RAM's bis zur Größe 64kx16 angeschlossen werden, wenn man in der Regel auch mit einem geringeren Adreßraum arbeiten wird.
Die Signale $\overline{WE}$* bzw. $\overline{DEN}$* dienen der Steuerung eines D/A- bzw. A/D-Wandlers entsprechend Bild 9.9. Ihnen ist die Adresse 0 zugeordnet.

10 Optoelektronische Schaltungen

10.1 Übersicht

In der Nachrichtentechnik spielen optoelektronische Schaltungen auf folgenden Gebieten eine Rolle:

- zur Ansteuerung von LED- und LCD-Anzeigeelementen,
- als elektrooptische und optoelektrische Wandler am Anfang und Ende von Lichtwellenleiterstrecken und von Lichtstrahlungsstrecken,
- als Optokoppler zur galvanischen Stromkreistrennung,
- als Lichtsensoren.

Licht als Nachrichtenträger umfaßt außer dem sichtbaren Wellenlängenbereich von $\lambda = 380$ nm (violett) bis $\lambda = 780$ nm (rot) insbesondere auch den unsichtbaren Infrarotbereich oberhalb von $\lambda = 780$ nm. Die Beschränkung des Begriffs Licht auf sichtbare elektromagnetische Strahlung, wie sie von der Norm gefordert wird, hat sich in der Praxis nicht durchgesetzt.
In der Optoelektronik werden folgende photometrischen Grundbegriffe benutzt:

Strahlungsleistung und Lichtleistung

Die von einer Strahlungsquelle ausgehende *Strahlungsleistung* Φ_e wird in Watt (W) gemessen. Bewertet man sie mit der Empfindlichkeit des menschlichen Auges, erhält man die *Lichtleistung* oder den *Lichtstrom* Φ_v in Lumen (lm). Dabei entspricht der Strahlungsleistung 1 W der Lichtleistung

0,27	lm	bei	$\lambda = 400$ nm (violett)
2,72	lm	bei	$\lambda = 420$ nm
25,8	lm	bei	$\lambda = 450$ nm
141	lm	bei	$\lambda = 490$ nm (blau)
680	lm	bei	$\lambda = 555$ nm (grün)
515	lm	bei	$\lambda = 590$ nm (gelb)
180	lm	bei	$\lambda = 630$ nm (orange)
41,5	lm	bei	$\lambda = 660$ nm (rot)
2,7	lm	bei	$\lambda = 700$ nm (rot)

Strahlstärke und Lichtstärke

Die Strahlstärke I_e ist der Quotient aus der von einer punktförmigen Lichtquelle in den Raumwinkel $d\Omega$ ausgestrahlte Strahlungsleistung $d\Phi_e$ und der Größe dieses Raumwinkelelements

$$I_e = \frac{d\Phi_e}{d\Omega} \tag{10.1/1}$$

Die Einheit ist 1 W/sr.

Unter einem Raumwinkel Ω versteht man die vom Strahlungskegel ausgeschnittene Kugeloberfläche dividiert durch das Quadrat des Kugelradius. Die Einheit des Raumwinkels ist 1 sr (Steradiant). Ein voller Raumwinkel, der eine ganze Kugel umfaßt, hat den Wert $\Omega = 4\pi$ sr.
Die visuell bewertete Strahlstärke heißt Lichtstärke I_v:

$$I_v = \frac{d\Phi_v}{d\Omega} \tag{10.1/2}$$

Strahldichte und Leuchtdichte

Die Strahldichte L_e ist der Quotient aus der von einem Flächenelement dA ausgehende Strahlstärke dI_e und der Größe dieses Flächenelementes

$$L_e = \frac{dI_e}{dA} \tag{10.1/3}$$

Die Einheit ist 1 W/(m^2 · sr).
Die visuell bewertete Strahldichte heißt Leuchtdichte L_v:

$$L_v = \frac{dI_v}{dA} \tag{10.1/4}$$

Sie ist für den Helligkeitseindruck eines leuchtenden Körpers maßgeblich.

Bestrahlungsstärke und Beleuchtungsstärke

Die Bestrahlungsstärke E_e ist der Quotient aus der auf ein Flächenelement dA einwirkenden Strahlungsleistung dΦ_e und der Größe dieses Flächenelements:

$$E_e = \frac{d\Phi_e}{dA} \tag{10.1/5}$$

Die Einheit ist 1 W/m^2.
Die visuell bewertete Bestrahlungsstärke heißt Beleuchtungsstärke E_v:

$$E_v = \frac{d\Phi_v}{dA} \tag{10.1/6}$$

Die Einheit ist 1 lm/m^2 = 1 lx (Lux).

10.2 Leuchtdioden

Eigenschaften

Leuchtdioden sind Halbleiterdioden, die Licht abgeben, wenn man sie in Durchlaßrichtung betreibt. Sie heißen auch Luminiszenzdioden oder LED's (Light Emitting Diode). Die Farbe richtet sich nach dem verwendeten Halbleitermaterial. Galliumarsenidphosphid liefert rotes bis gelbes, Galliumphosphid grünes, Gallium-Nitrit blaues Licht.
Übliche Dioden haben einen zylindrischen Plastikkörper von 5 mm Durchmesser, es gibt aber auch eine Vielzahl anderer Bauformen.
Bild 10.1 zeigt am Beispiel gängiger 5-mm-LED's den Zusammenhang zwischen Strom, Spannung und Lichtstärke. Bei gleichem Strom ist die Durchlaßspannung grüner LED's am größten, die roter LED's am kleinsten. Die Lichtstärke I_V wird immer in der Haupt-

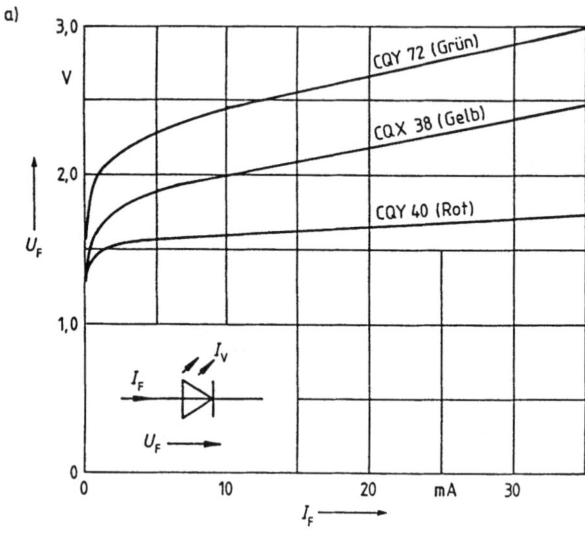

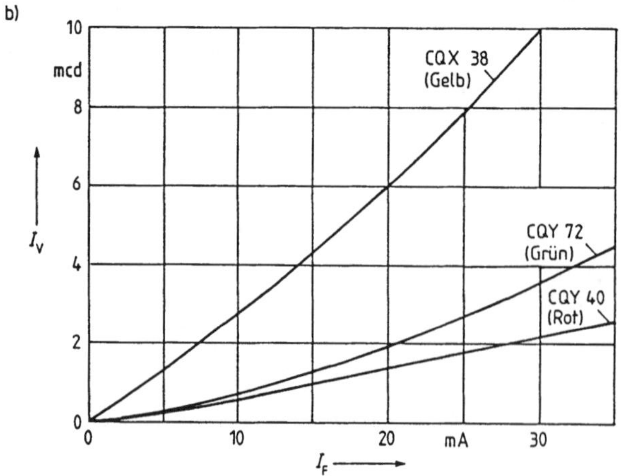

Bild 10.1
Kennlinien von LED's (Telefunken electronic)
a) Zusammenhang zwischen Strom I_F und Spannung U_F
b) Zusammenhang zwischen Strom I_F und Lichtstärke I_V

strahlrichtung, d. h. bei achsialer Betrachtung, angegeben. Sie ist in etwa proportional zu $I_F^{1,4}$.
Es gibt auch blinkende und zweifarbige LED's.

Betrieb

Für Betrachtungsabstände von etwa 50 cm Entfernung sollte die Lichtstärke einer LED zwischen 1 und 10 mcd liegen. Dazu sind in der Regel Ströme zwischen 2 und 20 mA nötig. Bei der Schaltungsauslegung ist darauf zu achten, daß der Betriebsstrom I_F möglichst wenig von exemplar- und temperaturbedingten Schwankungen der Durchlaßspannung U_F abhängt. Geeignete Schaltungen zeigen die Bilder 10.2 und 10.3 [20]. Der Betriebsstrom I_D ist entsprechend der gewünschten Lichtstärke zu wählen. Das Datenblatt gibt an, an welche Durchlaßspannung U_D hierfür erforderlich ist. Danach errechnet sich der jeweilige Vorwiderstand R mit den angegebenen Gleichungen. Bei den TTL-Schal-

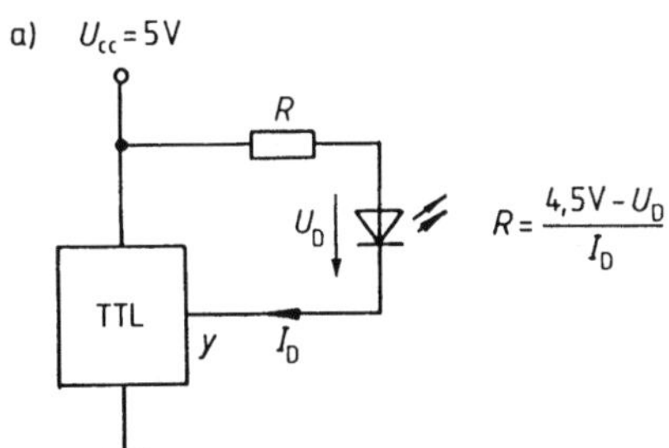

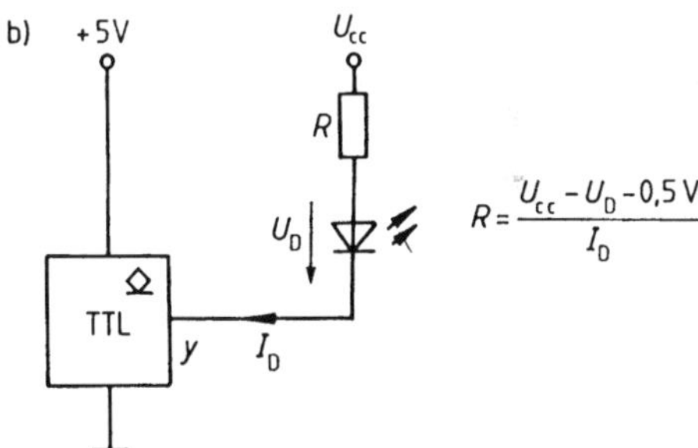

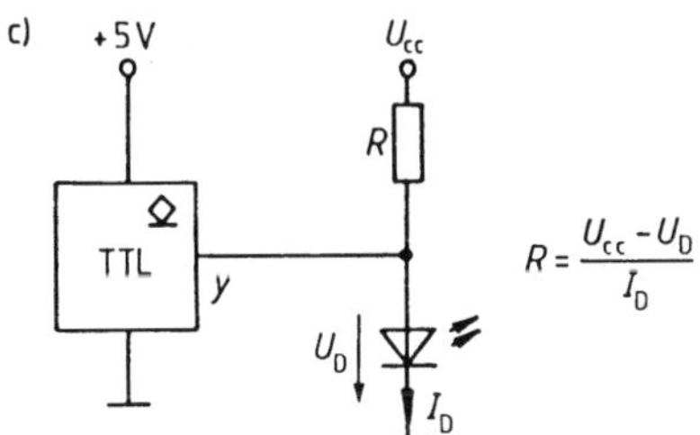

Bild 10.2
Speisung einer LED durch TTL-Schaltungen
a) aus Totem-pole-Schaltung (Diode leuchtet bei $y = 0$)
b) aus Open-collector-Schaltung (Diode leuchtet bei $y = 0$)
c) aus Open-collector-Schaltung (Diode leuchtet bei $y = 1$)

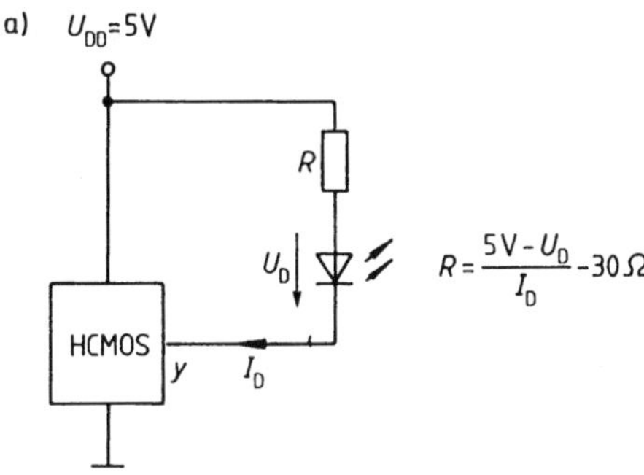

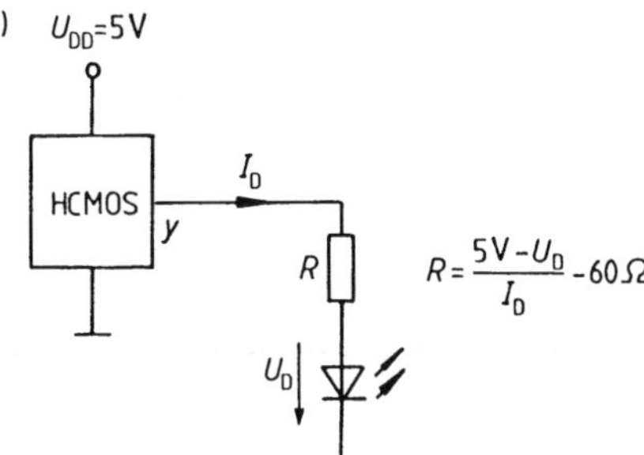

Bild 10.3 Speisung einer LED durch HCMOS-Schaltungen
a) Diode leuchtet bei $y = 0$ b) Diode leuchtet bei $y = 1$

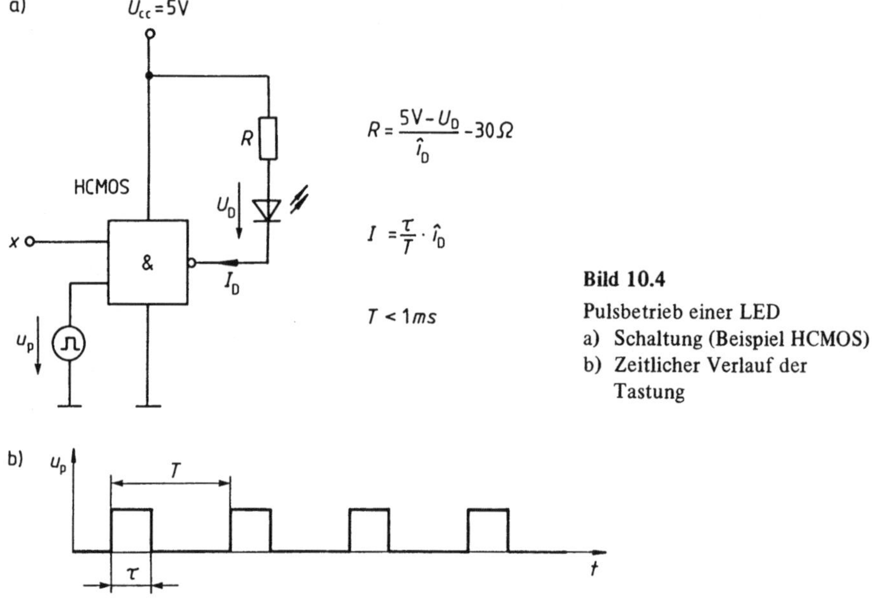

Bild 10.4
Pulsbetrieb einer LED
a) Schaltung (Beispiel HCMOS)
b) Zeitlicher Verlauf der Tastung

tungen ist eine Sättigungsspannung von 0,5 V zugrundegelegt, bei den HCMOS-Schaltungen ein Innenwiderstand von 30 Ω bzw. 60 Ω.
Die Lichtstärke I_V ändert sich etwa linear mit dem Leitwert $1/R$. Dies ist bei der Toleranzrechnung zu berücksichtigen. Man sollte darauf achten, daß die Lichtstärken mehrere LED's einer Anzeigeeinheit untereinander auf etwa ± 20% genau übereinstimmen. Größere Abweichungen wirken störend.
Im Pulsbetrieb nach Bild 10.4 ist der arithmetische Mittelwert I_D maßgeblich für den Helligkeitseindruck. Es ist darauf zu achten, daß der nach Datenblatt höchstzulässige Spitzenstrom $\hat{i}_{Dmax}$ nicht überschritten wird.

10.3 LED-Anzeigen

LED-Segmentanzeigen bestehen aus einer Kombination balkenförmig ausgebildeter Leuchtdioden, mit denen sich Ziffern, Buchstaben und andere Zeichen darstellen lassen. Daneben sind Punktfelder gebräuchlich. Bild 10.5 zeigt einige Beispiele.

Bild 10.5 Formen von LED-Anzeigen
a) Sieben-Segment
b) Sechzehn-Segment
c) 5 × 7-Punkt-Matrix
d) 4 × 7-Teil-Punktmatrix

Man unterscheidet zwischen Anzeigen mit gemeinsamer Anode und solchen mit gemeinsamer Kathode. Bild 10.6 zeigt Ansteuermöglichkeiten für beide Versionen mit den integrierten Siebensegment-Decodern 7447 (TTL) und 74HC4511 (HCMOS, mit Eingangs-D-Register). Der Dezimalpunkt wird jeweils gesondert gespeist.

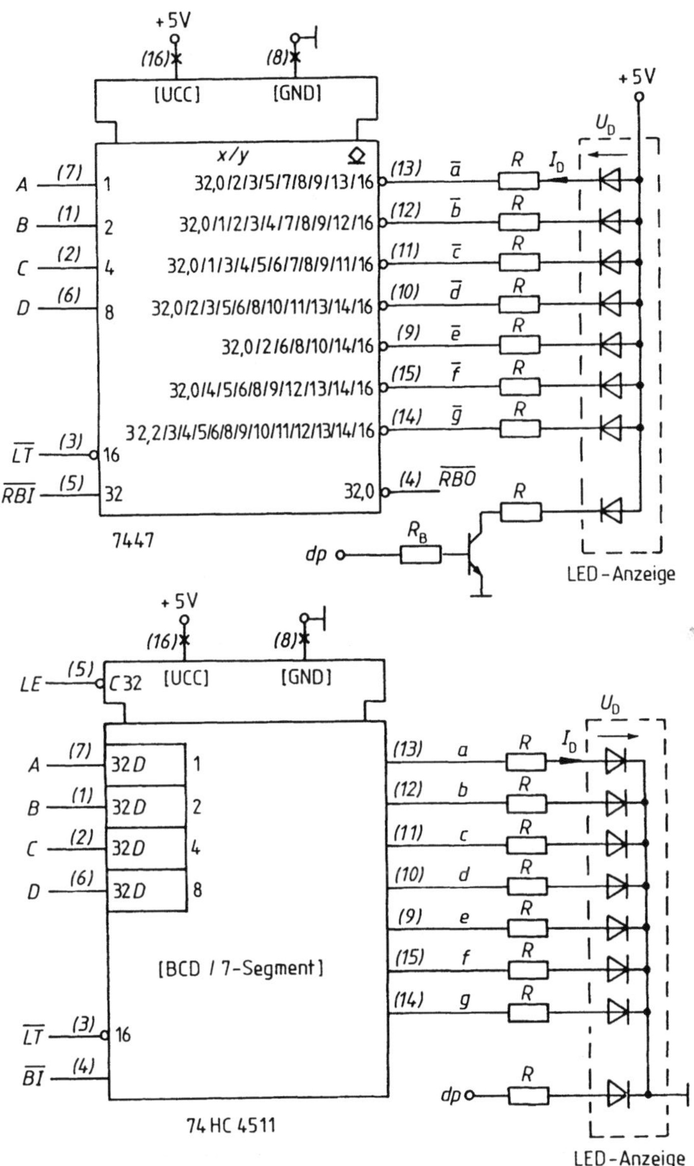

Bild 10.6 Aussteuerung einer Sieben-Segment-LED-Anzeige

a) Schaltung bei gemeinsamer Anode R = (4,5 V – U_D)/I_D

b) Schaltung bei gemeinsamer Kathode R = (5 V – U_D)/I_D – 60 Ω

Die Decoder haben je einen Eingang $\overline{LT}$ (Lamp Test). Ein Signal $\overline{LT} = 0$ läßt alle Segmente zu Testzwecken aufleuchten. Weiter löscht ein Signal $\overline{RBI} = 0$ (Ripple Blanking Input) bzw. $\overline{BI} = 0$ (Blanking Input) alle Dioden. Der Ausgang $\overline{RBO}$ zeigt mit $\overline{RBO} = 0$ an, daß bei $\overline{RBI} = 0$ eine Null anliegt. Man kann damit bei kaskadierten Anzeigen führende Nullen unterdrücken, vgl. Bild 10.7.

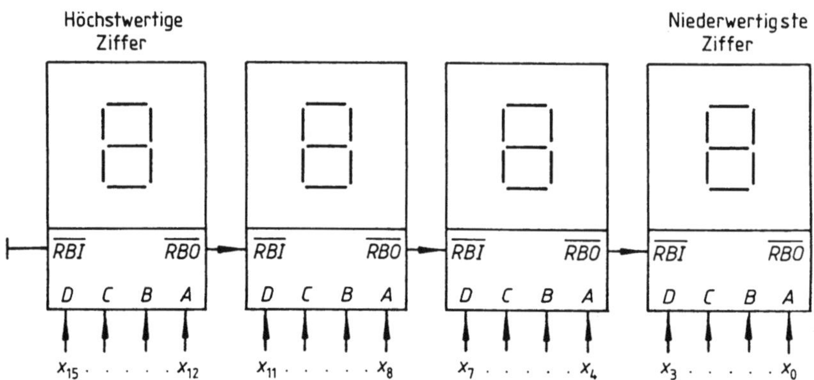

Bild 10.7 Kaskadierte Sieben-Segment-Anzeigen

Anzeigen mit gemeinsamer Anode haben den Vorteil, daß sie leicht an TTL-Open-Collector-Bausteine anschließbar sind. Die Versorgungsspannung ist frei wählbar, so daß mit hohem Vorwiderstand R und damit stabilerem Diodenstrom I_D gearbeitet werden kann.

Anzeigen mit gemeinsamen Kathoden lassen sich besonders einfach gepulst bzw. gemultiplext betreiben, wie in Bild 10.8 dargestellt. Im gewählten Beispiel steuert ein einziger BCD/7-Segment-Umsetzer 4 Anzeigen, die etwa eine vierstellige Dezimalzahl darstellen können. Ein Zähler (0 ... 3) wählt zyklisch jeweils aus den Datenleitungen $x_{15} \ldots x_0$ eine Ziffer aus und steuert sie über die Multiplexer 74HC153 auf den BCD/7-Segment-Umsetzer. Ein 1-aus-4-Decoder schaltet die Kathodenverbindung der zugeordneten Sieben-Segment-Bausteins über einen gesättigten Transistor an Masse, so daß die augenblicklich übertragene Ziffer aufleuchtet. Der Tastgrad τ/T jeder Einheit ist 25%, der Pulsstrom durch die Anzeige muß also etwa das Vierfache des äquivalenten Dauerstroms I_F sein, der die gewünschte Lichtstärke erzeugt.

Der Vorteil eines Multiplex-Betriebs besteht vor allem darin, daß weniger Verbindungsleitungen zur Anzeige erforderlich sind. Weiter wird etwas Strom gespart, weil im Pulsbetrieb bei gleicher Lichtstärke etwas weniger Leistung benötigt wird.

10.4 LCD-Anzeigen

LCD (Liquid Crystal Display)-Anzeigen leuchten nicht selbst, sondern steuern nur den Lichtdurchlaß bestimmter organischer Substanzen, die in einem Zwischenzustand zwischen Flüssigkeit und Kristall wirken und deshalb Flüssigkristalle heißen. Die Steuerung erfolgt über durchsichtige Segment- oder Punkt-Elektroden, an die eine Wechselspannung

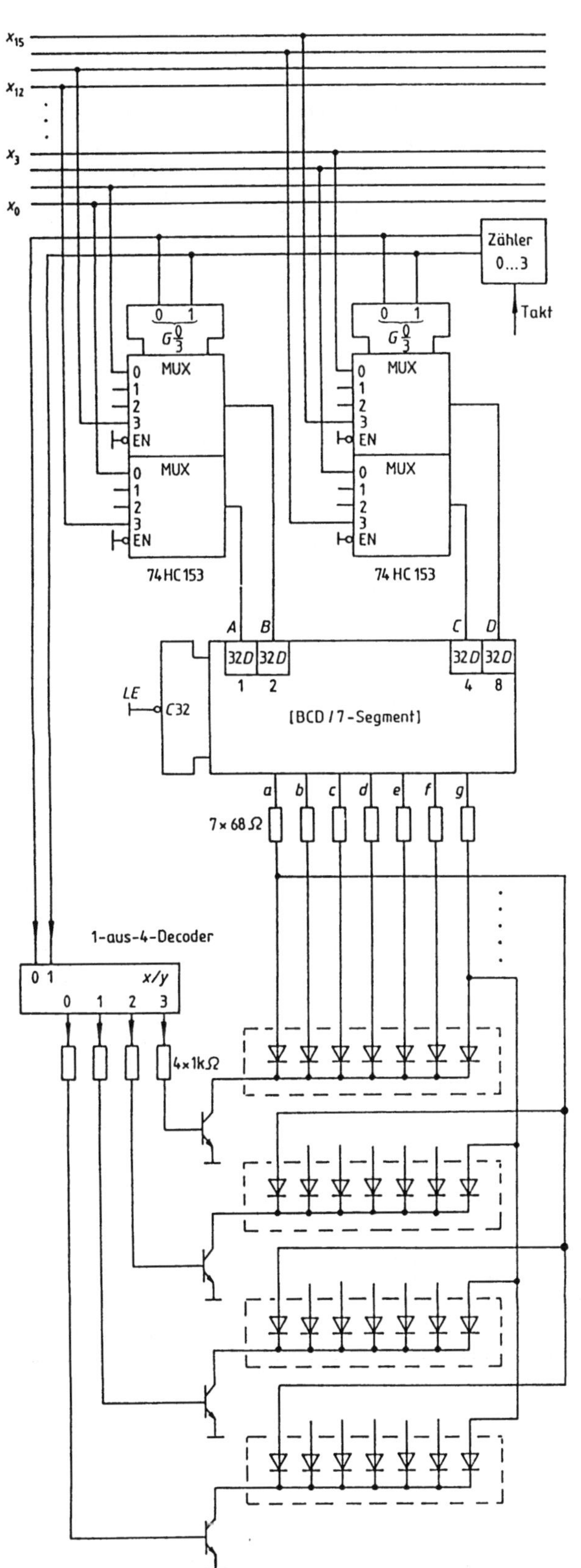

Bild 10.8
Multiplexbetrieb von Sieben-Segment-Anzeigen

angelegt werden muß. Eine Gleichspannung oder eine Gleichkomponente zwischen den Elektroden ist nicht zulässig und würde zur langsamen Zerstörung führen.
Man steuert LCD-Anzeigen ähnlich wie LED-Anzeigen, muß jedoch vor jedes LCD-Segment einen Gleichspannungs/Wechselspannungsumformer setzen. Eine häufig benutzte Möglichkeit zeigt Bild 10.9. Das anzuzeigende Signal x wird in einer Antivalenz-Schaltung mit dem Puls u_p in die Spannung u_1 zerhackt und gelangt so an die Segmentelektrode. An der Gegenelektrode liegt die zum Laufzeitausgleich über eine Pufferschaltung verzögerte Pulsspannung u_2. Insgesamt ist am Flüssigkristall für $x = 1$ die Wechselspannung $u = u_1 - u_2$ wirksam, deren Mittelwert Null ist.

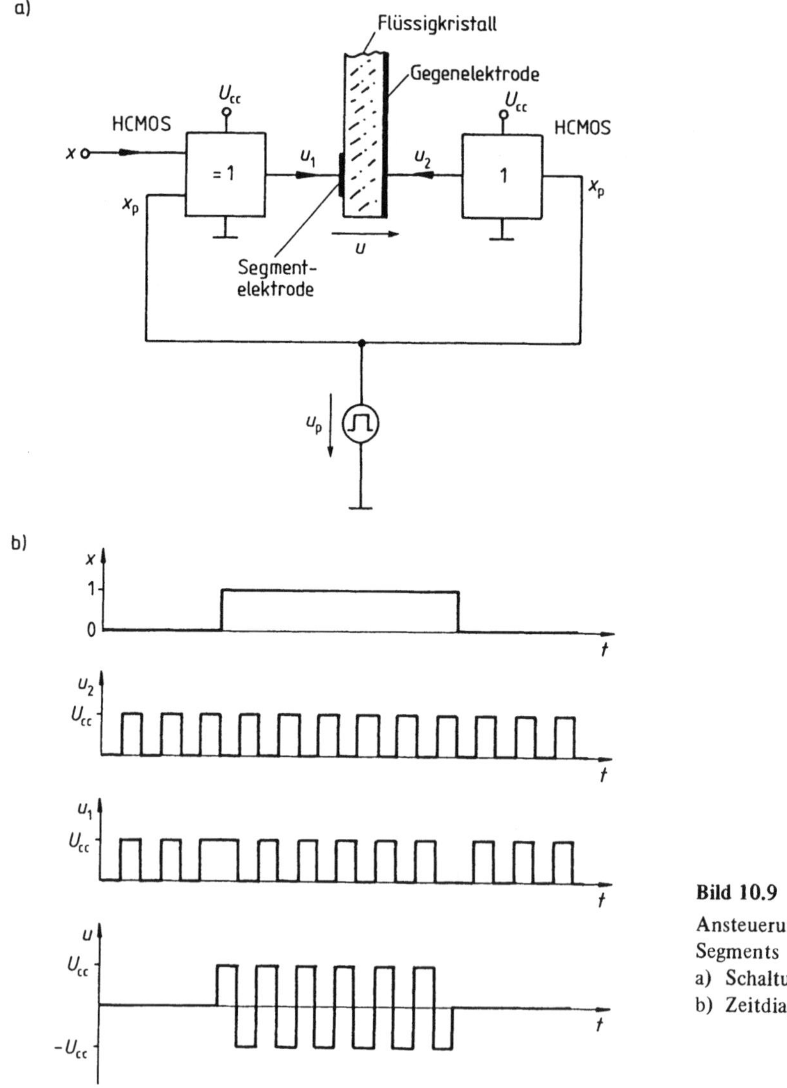

Bild 10.9
Ansteuerung eines LCD-Segments
a) Schaltung
b) Zeitdiagramme

Die Pulsfrequenz soll möglichst niedrig liegen, damit die kapazitiven Umladeströme gering sind. Sie muß andererseits aber so hoch sein, daß das menschliche Auge den Helligkeitsschwankungen nicht folgen kann. Eine zweckmäßige Frequenz ist 200 Hz.
LCD-Anzeigen haben gegenüber LED's den Vorteil wesentlich geringeren Leistungsverbrauchs, aber den Nachteil geringerer Anzeigegeschwindigkeit. Außerdem müssen sie mit Fremdlicht beleuchtet werden.

10.5 Intelligente Anzeigen

Mehrstellige Anzeigen erfordern eine große Anzahl zusätzlicher Steuerbausteine, insbesondere, wenn die Zeichen nach links oder rechts verschiebbar sein sollen, was in Mikroprozessorsystemen meist gefordert wird. Seit einiger Zeit sind integrierte Module auf dem Markt, die die gesamte Steuerlogik schon enthalten und üblicherweise als intelligente Anzeigen bezeichnet werden. Es gibt LED- und LCD-Ausführungen.
Bild 10.10 zeigt als Beispiel den LCD-Baustein H2571 der Firma Hitachi. Das Anzeigefeld ist für 32 Zeichen ausgelegt. Jede Stelle besteht aus einer Matrix mit 11 Zeilen und 5 Spalten. Die Zeilen der 32 Zeichen werden von einem 11-Zeilen-Treiber gemeinsam gesteuert, für die 160 Spalten sind getrennte Treiber vorgesehen. Die anzuzeigenden Zeichen können in einem mit-integrierten Datenspeicher (RAM) zwischengespeichert werden. Die Umsetzung eines Datenbytes in ein bestimmtes Punktmuster besorgen ein fester Zeichengenerator für 160 Standardbuchstaben und Ziffern sowie ein programmierbarer Zeichengenerator für 32 Zeichen, die der Anwender festlegen kann.
Die anzuzeigenden Daten und notwendige Steuercodes laufen über den Datenbus *DB7* ... *DB0*, über den auch der jeweilige Status und der RAM-Inhalt abgefragt werden kann.

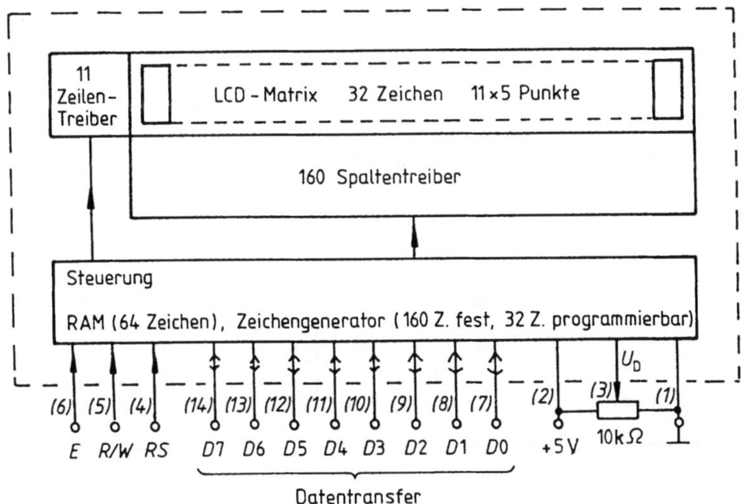

Bild 10.10 Intelligente LCD-Anzeige (2571 Fa. Hitachi)

Mit $E = 1$ wird der Baustein ausgewählt. $R/\overline{W}$ entscheidet, ob Daten in die Anzeige geschrieben ($R/\overline{W} = 0$) oder solche aus ihr gelesen ($R/\overline{W} = 1$) werden sollen. *RS* definiert die Art der Datenbussignale. $RS = 1$ bedeutet Datenworte, $RS = 0$ Steuercodes.
Der Kontrast ist mit dem eingezeichneten Potentiometer einstellbar.

10.6 LED's als optische Nachrichtensender

Man verwendet LED's nicht nur zu Anzeigezwecken, sondern auch in der Übertragungstechnik zur Umsetzung elektrischer in optische Signale. Zu berücksichtigen ist, daß die abgegebene Strahlungsleistung mit wachsender Temperatur sinkt (−0,5%/K sind ein typischer Wert für den Temperaturgang). Zum Impulsbetrieb eignen sich im Prinzip die gleichen Schaltungen wie bei den Anzeigeelementen, nur spielt im allgemeinen die Geschwindigkeit eine größere Rolle. Mit Spezialdioden kommt man auf Anstiegs- und Abfallzeiten von nur wenigen Nanosekunden.
Bei Analogsignalen moduliert man den Diodenstrom um einen Ruhewert und erhält dann eine entsprechend schwankende Strahlungsleistung. Bild 10.11 zeigt ein Schaltungsbeispiel. Die Temperaturgänge der LED CQY 35 N und des Verstärkers kompensieren sich.

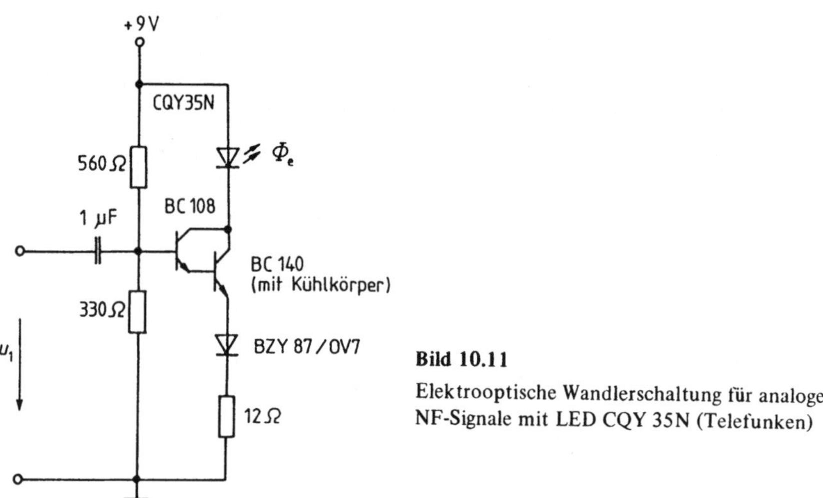

Bild 10.11
Elektrooptische Wandlerschaltung für analoge NF-Signale mit LED CQY 35N (Telefunken)

Als Übertragungsmedium für das Licht dient entweder der freie Raum oder ein Glasfaserkabel. Die Diode wird dabei meist über ein mitintegriertes Linsensystem angekoppelt. Es gibt auch Ausführungen mit einem fest angebauten Glasfaserstück (pigtail), das an die weiterführende Glasfaserleitung anzuspleißen ist.

10.7 Laserdioden als optische Nachrichtensender

Laserdioden unterscheiden sich von Luminiszensdioden (LED's) dadurch, daß sie kohärente Strahlung abgeben, deren Spektrum nicht kontinuierlich ist, sondern aus einzelnen diskreten Linien besteht. Das im Halbleiter erzeugte Licht wird an halbdurchlässig verspiegelten Stirnflächen mehrfach reflektiert und löst dabei lawinenartig Sekundärphotonen aus. Das so verstärkte Licht tritt an beiden Spiegelflächen aus. In der Praxis nutzt man nur *einen* Strahl zur Nachrichtenübertragung. Der andere trifft auf eine Monitorphotodiode, die innerhalb einer Regelschaltung den Arbeitspunkt stabilisiert.
Laser zur Signalübertragung arbeiten auf den Wellenlängen $\lambda = 870$, 1300 und 1550 nm. Sie können Leistungen bis 25 mW abgeben.
Bild 10.12 zeigt den grundsätzlichen Aufbau, Kennlinie und Modulationsmöglichkeit einer Laserdiode.

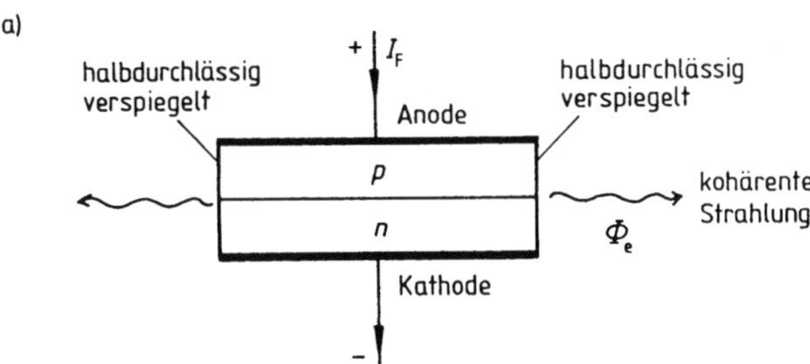

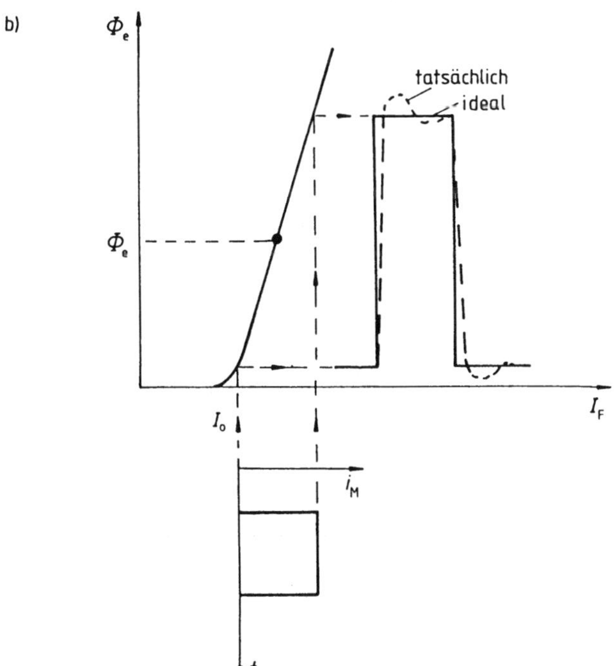

Bild 10.12
Laserdiode
a) Schematischer Aufbau
b) Zusammenhang zwischen Diodenstrom I_F und emittierter Strahlungsleistung Φ_e

Laserdioden werden fast ausschließlich impulsmoduliert, weil die starke Temperaturabhängigkeit der Kennlinie einem Analogbetrieb entgegensteht. Man erreicht Impulsfrequenzen bis 1 GHz.

In Bild 10.12b ist angenommen, daß das modulierende Signal i_M aus einem Impuls besteht, der sich einem Vorstrom I_0 überlagert. Wäre die Kennlinie $\Phi_e = f(I_F)$ auch für schnelle Vorgänge gültig, ergäbe sich der als „ideal" bezeichnete zeitliche Verlauf der Strahlungsleistung Φ_e. In Wirklichkeit beobachtet man wegen der bauelementeeigenen und aufbaubedingten Induktivitäten und Kapazitäten beim Schalten ein Über- und Unterschwingen.

Bild 10.13 zeigt, wie Nachrichtenlaser geschaltet werden. Eine Monitordiode fühlt den von der Laserdiode erzeugte Strahlung ab.

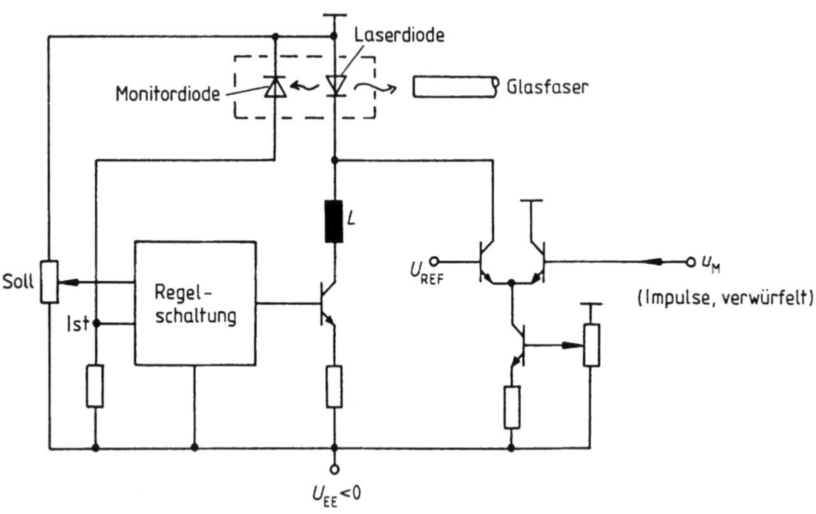

Bild 10.13 Schaltung zur Modulation einer Laserdiode

Eine Regelschaltung vergleicht den Monitordiodenstrom mit einem Sollwert und regelt den mittleren Strom der Laserdiode entsprechend ein. Die modulierenden Impulsströme werden parallel eingespeist, wobei eine Induktivität L als Wechselstromsperre dient.

Der Mittelwert der Strahlungsleistung, auf den ja geregelt wird, darf sich durch die Modulation nicht ändern. Deshalb ist zur quasistatistischen Verwürfelung der Impulse ein Scrambler vorzusehen.

Weil Laser extrem schnell arbeiten, müssen besondere Vorkehrungen dagegen getroffen werden, daß der Diodenstrom unbeabsichtigt kurzzeitig ansteigt, etwa durch Spikes auf den Stromversorgungs- oder Signalleitungen. In einem solchen Falle könnte der teure Laser wegen Überlastung zerstört werden. Es sind stets besonders geschützte und geregelte Stromversorgungsgeräte erforderlich.

10.8 Photodioden als optische Nachrichtenempfänger

Eigenschaften

Photodioden sind Halbleiterdioden, deren Sperrstrom durch Licht gesteuert wird. Man unterscheidet PIN- und Avalanche-Dioden. Die PIN-Diode ist robust und kommt mit Sperrspannungen von einigen Volt aus, arbeitet aber nur bis etwa 50 Mbit/s. Avalanche-Dioden sind etwa 10- bis 20mal schneller, aber sehr empfindlich. Außerdem benötigen sie Betriebsspannungen bis zu 200 Volt.
Nach Anlegen einer Sperrspannung führen Photodioden einen Sperrstrom I_R, der von einem Dunkelwert ausgehend linear mit der Bestrahlungsstärke E_e steigt. Bild 10.14 zeigt den Zusammenhang für die PIN-Diode BPW41 (Telefunken).
Unter der Strahlungsempfindlichkeit S versteht man den Wert

$$S = \frac{dI_R}{d\Phi_e} \tag{10.8/1}$$

Sie hat für Diode BPW41 den Wert $S = 0{,}53\,\frac{A}{W}$.

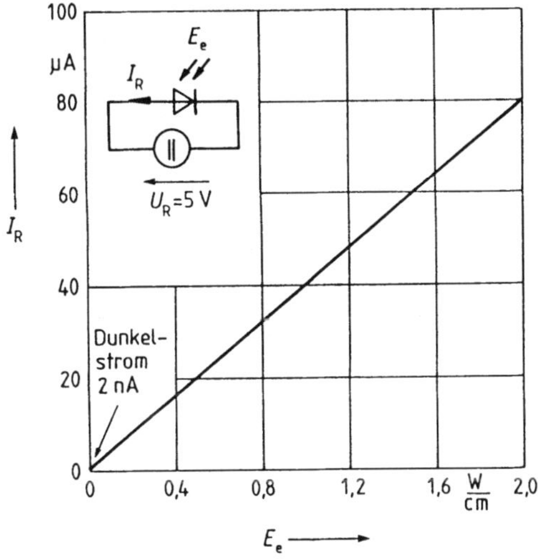

Bild 10.14
Sperrstrom I_R als Funktion der Bestrahlungsstärke E_e bei der PIN-Photodiode BPW41 (Telefunken)

Bei Avalanche-Dioden wird die Strahlungsempfindlichkeit meist nicht direkt angegeben, sondern durch eine Größe M (innerer Verstärkungsfaktor durch Lawineneffekt), den Quantenwirkungsgrad η und durch die Wellenlänge λ indirekt spezifiziert. Dabei hängt M von der Größe der Sperrspannung U_R und η von der Wellenlänge ab, wie in Bild 10.15 für das Beispiel der Avalanche-Diode S171P (Telefunken) dargestellt. Die Strahlungsempfindlichkeit errechnet sich mit diesen Größen zu

$$S = 0{,}81\,\frac{\text{mA}}{\text{W} \cdot \text{nm}} \cdot M \cdot \eta \cdot \lambda \tag{10.8/2}$$

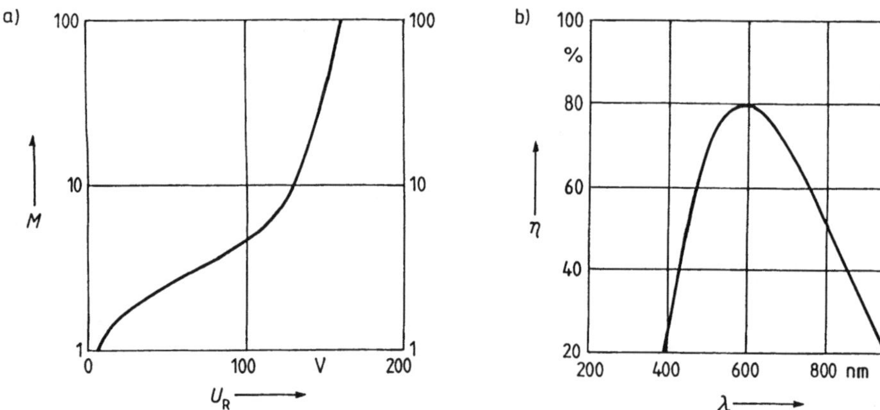

Bild 10.15 Kennwerte der Avalanche-Diode S171P (Telefunken)
a) Innerer Verstärkungsfaktor M als Funktion der Sperrspannung U_R
b) Quantenwirkungsgrad η als Funktion der Wellenlänge λ

Grundschaltungen

Die Geschwindigkeit einer Photodiode wird durch ihre Sperrschichtkapazität C wesentlich mitbestimmt. Will man deren Einfluß eliminieren, muß man mit dem Photostrom einen niederohmigen Transimpedanzverstärker speisen, der eine dem Eingangsstrom proportionale Ausgangsspannung abgibt. Bild 10.16 zeigt das Prinzip.

Kann der Transimpedanzverstärker, z. B. aus Stabilitätsgründen bei großen Bandbreiten, nicht verwirklicht werden, kommt auch ein hochohmiger Spannungsverstärker in Frage. Dessen Eingangskapazität C und die Diodensperrschichtkapazität C_D integrieren den Photoempfangsstrom zur Eingangsspannung, die umso höher wird, je niedriger die Kapazitäten sind. Zur Entzerrung ist ein Differenzierer nachzuschalten, der freilich das Rauschen bei hohen Frequenzen anhebt (vgl. Bild 10.17).

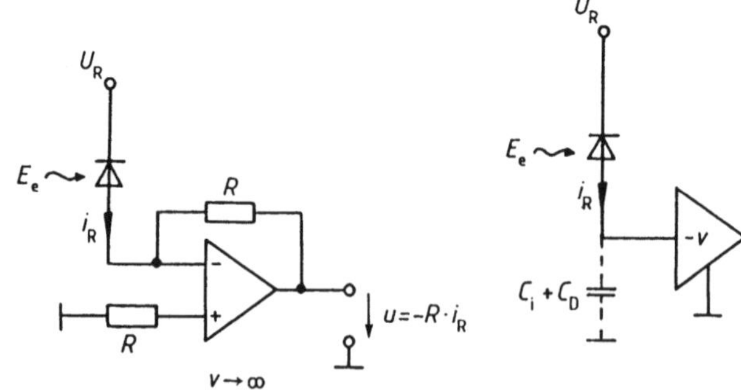

Bild 10.16 Photodiode mit Transimpedanzempfänger

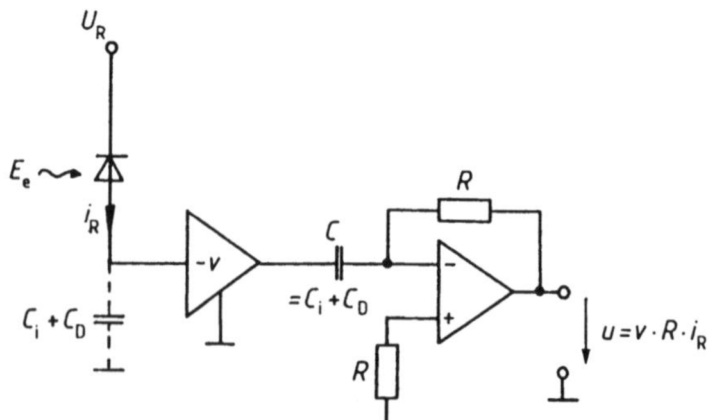

Bild 10.17 Photodiode mit hochohmigem Eingangsverstärker und Nachentzerrer

Rauschen

In Datenblättern wird das Rauschen einer Photodiode durch den Wert NEP (Noise equivalent power) spezifiziert. Man versteht darunter diejenige Signalleistung, die eingestrahlt werden muß, damit das Signal/Rausch-Verhältnis 1 wird. Meist wird NEP auf die Wurzel der Bandbreite $\sqrt{B}$ bezogen, weil der Rauschanteil des Photostromes mit $\sqrt{B}$ steigt. Die optische Empfangsleistung sollte einige Größenordnungen über dem NEP-Wert liegen.
Das Rauschen wird im übrigen stark durch die Schaltungstechnik bestimmt. Berechnung und Optimierung sind sehr kompliziert [21].

10.9 Phototransistoren als optische Nachrichtenempfänger

Phototransistoren sind Bipolartransistoren, deren Kollektor-Basis-Diode als Photodiode ausgenutzt wird. Der Photostrom fließt in die Basis und wird dort mit dem Stromverstärkungsfaktor β verstärkt. Der Basis-Anschluß kann offen bleiben.
Phototransistoren sind etwa 100mal empfindlicher als Photodioden, aber auch etwa 100mal langsamer.
Eine typische Schaltung zeigt Bild 10.18. Mit $U_{CC} = 5$ V, $R = 1$ kΩ, einen mittleren Kollektorstrom $I_C = 5$ mA erreicht man bei $\lambda = 780$ nm eine Empfindlichkeit von 1 ... 3 $\frac{\text{mV}}{\text{mW/cm}^2}$ und eine obere Grenzfrequenz von etwa 100 kHz.

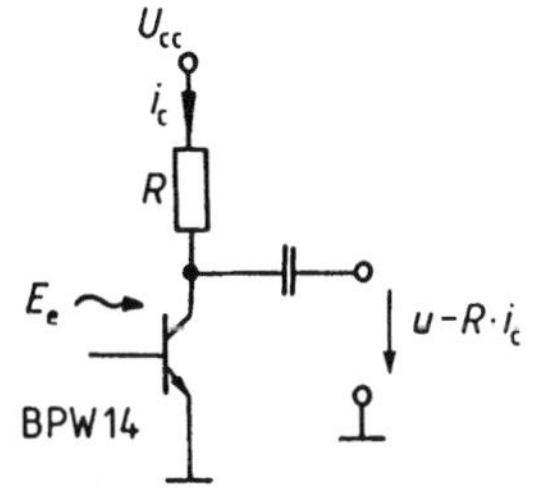

Bild 10.18
Phototransistor-Empfangsschaltung

10.10 Optokoppler

Optokoppler vereinigen im gleichen Gehäuse einen LED-Sender und einen Photodioden- oder Phototransistorempfänger. Sie trennen galvanisch Stromkreise, die auf unterschiedlichem Potential arbeiten.

Digitalbetrieb

Bild 10.19 zeigt eine digitale Schaltung mit dem Optokoppler CQY80N (Telefunken), der vom VDE zur Netzspannungstrennung zugelassen ist und im Infrarotgebiet arbeitet. Die Sendediode wird mit dem Strom $I_F = 20$ mA gespeist, wenn das HCMOS-Gatter auf 0 geht, sonst ist sie stromlos. Der empfangende Phototransistor würde bei offener Basis wegen des im Datenblatt spezifizierten Stromübersetzungsverhältnisses $I_C/I_F = 1$ für

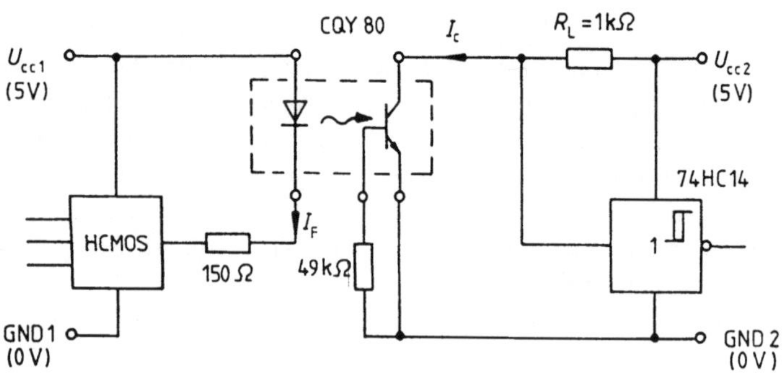

Bild 10.19 Optokoppler im Digitalbetrieb

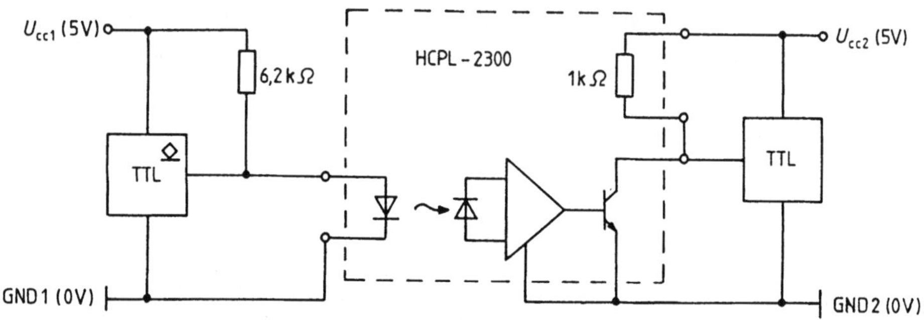

Bild 10.20 Optokoppler für digitale Anwendungen mit eingebautem Empfangsverstärker

$I_F = 20$ mA den Strom $I_C = I_F = 20$ mA führen. Der Transistor hat laut Datenblatt dabei die Stromverstärkung $h_{FE} = 600$, so daß der Photostrom der Kollektor-Basis-Diode mit $I_R = 38\ \mu A$ anzusetzen ist. Um die Basisladung beim Abschalten schneller auszuräumen, ist ein Basiswiderstand $R_B = 49$ kΩ vorgesehen. Er entzieht bei einer Basis-Emitter-Spannung von 0,7 V dem Transistor den Photo-Teilstrom 0,7 V/49 kΩ = 14 μA, so daß nur noch der Rest $I_B = 33\ \mu A - 14\ \mu A = 19\ \mu A$ verstärkt wird. Es erschiene also in der angegebenen Beschaltung der Kollektorstrom $I_C = 19\ \mu A \cdot 600 = 12$ mA, der bei $U_{CC2} = 5$ V und $R_L = 1$ kΩ natürlich den Phototransistor sättigt, wodurch der Eingang des Schmitt-Triggers 74HC14 auf 0 geht.

Die Schaltgeschwindigkeit der Anordnung liegt zwar nur im Mikrosekundenbereich, jedoch genügt sie mit 4,4 kV Prüfspannung und einer zulässigen Dauerbetriebsspannung von 500 $V_\sim$ oder 600 V_- (für die optische Trennstrecke) auch hohen Sicherheitsanforderungen.

Vor allem zur galvanischen Trennung von Mikroprozessoren und Peripherieeinheiten sind schnelle Spezialoptokoppler auf dem Markt. Als Beispiel zeigt Bild 10.20 die integrierte Schaltung HCPL-2300 von Hewlett-Packard in einem TTL-System. Sie enthält bereits

einen Empfangsverstärker und einen Lastwiderstand 1 kΩ (für andersartige Anwendungen kann ein externer Widerstand abweichender Größe benutzt werden).
Die Schaltzeit liegt bei 0,1 μs.

Linearbetrieb

Zur Kopplung analoger Signale werden am besten Gegenkoppelschaltungen mit zwei gleichen u. U. ausgesuchten Optokopplern verwendet, um die Nichtlinearität der Stromübersetzung zu kompensieren. Bild 10.21 zeigt ein Beispiel. Der sendeseitige Operationsverstärker steuert durch Gegenkopplung den Optokoppler 1 so, daß der Strom $-i_A$ mit dem Eingangsstrom $i_1 = u_1/R_1$ übereinstimmt. Mit dem Potentiometer läßt sich ein Vorstrom einstellen. Der Optokoppler 2 gibt einen Strom i_B ab, der, wegen elektrisch gleicher Eigenschaften mit Optokoppler 1, den gleichen Wert wie i_A hat. Weil $u_2 = R_2 i_B$ ist, ergibt sich die Ausgangsspannung zu

$$u_2 = -\frac{R_2}{R_1} \cdot u_1 .$$

Die Aussteuerungsgrenze läßt sich mit R_1 festlegen. Der Strom i_A und damit i_1 soll nicht größer als 20 μA werden, was einem Sendediodenstrom von 12 mA entspricht. Die Bandbreite umfaßt das NF-Gebiet.

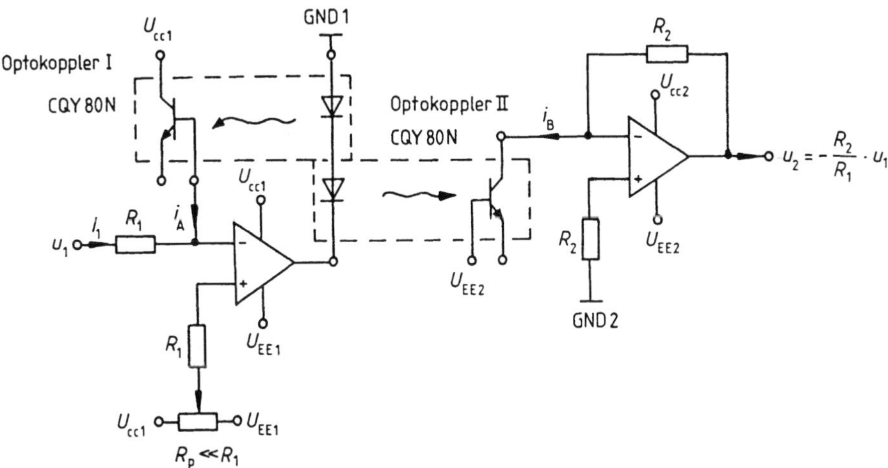

Bild 10.21 Optokoppler im Linearbetrieb

Literaturverzeichnis

[1] *Giacoletto, L. J.:* Study of p-n-p alloy junction transistors from d. c. through medium frequencies. R. C. A. review Dec. 1954

[2] *Steimle, W.:* Der Bipolartransistor in linearen Schaltungen.
Teil 1: Grundlagen, Ersatzbilder, Programme.
Teil 2: Formeln, Schaltungsbeispiele, Programme.
R. Oldenbourg Verlag München, Wien 1984

[3] *Lange, D.:* Analysen elektrischer und elektronischer Netzwerke mit BASIC-Programmen (SHARP PC-1251 und PC-1500). 2. Aufl. Verlag Friedr. Vieweg & Sohn Braunschweig/Wiesbaden 1984

[4] *Stoll, D.:* Einführung in die Nachrichtentechnik. AEG-Telefunken, Abt. Verlag, Berlin u. Frankfurt a.M. 1979

[5] *Fliege, N.:* Lineare Schaltungen mit Operationsverstärkern. Springer Verlag, Berlin, Heidelberg, New York 1979

[6] *Feldtkeller, R.:* Einführung in die Theorie der Hochfrequenzbandfilter. Verlag S. Hirzel, Stuttgart 1969

[7] *Saal, R.:* Handbuch zum Filterentwurf AEG-Telefunken, Berlin 1969

[8] EXAR Databook: Linear, Control, Interface, Custom Sunnyvale, USA, 1985

[9] Data Acquisition Databook 1984. Datenbuch der Firma Analog Devices

[10] *Dumortier, D.:* D/A- and A/D-Conversion Handbook, Motorola, Inc. 1979

[11] Linear and Conversion Products. Data Book Precision Monolithics Inc. Santa Clara CA (USA) 1984

[12] *Dambach, W.:* Diodenvoltmeter. Siemens Technische Mitteilungen Halbleiter. Best. Nr. 2-6300-136

[13] Data Conversion Components. Datenbuch der Firma Datel Intersil 1983/4

[14] *Bayer, F.:* Symmetrische Frequenzteilung. ELEKTRONIK 1979, H. 15, S. 44–45.

[15] Memory Components Handbook. Intel Inc. Santa Clara 1985

[16] Bipolar LSI Data Book. Monolithic Memories Inc. Sunnyvale 1978

[17] MOS Memory Data Book. Texas Instruments Inc. 1984

[18] Mikrocomputer Bausteine. Mikroprozessorsystem SAB 8085, Datenbuch 1980/81

[19] TMS 32010 User's Guide. Digital Signal Processor Products. Texas Instruments Inc. 1986

[20] *Stoll, D.:* Optoelektronik, Teil 2 – Anzeigeelemente, Werkstattblatt 1010, Technik-Tabellen, Verlag Fikentscher & Co., August 1986

[21] *Timmermann, C.-C.:* Lichtwellenleiterkomponenten und -systeme. Vieweg Verlag 1984

Sachwortverzeichnis

SPRINGER NATURE

GPSR Compliance

The European Union's (EU) General Product Safety Regulation (GPSR) is a set of rules that requires consumer products to be safe and our obligations to ensure this.

If you have any concerns about our products, you can contact us on ProductSafety@springernature.com

In case Publisher is established outside the EU, the EU authorized representative is:

Springer Nature Customer Service Center GmbH
Europaplatz 3
69115 Heidelberg, Germany

Zeitfracht Medien GmbH
Ferdinand-Jühlke-Straße 7
99095 Erfurt, Deutschland
produktsicherheit@kolibri360.de